高拱坝边坡开挖安全控制
理论与实践

巨广宏　李树武　杨天俊　王启鸿 等　著

科学出版社

北京

内 容 简 介

高拱坝是水电站枢纽建筑物的重要组成部分，坝肩边坡开挖关乎水电站枢纽的安全。因此，总结重大水电工程实践经验，提出高拱坝边坡开挖稳定控制理论框架，成为确保水电站高拱坝工程安全性的迫切需求。本书聚焦水电站高拱坝边坡的卸荷力学、演化机理、稳定性分析和工程治理措施等关键问题，结合理论分析、室内外试验、原型观测和数值反馈展开介绍，建立了单因素与多因素指标综合划分岩体质量评价体系，提出含断续节理的岩质边坡数值模拟方法，实现了岩质边坡数值仿真与变形监测实时互馈，形成了高拱坝边坡开挖安全控制技术，具有针对性、实用性和独特性。

本书可作为水利水电工程、地质工程、边坡工程、岩土工程等领域勘察、设计、施工人员的参考用书，也可供高等院校相关专业师生和科研院所研究人员阅读。

图书在版编目（CIP）数据

高拱坝边坡开挖安全控制理论与实践 / 巨广宏等著. -- 北京：科学出版社, 2024.9. -- ISBN 978-7-03-079173-3

Ⅰ. TV642.4

中国国家版本馆 CIP 数据核字第 2024UG0985 号

责任编辑：宋无汗 罗 瑶 / 责任校对：崔向琳
责任印制：赵 博 / 封面设计：陈 敬

科学出版社 出版
北京东黄城根北街 16 号
邮政编码：100717
http://www.sciencep.com

中煤（北京）印务有限公司印刷
科学出版社发行 各地新华书店经销
*
2024 年 9 月第 一 版 开本：720×1000 1/16
2025 年 1 月第二次印刷 印张：18 1/2
字数：363 000
定价：228.00 元
（如有印装质量问题，我社负责调换）

《高拱坝边坡开挖安全控制理论与实践》
作者名单

巨广宏　李树武　杨天俊　王启鸿

段君邦　李雅静　安晓凡　程　辉

江荣昊　常文娟

序

清洁能源是未来可持续发展的重要保障。我国积极响应《联合国气候变化框架公约》，加大能源结构调整力度。水力发电是一种成熟、安全的清洁能源技术，近几十年我国相继兴建了许多水电站，而且高山峡谷地区多为高拱坝大库工程，如黄河拉西瓦水电站、金沙江白鹤滩水电站、雅砻江锦屏一级水电站等。高拱坝作为水电工程的重要挡水建筑物，是蓄水和发电功能发挥的关键。然而，高拱坝边坡开挖不仅关乎水电站工程整体的安全性和稳定性，而且其安全控制理论与关键技术是学术界和工程界的热点和难点。因此，总结实践经验，构建相应的理论框架，成为确保高拱坝工程安全的迫切需求。

本书作者及其团队长期从事水利水电工程的建设与研究，参与了我国已建、在建的几十座大中型水电工程，依托黄河拉西瓦水电站高拱坝边坡开挖工程，深入探究了岩质高边坡的卸荷力学、演化机理、稳定性分析及工程治理措施等关键问题。本书具有以下创新性：一是厘清了高拱坝边坡块状岩体变形破坏的地质环境、风化卸荷、岩体结构等特征；二是提出了含断续节理的岩质边坡数值模拟新理论；三是构建了地表-地下联动的变形监测体系，实现了岩质边坡数值仿真与变形监测实时互馈；四是提出了高拱坝边坡节理块状岩体安全控制技术。本书基于重大工程安全实践，研究高拱坝边坡开挖安全控制理论，具有较强的针对性、实用性和独特性。

随着全球水资源的日益紧张和清洁能源的旺盛需求，高拱坝作为一种有效的挡水建筑物将在水利水电工程中进一步应用。显然，为了实现更大容积蓄水和更高效发电，对于高拱坝边坡设计和开挖的要求也日益提高。本书不仅提升和完善了高拱坝边坡开挖安全控制理论，并且引入节理控制边坡变形破坏的理论和计算方法，合理评价了高拱坝边坡稳定性，是一部寓科研于生产，并集理论、方法、实践于一体的著作。

中国科学院院士　彭建兵

2024 年 7 月

前　言

　　面对全球气候变化、环境污染和能源安全带来的挑战，清洁能源的开发和利用成为世界各国共同关注的重要议题。水力发电作为一种成熟的可再生能源技术，具有资源丰富、稳定性高、发电成本低等优点，在减少碳排放、降低环境污染和提高能源安全性方面起着至关重要的作用。

　　大型水电站不仅能够提供源源不断的清洁能源，还能起到调节洪水、防治干旱、改善生态环境等多重作用。近年来，我国在水电工程开发方面取得了显著成就，建设了如长江三峡水利枢纽工程、金沙江白鹤滩水电站等一批世界级的大型水电工程，其中不乏高拱坝水电站，如锦屏一级水电站、溪洛渡水电站、拉西瓦水电站等，为我国的能源安全和可持续发展提供了坚实保障。

　　高拱坝作为水电站枢纽建筑物的重要组成部分，在水电站的整体功能和安全性方面起着关键作用。高拱坝边坡开挖是高拱坝建设中关键的一环，面临复杂地质条件、恶劣施工环境、安全风险等级高等挑战，其安全控制理论与技术是学术界和工程界的热点和难点。通过对实践经验的总结，构建相应的理论框架，成为确保高拱坝工程安全性和可持续性发展的迫切需求。鉴于此，中国电建集团西北勘测设计研究院有限公司联合其他单位撰写了本书。

　　本书依托中国电建集团西北勘测设计研究院有限公司科研项目"拉西瓦水电站高陡边坡强卸荷机理与稳定控制技术"，深入研究了高陡边坡在强卸荷条件下的力学行为和稳定性问题。通过系统的理论分析和现场试验，提出了创新性的稳定控制方法，为高拱坝工程的安全建设提供了重要的技术支持和科学依据。

　　本书各章的撰写分工如下：巨广宏、江荣昊和常文娟撰写了第1章，李雅静和安晓凡撰写了第2章和第3章，王启鸿和程辉撰写了第4章，巨广宏和段君邦撰写了第5章，巨广宏、李树武和杨天俊撰写了第6章和第7章，巨广宏负责大纲制订和统稿。

　　本书撰写过程得到了成都理工大学聂德新教授团队和四川大学符文熹教授团队的大力支持和帮助，付梓出版之际向他们表示诚挚的感谢。

目　　录

第1章 绪　　论

1.1　研　究　背　景

  我国西部大开发战略实施二十多年来，一大批重大基础工程先后开工并建成运营，对改变国民经济的布局，改善西部地区的基础设施、交通，农牧区的贫困状况具有十分重大的社会和经济意义。在西部大开发战略的宏伟计划中，西部水能开发和西电东送工程是其中涉及范围最广、布点最多、投资最大的项目。我国西部丰富的水能资源开发，对改变能源紧张的状况具有十分重大的作用。然而，西部水电资源丰富的各大江河均位于环青藏高原的大陆斜坡地带，山势陡峻、山高谷深、地应力高、地震烈度高。深切峡谷岩质高边坡的稳定性分析问题成为西部水电站建设坝肩岩体稳定性和水库库岸边坡稳定性的重大工程问题。

  在我国众多水电工程修建过程中，经常见到节理控制块状结构岩质边坡变形破坏，如雅砻江锦屏一级水电站左岸边坡、小湾水电站饮水沟边坡、昌马水库库岸边坡、龙滩水电站左岸边坡、五强溪水电站杨五庙坝址左岸边坡、黄河小浪底水利枢纽工程库岸边坡等。因此，针对岩质高边坡节理控制块状变形破坏问题开展系统研究，具有工程建设指导角度的宏观刚需特征。由此可见，以节理型块状岩体为对象开展系统性研究，不仅有助于在野外快速判断潜在块状变形体，而且有助于防控边坡岩体变形破坏，这对保障大型水电工程的正常建设和安全运行具有重要的应用价值和理论意义。研究成果也可以应用到地质灾害治理、矿山能源开发开采、交通基础建设等领域。节理控制块状岩体变形破坏作为高陡岩质边坡变形破坏的一种典型形式，分布面积广、变形规模大、形成机理复杂。在不同地形地貌、坡形坡度、地层岩性、倾角变化、地应力水平等条件下，边坡岩体变形破坏模式有所不同。国内外学者对影响边坡稳定性的这些因素进行了分析研究。然而，影响岩质边坡节理控制块状岩体变形破坏的因素众多。每个块状岩体的变形、滑移和破坏往往具有自身的特殊性，这个科学问题至今仍困扰着科学技术人员。

  据此，本书依托黄河拉西瓦水电站(简称"拉西瓦水电站")工程，在分析高拱坝边坡节理控制块状岩体变形破坏的地质环境、风化卸荷、岩体结构和力学参数基础上，结合理论分析、室内外试验、原型观测和计算反馈，系统介绍了高拱坝边坡节理控制块状岩体的变形演化、破坏模式、稳定性状况和安全控制技术。

1.2 研究现状

1.2.1 岩质高边坡卸荷力学

在漫长地质历史演变过程，自然界中的岩体往往经历了不同历史时期、不同作用方式、不同作用过程的复杂内外地质力学作用。天然岩体赋存的各种宏观、细观地质结构面是经历了作用—破坏—再作用—再破坏反复损伤后的结果，人类工程扰动则加剧了岩体损伤破裂甚至破坏。天然岩体不仅包含不同地质时期的大小悬殊、方向不同、性质各异的地质结构面，而且遭受地应力、地下水、地温、地球化学等复杂耦合作用(李建林和王乐华，2016)。

传统岩石力学是基于岩石加载条件，并借助弹塑性力学理论及土力学的若干理论方法进行研究的。然而，传统岩石力学研究一般将岩体视为各向同性的、连续的、均匀的简单介质，这与实际工程岩体有很大的差异。针对卸荷状态下岩石损伤劣化问题，李建林和孙志宏(1999)、李建林和孟庆义(2001)、李建林和王乐华(2007)对节理岩体宏观力学特性和微观裂隙损伤进行了研究，在卸荷岩体非线性力学特性研究基础上有了更深入的发现。张强勇等(1998)根据三维节理裂纹扩展原理，建立了裂隙岩体的三维弹塑性损伤本构关系，反映了岩体损伤演化及对岩体弹塑性变形的影响。王乐华等(2015)对不同节理连通率采用预制岩体试样进行加卸载试验，得出在加卸载条件非贯通节理岩体均表现出各向异性力学特性，并获得节理岩体变形模量与节理角度、节理连通率的关系函数。邓华锋等(2018)开展了不同水压和循环浸泡风干作用的层状砂岩力学试验,分析了在水-岩耦合作用下的砂岩卸荷力学损伤演化特性和微细观结构变化规律。黄润秋和黄达(2010)采用室内三轴试验和扫描电子显微镜，研究了高地应力条件下大理岩的变形破裂、强度特性及其与卸荷速率的关系。

国外学者对卸荷岩体的力学特性也做了大量的研究工作，包括不同卸荷速率、不同围压、不同应力路径等条件下岩石物理力学试验和岩石破坏机理(Wu et al.，2009；Podriguze，1996；Sayers，1990)。此外，Peng 等(2019)根据不同围压下砂岩试样循环加卸载试验，揭示了围压对砂岩变形特征的影响。Meng 等(2019)研究砂岩、石灰岩、大理岩的弹性能量、回弹密度与应力的分布规律，提出了非线性演化模型。Chen 等(2018)开展了岩样峰前卸围压阶段的渗透率和声发射信号三轴试验，揭示了卸荷条件下试样的渗透特性和变形特性。Li 等(2016)建立了在卸荷扰动作用下的隧道动力响应三维数值模型，研究了高地应力和高卸荷速率条件下隧道周边的动力响应特性，分析了模型参数和围压卸荷条件下试样的蠕变特性，讨论了步进轴向应力和围压对试样蠕变破坏的耦合作用。

　　岩体卸荷本构关系及其破坏准则是岩体卸荷松弛的核心研究内容。哈秋舲 (1997)认为，岩体加载与卸载在力学计算分析中有着本质不同。周维垣等(1997) 对岩石边坡的卸荷和流变作了非连续变形分析，指出边坡在卸荷条件下岩体变形分析应考虑开裂这类非连续变形，研究其流变变形也应考虑开裂和裂隙扩展机理，提出了开裂卸荷条件下岩石的本构关系和计算方法。陈星和李建林(2010)探讨了霍克-布朗准则在卸荷岩体中的应用，表明在描述开挖卸荷岩体破坏模式方面，其比莫尔-库仑强度准则更为准确。徐卫亚和杨松林(2003)利用线黏弹性断裂力学原理和贝蒂能量互等定理，推导了裂隙岩体单轴松弛模量和体积松弛模量的理论表达式，还分析了几种流变材料的长期松弛稳定性，发现不同裂隙密度下岩体裂隙应力强度因子随裂隙半径的增大而增加。吴刚(1997)在损伤力学理论的基础上建立了岩体卸荷破坏的损伤本构模型，通过与红砂岩卸荷破坏试验结果对比，提出该模型适用于脆弹性岩体的卸荷破坏。陈平山等(2004)通过卸荷模拟试验，考虑了不同抗拉强度下的岩石卸荷拉伸破坏，求出了修正 Lade 双屈服面准则的各项参数，考虑了具有抗拉强度的岩土类材料破坏特点，反映了应力对卸荷岩体屈服破坏的影响。冯学敏等(2009)基于对卸荷松弛过程和卸荷松弛机理的定性分析，提出了以岩石极限拉应变作为卸荷松弛的判别准则及取值原则，并运用三维弹黏塑性节理岩体流变模型，将该准则和计算方法应用于雅砻江锦屏一级水电站高拱坝建基面开挖卸荷松弛的数值分析中，取得了不错的效果。李建贺等(2017)对近年来的岩石卸荷力学特性及本构模型研究进展进行了回顾和总结。

1.2.2 岩质高边坡演化机理

　　为揭示岩质边坡的变形破坏机理，国内外学者通过物理模型试验、数值模拟计算、力学理论分析等多种方法进行研究，取得了大量研究成果。早期关于变形体边坡的研究，以工程地质现象描述为主，为岩质边坡的变形破坏机理研究奠定了基础(Caine，1982)。Revilla 和 Castillo(1977)将岩质边坡作为一个单独的边坡变形类型对待。Goodman 和 Bray(1976)系统研究了反倾层状岩质边坡的变形特征，根据不同的变形特征提出弯曲倾倒、块体倾倒、块体弯曲倾倒三类模式。Hoek 和 Bray(1981)将次生倾倒变形模式划分成五类，即滑移-坡顶倾倒、滑移-基底倾倒、滑移-坡脚倾倒、张拉-倾倒和塑流-倾倒。Adhikary 等(1997，1996)通过离心模拟试验对岩质边坡的变形演化机理进行研究，对破坏边界的发展过程进行分析，基于结构力学的悬臂梁理论，采用牛顿迭代法，推导出倾倒变形破裂面形成的非线性方程，解释了倾倒变形产生的力学原理，并指出弯曲倾倒、块体倾倒、块状弯曲倾倒是倾倒变形过程中的三个阶段。Goricki 和 Goodman(2003)通过底摩擦试验和数值模拟计算对岩质边坡的失稳模式进行研

究,认为岩质边坡会沿着因弯曲折断形成的倾向坡外的不连续界面滑移。Zheng
等(2018)采用离散元方法对岩质边坡的变形过程进行模拟,研究了破坏边界展布
形态及其影响因素。

我国关于岩质边坡变形机理的研究起步相对较晚,大多为基于工程实例的研
究。研究手段主要包括基于地质现象的调查分析、基于边坡变形监测数据的分析、
基于力学的理论分析及概化地质模型的数值分析等。左保成等(2005)通过室内物
理模拟试验,对路基边坡中的块状倾倒变形进行研究,发现岩质边坡的破坏模式
存在明显的叠合悬臂梁特征,指出反倾边坡的层面剪切强度和岩层厚度是影响边
坡稳定的重要因素。陈孝兵等(2008)依托工程实例,通过底摩擦试验研究岩质边
坡的变形特征。谭儒蛟等(2009)对岩质边坡变形机理与稳定性分析方法进行了系
统的总结。任光明等(2009)采用UDEC软件对黄河羊曲水电站近坝陡倾顺层岩质
边坡变形进行模拟,分析认为该边坡上部岩体的滑移-倾倒使坡体由坡脚处自下而
上发生悬臂梁弯曲变形,当坡体内折断带的剪应力超过抗剪强度时便形成滑移
式破坏,表明陡倾顺层岩质边坡也会发生倾倒式变形。谢莉等(2009)对岩质边坡
采用离散元法模拟,根据计算结果将岩体倾倒变形划分为变形发展、倾倒-弯曲、
弯曲-折断、折断面贯通四个阶段。宋彦辉等(2011)采用Phase有限元软件的节理
网格法对库岸边坡倾倒体进行了变形机理的研究,验证了运用节理有限元法对倾
倒变形研究的可靠性。周洪福等(2012)基于对倾倒变形体边坡现场调查的认识,
认为倾倒变形的产生并非单一因素促成,主要影响因素包括地形地貌、岩体结构、
结构面特征、河谷地应力、岩体力学性质等。王立伟等(2014)以水电站库岸边坡
为例,采用UDEC软件对倾倒变形体失稳破坏的主要影响因素进行探究,认为边
坡坡角在70°左右,岩层倾角在65°左右时,岩质边坡更易发生倾倒变形。关于倾
倒体变形演化机理的研究多是基于宏观变形迹象的定性分析,破坏边界的展布特
征研究多基于假定或控制性断层边界等因素分析。安晓凡和李宁(2020)研究岩质
高边坡弯曲倾倒变形分析和破坏机理时指出,发生在反倾层状岩质边坡中的弯曲
倾倒,类似于"叠合悬臂梁"的破坏特征,呈此类破坏模式的边坡有可能会演化
成为大型滑坡。张海娜等(2023)通过离心模型试验研究块状-弯曲复合倾倒的破坏
机理,建立块状-弯曲复合倾倒破坏的力学模型,基于极限平衡理论,推导出完
整岩层和块状岩层稳定性的力学解析公式,并提出一种块状-弯曲复合倾倒破坏的
破坏面搜索算法。然而,对反倾层状岩质边坡破坏边界的演化特征及参数取值的
研究却较为少见。

1.2.3 岩质高边坡稳定性分析

关于高拱坝边坡安全系数的计算方法,国内外许多学者进行了大量研究,归
纳起来主要包括两大类方法,即极限平衡法和数值计算方法。

1. 极限平衡法

极限平衡法是依据边坡滑体或滑体分块的力学平衡原理，以及滑动面上滑体抗滑力(矩)与下滑力(矩)之间的关系来确定边坡的安全系数。极限平衡法是传统的边坡稳定性分析方法。该方法提出以来，在实际边坡或滑坡工程中发挥了重要作用(陈祖煜，2003)。依据该方法适用于分析问题的维度，极限平衡法通常可以分为二维极限平衡法和三维极限平衡法。

二维极限平衡法满足所有平衡的条件，计算得到的结果精度非常高，在边坡稳定性分析中得到了广泛的应用(Zhou and Cheng，2013)。陈祖煜(2003)指出，著名的瑞典圆弧法通过假定滑动面的形状为圆弧，依据抗滑力矩与滑动力矩的平衡条件，推导出边坡安全系数计算公式；但是对于瑞典圆弧法，当摩擦角 $\varphi \neq 0$ 时，滑动面上产生的反力将不再垂直于滑动面，滑动面上的反力也就无法确定，此时瑞典圆弧法将不再适用。条分法是由 Felleniu(1936)提出的，然而其忽略了竖条之间的相互作用力，计算得到的安全系数一般偏低。此后，通过假定条块之间相互作用力的数量、方向、位置等不同，陆续提出了一些新的方法，如 Janbu 法(1955)、Bishop 法(1955)、Morgenstern-Price 法(1965)、Spencer 法(1967)、Sarma 法(1973)，这些方法对于不同条分之间相互作用力的假定不同，使得不同条分法计算得到的安全系数也有差异。Duncan(1996)研究表明，简化 Bishop 法相较于其他条分法的解通常具有较高的精度。通常情况下，对于条分之间的相互作用假定越少，越接近严格的条分法。然而，严格条分法在一些情况下也存在数值收敛的问题。针对存在数值收敛问题的严格条分法，很多学者作出了巨大贡献进行改进，促进了严格条分法的完善(朱大勇等，2005；Chen and Jiang，1986)。

在实际边坡工程或滑坡问题分析中，边坡或滑坡往往是一个三维问题。因此，传统的二维极限平衡法并不适用于三维边坡稳定性分析。在传统条分法基础上，许多学者尝试在二维极限平衡法基础上建立三维极限平衡法。Hungr(1987)在简化 Bishop 法基础上，构建了适用于三维边坡稳定性分析方法。Zhang(1988)提出了一种简单实用的凹形边坡三维稳定性分析方法，该方法同时满足了滑体的力平衡和力矩平衡条件。Lam 和 Fredlund(1993)提出了基于二维极限平衡法的三维极限平衡法，在该方法中柱间合力的方向可以通过假定柱间力函数的形状来确定。对于边坡的几何形状、地层、潜在滑动面和孔隙水压力等，该方法创新性地采用了地质统计学方法来表示。这些方法通常称为极限平衡柱法(limit equilibrium column methods)，只需要满足三个平衡条件即可，然而这些方法仅仅适用于对称边坡。对于满足四个、五个平衡条件的极限平衡法，陈祖煜等(2001)、Huang 等(2002)、张均锋等(2005)进行了深入研究。此外，对于满足六个平衡条件，即满足三向力平衡条件和绕三轴弯矩平衡条件的严格极限平衡法(igorous limit equilibrium method)，

Zhou 和 Cheng(2015)提出了一个严格极限平衡柱法，该方法可以实现三维滑动面的自动搜索及任意滑动面的安全系数确定。

在传统的极限平衡法中，采用的强度准则一般为线性莫尔-库仑强度准则。需注意的是，传统的极限平衡法往往忽略了岩土体应变软化特征。实际上，边坡变形破坏过程却是一个渐进变化过程。在滑动面的不同部位，滑动面所处应力状态也并不相同。在这方面，Law 和 Lumb(1978)提出了一个能够分析边坡渐进破坏的极限平衡分析方法，该方法考虑了滑动面上滑体的力和力矩平衡，计算的关键在于当局部滑动面超过峰值强度时，滑动面强度降为残余强度，然后不断调整条间力的分布，直到力和力矩达到新的平衡。Gilbert 和 Byrne(1996)在研究垃圾填埋场稳定性时，提出了一个考虑岩土体应变软化的边坡稳定性评价方法。此后，Liu(2009)给出了在特殊边界条件下的安全系数计算解析表达式。由于岩土体是极其复杂的材料，应力-应变关系常常表现出明显的非线性关系。鉴于此，一些学者提出了基于位移的极限平衡法(Huang，2013)。基于位移的极限平衡法是在现有的极限平衡法基础上选用了非线性本构模型，既能分析边坡稳定性，也能获取边坡的位移特征。

2. 数值计算方法

边坡稳定性分析的数值计算方法主要包括有限元法(FEM)、有限差分法(FDM)、离散单元法(DEM)、边界元法(BFM)、不连续变形分析(DDA)方法和流形元法(NMM)等。在众多的数值模拟方法之中，有限元法作为一个非常成熟的方法，在边坡稳定性分析中得到了非常广泛的使用。有限元法是求解科学和工程中遇到的微分方程或边值问题的一种数值求解方法，其数学基础是变分原理，核心思想是通过离散化方法用有限的网格去逼近问题的求解域，从而将连续无穷自由度问题转化为有限自由度问题，将微分方程或边值问题转化为求解线性或非线性方程组问题。与其他数值模拟方法相比，有限元法具有清晰的力学概念基础，较高的计算效率和计算精度。当采用有限元法分析边坡稳定性时，屈服准则通常被嵌入岩土体的应力-应变关系，把岩土体看作理想弹塑性体，当岩土体处于屈服状态时将发生塑性流动。然而，极限平衡法将岩土体看成刚塑性体，并且岩土体只有当岩土体超过极限荷载时才会发生变形。

此外，有限元法不仅能够很好地考虑岩土体的非均匀各向异性，而且还能考虑边坡形成演化的历史过程及开挖之前的初始应力状态。基于有限元法的安全系数计算方法可以划分为容重增加法(GIM)、滑动面应力分析法和强度折减法(SRM)这三类。

1) 容重增加法

容重增加法是一个非常简便实用的边坡安全系数计算方法。该方法的原理在于不断调整重力加速度 g，然后重复进行数值计算分析，直至边坡处于极限平衡

状态。按此原理，边坡的安全系数定义为

$$F_s = g_{limit}/g \tag{1-1}$$

式中，F_s 为安全系数(量纲一)；g 为重力加速度(m^2/s)；g_{limit} 为边坡处于极限平衡状态时所需的重力加速度(m^2/s)。

增大重力加速度实质上是增加了边坡的容重，因此称之为容重增加法。容重增加法最早可见于 Chen 等(2013)的著作，他们利用容重增加法详细研究了黏性土质边坡的稳定性。Swan 和 Seo(1999)在非线性有限元的基础上论证了容重增加法的有效性，研究表明在某些情况下，容重增加法会得到一个非常保守的安全系数，并且该方法非常适合分析路堤边坡的稳定性，这是因为路堤填筑过程可以采用路堤上荷载增加过程来模拟。Zheng 等(2006)认为容重增加法是一个定义简单清晰的方法，具有收敛速度快并能考虑荷载路径的优点，非常适合边坡安全系数的计算。因此，容重增加法在数值模拟中得到广泛应用。周健等(2009)成功将容重增加法引入颗粒流离散元法，研究了土质边坡的稳定性，结果表明容重增加法能够在颗粒流离散元法中应用。Gong 等(2018)将容重增加法引入 DDA 方法中，提出了可以模拟海岸岩壁渐进破坏全过程的方法。Li 等(2009)基于 RFPA(真实破裂过程分析)软件，结合容重增加法提出了 RFPA-GIM，该方法可以在不改变岩体强度参数的情况下，通过逐渐增大重力加速度模拟得到边坡的临界滑面。此外，由于容重增加法与离心模型试验原理相似，该方法也非常适合模拟离心模型试验，Lian 等(2018)基于离散格子弹簧模型(distinct lattice spring model，DLSM)，成功将容重增加法应用于岩石边坡离心模型试验的模拟。

尽管容重增加法有许多优点，但是该方法也存在一些不足。这些不足可能使得基于容重增加法计算得到的边坡安全系数并不准确。杨明成和康亚明(2009)研究表明，只有边坡坡比超过 1∶1.5，容重增加法计算得到的安全系数才比较精确。Yang 和 Li(2018)以三维边坡为例，比较了强度折减法与容重增加法，研究表明，这两种方法的计算结果存在一定差异。Sternik(2013)的研究进一步表明，当采用线性莫尔-库仑强度准则时，容重增加法计算得到的安全系数通常比实际值偏大。徐卫亚和肖武(2007)通过分析鸡鸣寺滑坡变形监测数据，研究了适用于容重增加法的边坡破坏判别标准。

为了弥补容重增加法的不足，Hu 等(2019)从理论上论证了容重增加法误差的来源，研究表明，g_{limit} 与边坡安全系数 F_s 存在联系。当边坡的实际安全系数 $F_s < 1.0$ 时，容重增加法计算的 F_s 将小于实际值；当边坡的实际安全系数 $F_s > 1.0$ 时，容重增加法得到的安全系数 F_s 将大于实际值。因此，只有当边坡的实际安全系数 $F_s = 1.0$ 时，容重增加法得到的安全系数 F_s 才是准确的。此外，Hu 等(2019)还从其理论上验证了杨明成和康亚明(2009)的结论，即边坡坡角越大，容重增加法的误差越小。

2) 滑动面应力分析法

滑动面应力分析法是基于有限元法发展而来的。滑动面应力分析法与极限平衡法类似，都需要先假定一个可能的滑动面，然后依据滑动面上的应力水平来确定安全系数。该方法计算边坡安全系数主要有三个步骤：第一步，通过有限元或有限差分数值模拟得到边坡的应力场；第二步，计算假定滑动面上各个部分的抗剪强度与剪应力，然后依据选定的安全系数计算方法确定该滑动面对应的安全系数；第三步，调整滑动面形状重新计算安全系数，直至搜索安全系数最小的滑动面(临界滑面)，此时的安全系数即为边坡的实际安全系数。Kulhawy(1969)最早提出基于剪切强度与剪应力之比的安全系数定义：

$$F_s = \int_0^l \tau_f \mathrm{d}l \Big/ \left(\int_0^l \tau \mathrm{d}l \right) \tag{1-2}$$

式中，F_s 为安全系数(量纲一)；τ_f 为滑动面的抗剪强度(Pa)；τ 为滑动面上的剪应力(Pa)；l 为滑动面的路径长度(m)。

后来，学者们对滑动面应力分析法提出了更多安全系数的定义。Matsui 和 San(1990)提出了全局安全系数的概念，该概念为假定滑动面上单个单元的局部安全系数均值。Zou 等(1995)认为全局安全系数应该为滑动面上总剪切强度与剪应力之比。Huang 和 Yamasaki(1993)认为应该采用局部最小安全系数法来获取边坡安全系数，这是因为局部最小安全系数法考虑了主应力方向特征。对于不同安全系数的定义，史恒通和王成华(2000)进行了探究，认为采用不同安全系数的定义时，必须考虑这些定义的适用条件。尽管在滑动面应力分析法的框架下，学者们对安全系数的定义有所不同，但是本质上这些定义都反映了边坡岩土体的强度储备水平。

确定临界滑面是获得真实安全系数十分重要的前提。对于实际滑坡，通过勘察手段可以很容易确定滑动面的形状和位置，因此在计算滑坡的安全系数时并不需要假定滑动面的性质和位置。然而，当不能准确确定滑动面形状和位置的边坡(滑坡)，在求解边坡(滑坡)的安全系数时则需要搜索临界滑面。关于临界滑面的搜索问题，许多学者进行了研究。早期方法主要采用了简单但是效率较低的枚举法，即事先假定好一系列滑动面，然后依照顺序从中寻找临界滑面。当面对复杂的边坡时，枚举法则很可能无法找到临界滑面。基于数学中的变分原理，Revilla 和 Castillo(1977)提出了一种解析方法来搜索临界滑面，该方法将安全系数看作滑动面及其应力的泛函，从而依据变分原理将临界滑面搜索问题转化为求取安全系数的极值问题。

实际上，变分法的操作需要一个相对简单的函数才可能实现。对于复杂的地形和存在地下水等边坡问题，变分法就很难实现。鉴于此，Hooke-Jeeves 模式搜索法被用来确定边坡的临界滑面。该方法基本原理是：首先，随机产生一个起点并计算边坡的安全系数；其次，以该点为中心确定与该点等距的四个点，计算这四个点各自的安全系数；最后，确定安全系数最小点为新的中心点，重复这一过程直到满足精度为止。由于 Hooke-Jeeves 模式搜索法的搜索点是在搜索过程中产生的，容易陷入局部最优解，在每次搜索过程中，搜索点都会不断增加，这也使得该方法的搜索效率比较低。此外，基于力是矢量这个基本概念，郭明伟等(2009)提出使用矢量和分析法搜索临界滑面位置，给出了边坡矢量法安全系数的矢量表达式。该方法没有引入过多假定，公式简洁易用，对于三维边坡安全系数的计算也比较容易，尤其是该方法无须进行迭代计算，可在工程实际中广泛运用。

临界滑面的搜索本质上是一个最优化问题。因此，许多解决该问题的数学方法(共轭梯度法、数学规划法和动态规划法)及仿生算法(遗传算法、蚁群算法和粒子群算法等)也被学者们采用。Kim 和 Lee(1997)提出了一种改进的非圆临界面搜索策略，在搜索过程中，定义试算滑移面的点可以在有限元网格中自由移动，并受一定的运动学约束，该方法既适用于极限平衡法，也适用于有限元法。

传统的数学优化方法大多属于数值优化类的方法，求解过程通常需要目标函数具有良好的性能，如连续、可导、凸函数。显然，这些方法的应用受到一定限制。在仿生算法方面，王成华等(2004，2003)、陈昌富等(2003)进行了较多研究。随着现代计算机技术的不断进步，许多具有全局优化能力的仿生算法不断提出。要想获得一个精确的结果，仿生算法通常需要许多的初始随机"种群"和演化代数。另外，滑动面划得越小，问题的维数将随之增加。这两方面的原因使得仿生算法通常需要巨大的计算量，仿生算法的各种参数也对计算结果有很大影响。因此，如何确定一个合适算法参数也是制约其应用的一个重要因素。

3) 强度折减法

强度折减法弥补了极限平衡法没有考虑岩土体塑性屈服的不足，该方法最早由 Zienkiewicz 等(1975)提出。由于早期受限于计算机技术水平，该方法提出之初并没有引起广泛的关注。强度折减法的分析流程一般为：先对岩土体强度参数进行折减，然后采用折减后的强度参数进行边坡有限元弹塑性分析，这一流程计算需直至边坡处于临界状态，此时的折减系数即为安全系数。Griffiths 和 Lane(1999)采用强度折减法计算了安全系数，结果表明，通过强度折减法得到的安全系数与传统方法得到的安全系数十分接近。随着计算机技术水平的提高，强度折减法的应用得到了极大改善。Dawson 等(1999)将强度折减法应用于均质路堤稳定性分析，通过与极限平衡法对比，发现强度折减法获得的安全系数略高于极限平衡法。这一认识也被 Liu 等(2015)通过对比极限平衡法与强度折减法获得的安全系数与滑动面证实。随着研究不断深入，在强度折减法的基本框架下，Zhang 等(2013)

提出了考虑岩土体应变软化行为的强度折减法，该方法发挥了有限元能考虑了岩土体应力-应变关系的特点。

强度折减法的核心在于对岩土体强度参数的折减。郑宏和刘德富(2005)推导的理论表明，在对强度参数进行折减的过程中，只有当内摩擦角φ和泊松比μ满足式(1-3)时，才能保证计算得到的安全系数与传统的极限平衡法计算结果一致。若不满足式(1-3)，则在有限元数值模拟过程边坡深部发生塑性屈服，这与实际情况并不相符。

$$\sin\varphi \geqslant 1 - 2\mu \tag{1-3}$$

式中，φ为内摩擦角(°)；μ为泊松比(量纲一)。

传统的强度折减法通常是对岩土体强度参数按等比例进行折减，这样会忽略不同强度参数对边坡稳定性影响的差异。Yuan 等(2013)认为应该采用不同的折减系数对不同部位岩土体强度参数分别进行折减。实际上，岩土体的变形模量E_0和泊松比μ对安全系数和深部塑形区的产生具有很大影响。张培文和陈祖煜(2006)研究表明，泊松比μ对安全系数的影响较大，而变形模量E_0对安全系数的影响较小，据此建议采用强度折减法时对变形模量E_0和泊松比μ都进行折减。关于变形模量E_0和泊松比μ的折减方法，郑宏和刘德富(2005)也进行了深入研究。

Yang 等(2014)也认为在进行强度折减时，不应该对整体岩土体进行强度折减，整体强度折减会导致边坡位移大于边坡的实际情况，应当只对滑动面进行折减，由此提出了局部强度折减法(local strength reduction method)。在局部强度折减法的基础上，进一步考虑通过选用合适的岩土体本构模型，来获取边坡强度折减时的真实位移。边坡破坏过程实际上是一个渐进破坏的过程，即滑动面上的抗剪强度分布并不是一致的。为此，Chen 等(2013)提出了可以模拟边坡渐进破坏过程的局部动态强度折减法(local dynamic strength reduction method)。在此基础上，Chen 等(2020)进一步考虑拉伸破坏对渐进破坏过程的影响。

在采用强度折减法进行边坡稳定性分析时，一个关键步骤在于定义一个合适的准则来判断是否破坏。传统的强度折减法基于有限元计算是否收敛。Zhang 等(2005)研究表明，采用有限元计算是否收敛作为准则并不适用所有情况，如深部塑性区的形成会导致有限元计算提前终止。考虑边坡位移突变和塑性区是否贯通，可作为边坡是否破坏的判定准则，一定程度上可以弥补传统方法的不足。由于测点选择的多样性及塑性区分布的复杂性，用边坡位移突变和塑性区是否贯通这两种方法，也存在一定的不足。近年来，随着研究的深入，Tu 等(2016)提出了基于能量法则的破坏评价准则，该方法能够确定边坡复杂应力-应变的分布，有效改善了以往方法的不足。

1.2.4　岩质高边坡工程治理措施

岩质边坡的支护措施基本是在土质边坡的支护基础上发展而来的。虽然土质边坡和岩质边坡的力学特性不尽相同，在分析稳定性时采用的方法也不完全一样，但是对边坡加固的本质是一样的,都是通过改变边坡的力学平衡(即改变边坡体的抗滑力和下滑力)来实现边坡稳定的。目前,对于岩质边坡主要采取的还是锚固技术,包括锚杆技术、锚索桩、喷锚支护和锚索地梁等。

1. 锚杆技术

锚杆为受拉杆件,根据锚杆应力状态可分为预应力锚杆和非预应力锚杆两类。相对于抗滑桩和挡墙支护结构而言,锚杆和预应力锚索一样能体现出主动支护的概念。Busch A 于 1912 年发明了锚杆,在美国的一个煤矿中成功进行了顶板支护,通过 20~30 年的试验、改进和发展,美国的锚杆技术取得了成功。20 世纪 50 年代,锚杆技术在世界各国的工程中得到了大量应用。对该技术研究最为活跃的是美国和澳大利亚,锚杆支护率占煤巷支护的 90%以上。英国 1987 年开始从澳大利亚引进锚杆技术,通过多年大量的试验和现场应用,在作用机理和工程应用上取得了很大的进展。朱维申等(1996)也将边坡中锚杆系统的支护作用综合考虑到施锚岩体中。对于岩质边坡加固,锚杆的设置区域及方位应充分考虑软弱结构面的产状、分布情况和可能发生的破坏模式,可分散均匀布置,也可集中布置,但是锚杆应穿过软弱层面一定深度。

2. 锚索桩

早期的抗滑桩单纯依靠桩侧向地基的反作用力来抵抗滑坡推力,当滑坡推力增大时需要相应增大桩的截面面积和加深桩的埋置深度来提高桩的抗力(许锡昌和葛修润,2006)。受到截面面积及埋置深度的限制,抗滑桩在很大的滑坡推力面前变得束手无策。20 世纪 80 年代,人们开始尝试在抗滑桩上部设置预应力锚索,由此逐渐形成了现在的锚索桩。由于锚索的设置使桩的变形受到约束,大大改善了悬臂桩的受力及变形状态,从而减小了桩的截面面积和埋置深度,也有效提高了抗滑桩的抗滑效果。

3. 喷锚支护

喷锚支护是指喷射混凝土、钢筋网、锚杆共同作用的一种加固技术(胡德春,2007)。喷锚支护作用机理:锚杆通过钻孔深入岩土体内可有效地改善岩土体的抗剪强度,喷射混凝土则通过高压喷射法将混凝土喷射到岩土体受喷面上与岩土保持良好黏接,提高了岩土体的稳定性,加之钢筋网的作用使喷射混凝土、钢筋网、锚杆和岩土体之间形成了一种有机结合,充分发挥了岩土体自身的强度。喷锚支护将传统加固方法(如重力式挡土墙)被动受力转变成一种主动受力的新型加固方法,已在滑坡治理、边坡防护、基坑加固等工程得到广泛应用,具有传统方法不可比拟的优势。

第2章 研究理论与方法

2.1 岩体卸荷松弛成因类型与分带判定

2.1.1 岩体卸荷松弛成因类型

分析我国多座水电站高拱坝基础开挖岩体卸荷松弛特征可知,影响岩体松弛、损伤、变形、破坏的因素是多方面的,不能简单地归于某种单一因素。基于卸荷松弛主导因素,从力学成因上将岩体开挖松弛划分为卸荷回弹型、结构松弛型、开挖爆破型、浅表时效型等四种成因类型(万宗礼等,2009;巨广宏和石立,2003)。

1. 卸荷回弹型

水电站高拱坝建基岩体位于高陡深切谷底,岩体微风化~新鲜,岩石致密坚硬,地应力较高,因此储备了较高的弹性应变能。高拱坝建基岩体应力大,岩体处于弹性压缩状态,建基面开挖后应力急剧释放,开挖面表层岩体从高围压状态得以舒展解脱,三维应力状态转化为二维应力状态,向临空面方向卸荷回弹而使体积膨胀,产生位移、葱皮、岩爆等变形破坏现象,这种现象多发生在河床谷底部位。卸荷回弹造成完整岩石的变形破坏,坝基新鲜完整岩石发生的位移、葱皮、岩爆等变形破裂与岩石中存在的隐微裂隙及裂纹有极大关系,是变形破坏的内在原因。

以拉西瓦水电站为例,拱坝坝基岩石为中生代印支期粗粒~中粒花岗岩,经历了漫长的结晶过程与近2亿年的历次构造运动。坝基岩石晶格中存在成岩过程中的早期缺陷。构造运动进一步造成微应力、细观应力区域集中,产生隐微裂隙及裂纹。虽然微观层次上坝基岩石晶格的开裂与位错可能杂乱无章,但是细观层次上隐微裂隙有成组、多组出现的可能,或因岩石矿物粒径较为粗大而增加了这种可能性。

高拱坝坝基岩体开挖过程中,一方面,爆炸冲击波能量释放,加剧了岩石内部隐张拉裂、剪切位错,早期的隐微裂隙及裂纹扩展,与开挖面近于平行的隐微裂隙尤其如此;另一方面,爆破后岩石又在瞬间卸荷回弹,使得裂纹、微裂隙最终搭接、贯通,因此发生葱皮、岩爆等变形破坏现象。受开挖面应力转移控制的小湾水电站拱坝坝基岩石爆破底面非常平光或可证实。一个值得注意的现象是,垂直埋深近600m、水平埋深近400m的黄河拉西瓦水电站地下主厂房内端墙新鲜完整花岗岩,在开挖后即可看到墙壁表面新鲜岩石几乎完全疏松甚至解体,用手触摸即掉,呈松散状。同样的情形还发生在黄河拉西瓦水电站右岸坝肩高程 2250.00m 排水洞新鲜完整花岗岩开挖掌子面上,掌子面裂缝岩石呈碎末状,如图 2-1 所示。在小湾水电站、雅砻江锦屏一级水电站、拉西瓦水电站等拱坝坝基的建基岩体表层产生新的裂纹、葱皮、岩爆等现象,均属微风化~新鲜完整岩石的卸荷回弹型变形破坏,图 2-2 为拉西瓦水电站右岸坝肩高程 2280.00~2295.00m 拱肩槽完整花岗岩岩体。

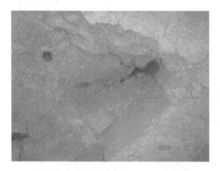 

图 2-1　拉西瓦水电站右岸坝肩高程 2250.00m　　　图 2-2　拉西瓦水电站右岸坝肩高程
排水洞掌子面裂缝岩石呈碎末状　　　　　2280.00~2295.00m 拱肩槽完整花岗岩岩体

卸荷回弹型主要发生在原岩应力高的微风化~新鲜岩石中,内因是岩石在成岩建造、构造运动和表生改造过程产生了微观~细观破坏,开挖爆破、建基面形成、应力调整使新鲜岩体向临空方向产生位移,岩体(岩石)扩容进一步使原有微细裂隙扩展、搭接、贯通而产生变形破坏。

2. 结构松弛型

岩石在漫长地质历史过程经历了地质建造、构造和改造,产生了不同级序、不同组别的各种形迹结构面,破坏了岩体完整性,改变了岩体受力特性,并控制了岩体的变形破坏。大量工程开挖实践表明,在开挖面以下一定深度范围内,不同性质与产状的结构面表现出明显的各向异性,即沿不同结构面方位,岩体的变形破坏有很大不同。

国内外学者普遍认为,坝基开挖岩体卸荷松弛及松弛度与构造应力分布方向及岩体构造有关。开挖后建基面附近岩体发生调整,由原有赋存环境的三向应力状态转为临空面附近的二维应力状态,且越接近开挖面,最大主应力与开挖面越趋于平行,最小主应力与开挖面则越趋于垂直,开挖面附近岩体的变形破坏主要受最大主应力、最小主应力控制。在开挖面附近,最小主应力可能变为拉应力。因此,岩体中不同方位的结构面对岩体变形破坏的贡献明显不同。与开挖面夹角较小的结构面是建基岩体松弛的主要因素,其他组别结构面则是在一定范围内作为变形破坏的边界条件。

李建林和孟庆义(2001)研究了不同结构面夹角α下岩体卸荷的应力-应变关系，结果表明不同α对卸荷曲线影响不同。贾善坡等(2010)研究发现，不同结构面夹角α时岩体抗拉强度σ_t会有变化：α较小时，σ_t较大；随α增大，σ_t明显减小；当$\alpha = 90°$时，$\sigma_t = 0.3$MPa，此时岩体抗拉强度绝对值仅为完整岩石抗压强度绝对值的1/13；这体现了拉应力的主导性作用，且σ_t与α呈负相关关系。这一点已被工程实践证实，如徐干成和郑颖人(1990)对三峡大坝船闸高边坡工程研究发现，与边坡坡面呈小夹角的结构面最易张开变形。

拉西瓦水电站拱坝右岸坝肩2240.00～2260.00m低高程部位与开挖面夹角较小的裂隙密集发育(图2-3)。因拉西瓦水电站拱坝右岸坝肩2240.00～2260.00m高程处于岸坡谷底，一方面岩体中存在构造应力，另一方面在河流下切过程中储存了较高的地应力。建基面开挖后应力释放较为强烈，沿顺坡结构面拉张变形，形成明显低波速区，开挖后用混凝土进行了置换。

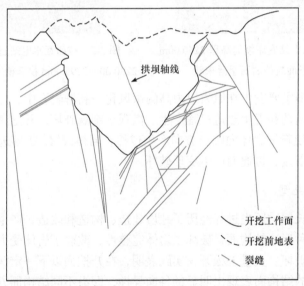

图2-3　拉西瓦水电站拱坝右岸坝肩结构松弛型成因示意图(高程2250.00m平切图)

小湾水电站拱坝坝基的裂隙张开与错动、板裂现象、差异回弹和蠕滑现象，雅砻江锦屏一级水电站拱坝坝基沿原有结构面张开、板裂现象、位错现象、水平剪裂和松弛层裂，拉西瓦水电站拱坝坝基沿原有结构面开裂、层状位错和结构面表皮剥落等，这几座水电站拱坝坝基开挖卸荷均属建基岩体开挖后的结构松弛型。结构松弛型主要发生在断裂发育地段、较大规模断层出露地段、裂隙密集带和结构面不利组合部位，与结构面夹角密切相关，属于宏观级结构性变形破裂，主要表现为结构面张开、位错、蠕滑等，此过程与开挖面夹角较小的结构面起主导作用。

3. 开挖爆破型

岩石工程爆破开挖共 16 级。对于花岗岩这类强度高的岩石，爆破开挖属于
12 级，爆破需要密集炮孔及高强度药量，会对岩石造成不可避免的损伤，产生一
定厚度、一定程度的开挖爆破松弛带。

开挖爆破对岩石破坏主要有两种形式。一方面，爆破产生的强大冲击波超过
岩石抗压、抗剪、抗变形能力，直接将岩石破坏，如拉西瓦水电站拱坝建基面表
层 50cm 范围内微风化～新鲜岩石破坏或产生新的裂纹；另一方面，建基面附近
岩体原有构造发育，岩体结构较差，在爆破作用下岩石结构面完全开裂、显现，
造成岩体损伤，称为结构性爆破破坏。断裂发育带位于交通洞、排水洞及廊道在
建基面出口部位时，如拉西瓦水电站右岸坝肩 2250.00m 灌浆洞和排水洞洞口段裂
隙发育，展布方向多为顺裂隙面方向，爆破导致结构面完全张裂，引发裂纹扩展，
产生新的爆破裂隙，岩体完全破坏，范围可达洞周数米，洞深 2～4m，如图 2-4
所示。

图 2-4 拉西瓦水电站开挖爆破导致右岸坝肩高程 2250.00m 灌浆洞口破坏

开挖爆破对边坡岩体扰动剧烈。对于断裂发育(特别是顺坡向结构面发育)、
风化卸荷和质量较差岩体的影响更是如此。例如，拉西瓦水电站拱坝坝基开挖爆
破，对右岸坝肩高程 2240.00～2280.00m 段(尤其是高程 2240.00～2260.00m 段)
拱间槽边坡变形破坏影响较大，主要表现为以下几个方面：①导致边坡浅层产生
松弛带，松弛带深度一般 1～3m，断裂发育地段更深，松弛带岩体结构面开裂、
岩石密度降低、空隙增大，强度指标与变形指标等力学性能急剧变差。②加剧早
期卸荷，岸坡早期沿顺坡向断裂，向岸外卸荷并逐渐拉裂，爆破开挖在瞬间高强
度作用下加剧了这种卸荷，使得建基面以内一定浅表范围岩体卸荷拉裂更为明显
和严重。拉西瓦水电站拱坝高程 2250.00m 灌浆洞和排水洞所在部位，建基面的
开挖即为证据。③改造或产生新的卸荷裂隙，爆破开挖因其能量高、强度大，在

极短时间内迅速改变了原岩应力状态，使得原有紧闭裂隙在冲击波作用下瞬间拉开，同时产生小型或隐微爆破裂隙，如拉西瓦水电站高程 2250.00m 灌浆洞进口段顺坡向裂隙张开拉裂即属此类。

4. 浅表时效型

王兰生等(1994)观察发现，铜街子水电站河床卵石存在"咬断"现象，在此基础上分析了谷底岩体变形破坏机理，提出了著名的"浅表时效构造"理论，该理论在多年来得到了发展。浅表时效现象是 20 世纪 80 年代以来新发现的一种既不同于一般地质构造形迹，又区别于受现代地形控制的表生构造的地壳浅层变形破裂形迹。研究表明，浅表时效现象是晚近时期以来，区域性剥蚀(垂向卸荷)或侧向扩张(侧向卸荷)引起岩体中的残余应变能释放。在地壳浅表层形成时效变形破裂迹象有复杂的力学机理。由于这类变形破裂形迹发育在近地表范围内，它对地表岩体运动、岩体稳定性和工程活动起着重要的控制作用(李天斌等，2000)。

高陡峡谷谷底普遍存在河谷"应力包"现象。20 世纪末到 21 世纪初，大量高坝大库水电工程开工建设，小湾水电站、溪洛渡水电站、雅砻江锦屏一级水电站和拉西瓦水电站等河床坝基部位，几乎无一例外揭示谷底浅表时效现象。图 2-5 为拉西瓦水电站河谷应力分带与谷底浅表时效构造关系。

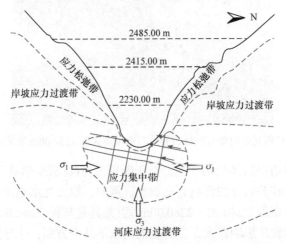

图 2-5　拉西瓦水电站河谷应力分带与谷底浅表时效构造关系
σ_1-最大主应力；σ_3-最小主应力

开挖爆破过程及开挖完成后，河床坝基部位晚近时期形成的似水平状应力释放，坝基岩体水平层状开裂，开挖前紧闭的裂隙张开并使隐微层状宏观显现，如小湾水电站坝基曾出现随河床坝基下挖层状开裂跟进的局面。小湾水电站河床坝基浅表部缓倾角卸荷裂隙及坝基开挖后底鼓现象，拉西瓦水电站河床坝基的缓倾角卸荷裂隙及其开挖后的层状开裂，均属浅表时效型卸荷松弛。实际上，拉西瓦水电站河床部位坝基左岸出现轻微岩爆、河床开挖面揭示较多水平状缓倾裂隙。图 2-6 为拉西瓦水电站左岸河床坝基揭露的 Zf$_8$ 断层，断层带内充填大量河床淤积物，这表明河流下切过程河床部位强烈卸荷上隆。拉西瓦水电站坝基开挖揭露右岸高程 2260.00m 以下，河床部位发育缓倾岸外存在裂隙密集带(图 2-7)。将上述结构面相连，则为实际河床谷底"兜底缝"。

图 2-6　拉西瓦水电站左岸河床坝基揭露　　　图 2-7　拉西瓦水电站河床部位发育缓倾岸
　　　　　的 Zf$_8$ 断层　　　　　　　　　　　　　　　外裂隙密集带

　　浅表时效型往往发生在接近谷底应力包的河床部位。对于早期谷底应力释放形成似层状或宽缓圈椅状劈裂岩体(即所谓的"兜底缝")，河床坝基开挖对其具有强烈的诱裂作用，使其在加剧原有开裂的同时，引发早期细微破裂，并沿隐微裂隙贯通，产生新的破裂。由于邻近河床谷底存在应力集中带，随开挖进程推进，应力不断向深部转移，层状破裂似无休止、连续进行。

2.1.2　岩体卸荷松弛分带判定

　　坝基开挖松弛是指处于一定围压状态下的岩体，在建基面开挖及形成后，由于爆炸瞬间施压及之后建基岩体表层一定区域岩体，经历爆炸应力快速解除、原岩应力短时释放、逐渐稳定等一系列过程，最终完成应力调整。建基面及其以下一定深度范围内，岩体产生卸荷回弹、结构性松弛、岩体微细裂隙张开与扩展、岩爆等变形破坏、波速降低、岩体物理力学性能弱化的岩带。松弛分带判定的方法有很多，可归纳为宏观地质判定、物探测试判定、室内岩石试验与现场岩体试验、现场监测判定和数值模拟判定等方法。

　　1. 宏观地质判定

　　宏观地质判定是指建基面开挖后对开挖表面及相关平洞进行的调查。调查内容主要包括开挖面变形破坏特征、结构面性状与开裂特征、平洞进口段岩体损伤特征。例如，拉西瓦水电站拱坝坝基 2250.00～2260.00m 梯段开挖完成后，对高程 2256.10m 的 PD_{K6} 平洞洞口段现场调查,通过地质锤敲击,结合宏观判定发现:洞口段 2m 范围岩体拉裂张开明显;位于洞口 5.5m 的 yL_{147} 陡倾岸外裂隙在前期勘测中处于闭合状态,开挖后发现有轻微张开,张开度在 1~2mm;位于洞内 13.3m 处的 yL_{122} 陡倾岸外裂隙则仍处于闭合状态;洞口段总体裂隙较为发育,结构面产状陡倾坡外,有利于卸荷变形破坏。综合这些地质现象,宏观判断该部位开挖岩体卸荷深度为 6.0m。

2. 物探测试判定

物探测试方法以高效、准确、实用、多样等特点被广泛应用到高拱坝的坝基岩体检测。岩体松弛物探测试主要有表面地震波法、单孔声波法、跨孔声波法、一击双收弹性波法、瞬态瑞利波法、钻孔弹模法、钻孔成像法等。

(1) 表面地震波法是在拱肩槽上下游边坡、拱坝建基面表面布置测线,进行地震波法纵波速度测试,揭示表面岩体弹性波速状况,主要反映岩体松弛度及工程地质特性。此法属常规方法,在小湾水电站、雅砻江锦屏一级水电站、拉西瓦水电站、李家峡水电站、公伯峡水电站等坝基岩体松弛检测中得到成功应用。

(2) 单孔声波法是在拱肩槽边坡某高程平行布置若干个垂直建基面的钻孔(一般 3 个),孔深 10~15m 不等,孔间距一般为 1.5~2.5m,对每个钻孔不同深度进行声波法纵波速度测试。各高程测试孔大多位于拱肩槽中心部位。利用单孔声波法不同孔深波速变化情况,一般在建基面以下一定深度会出现一个明显波速转折点,据此划分松弛带。需说明的是,这个转折点往往是强卸荷带与弱卸荷带的转折点,弱卸荷带以下波速曲线斜率变化不大,一般没有明显的波速转折点。该方法快捷、方便,属常规方法,在小湾水电站、雅砻江锦屏一级水电站和拉西瓦水电站等几乎所有高拱坝的坝基岩体松弛检测中广泛应用,效果良好。

(3) 跨孔声波法是对同一高程一次布置的 3 个钻孔中相邻 2 个钻孔按不同深度进行穿透波速测试,一般采用声波法,用以检测测试部位建基面不同深度岩体弹性波速状况。在划分松弛带方面,跨孔声波法和单孔声波法一样,也会在一定深度以下出现波速转折点。跨孔声波法测值一般大于单孔声波法,波速在两钻孔之间穿行,穿越岩体具有较高的赋存应力,因此能真实反映岩体的工程地质特性。该方法在小湾水电站、雅砻江锦屏一级水电站、拉西瓦水电站等得到应用。

(4) 一击双收弹性波法是在岩体表面布置 2 只检波换能器,并在其连线延伸方向任意一点进行 1 次锤击、2 只检波换能器同时接收震源传来的波形。该方法可准确、定量地反映高边坡的卸荷范围和卸荷特征,由于省去钻孔,比其他方法更加简便,适用于岩体风化带和卸荷带、性状不均匀的断层带划分、建基面的确定、围岩松弛层厚度测量等。该方法在水布垭水电站、隔河岩水电站、三峡水利枢纽工程等二十余个水利水电工程得到应用。

(5) 瞬态瑞利波法。瑞利波存在于自由表面附近,是纵波与横波叠加的结果,在传播方向平面内,瑞利波质点运动轨迹为逆时针方向转动的椭圆,椭圆长轴垂直于介质表面。瞬态瑞利波又称频率测深,是在地面上人工叠加一瞬间冲击力,在地层表层产生一定频率范围多个简谐波组成的瑞利波,在其传播方向布置多道检波器,得到频散曲线,最终结合地质条件对频散曲线进行定性分析和定量解释(肖国强等,2008)。瞬态瑞利波法在水电工程中应用较少。瑞利波速度 V_R 比横波速度 V_S 慢,即 $V_P > V_S > V_R$,它们之间的关系式为

$$V_R = \frac{0.87 - 1.12\mu}{1 + \mu} V_S \qquad (2\text{-}1)$$

$$\mu = \frac{V_P^2 - 2V_S^2}{2(V_P^2 - V_S^2)} \qquad (2\text{-}2)$$

式中, V_R 为瑞利波速度(m/s); V_P 为纵波速度(m/s); V_S 为横波速度(m/s); μ 为泊松比(量纲一)。

(6) 钻孔弹模法。弹模仪内部设有千斤顶及位移传感器,原理是通过千斤顶向钻孔孔壁施加一对径向对称的条带压力,采用位移传感器测量钻孔加压后的径向位移。根据钻孔不同深度弹性模量测值变化,可揭示松弛带厚度,该方法已经被国际岩石力学与岩石工程学会正式推荐。根据弹性理论计算岩体弹性模量 E,计算公式见式(2-3),钻孔弹模法可测量建基面下不同深度岩体的弹性模量(李维树等,2010),据此划分建基岩体松弛带厚度及松弛特性。该方法在小湾水电站、雅砻江锦屏一级水电站、拉西瓦水电站、玛尔挡水电站等得到应用。

$$E = AHD \cdot T(\beta, \mu) \cdot (\Delta P / \Delta D) \qquad (2\text{-}3)$$

式中, E 为弹性模量(MPa); A 为岩体三维效应系数(量纲一); H 为压力修正系数(量纲一); D 为钻孔直径(m); $T(\beta, \mu)$ 为由孔壁和承压板接触角 β 及泊松比 μ 确定的系数(m^{-2}); ΔP 为卸荷增量(N); ΔD 为径向位移(m)。

(7) 钻孔成像法。钻孔全景成像仪由主机、探头、线架、滑轮组合而成,机内精密传感器件包括360°高分辨率全景摄像头、深度计数器、电子罗盘、旋转接信器、电子倾角仪、电子水平仪等,用于工程检测及地质勘察。建基岩体测试中每20cm成一全幅孔径图像,由孔口至孔底进行连续摄录,得到全孔深段钻孔平面展开全景原始信息柱状图。经观测人员实时分析处理,可清晰看到钻孔中地质结构与岩石分布情况,最终得到孔壁的各种地质信息,如断层、裂隙的宽度、充填、倾向、倾角等。

3. 室内岩石试验与现场岩体试验

主要为坝基岩石室内试验、坝基岩体现场抗剪试验和变形试验等。距离建基

面深度不同，岩体力学参数变化程度不同，据此划分不同卸荷程度的建基岩体界线。国内如拉西瓦水电站拱坝坝基、小湾水电站拱坝坝基、三峡大坝船闸建基岩体等均开展了此类试验，为建基岩体力学参数取值奠定了基础。

4. 现场监测判定

水电站拱坝坝基岩体现场监测是拱坝施工、运行的重要手段，主要有位移监测、应力监测、温度监测、渗流监测等。其中，应力和位移监测对于建基岩体开挖松弛工程、坝基固结灌浆效果、大坝混凝土盖重、拱坝运行期工作性能等具有重要意义。拱坝坝基位移监测仪器有岩石变位计、滑动测位计、多点位移计等。建基面以下不同深度岩体变位和应力特征，可反映不同质量岩体的物理力学性能，因而是岩体松弛带划分的重要依据。

5. 数值模拟判定

建立坝基部位二维或三维岩体地质力学模型，按照设计开挖梯段分步开挖，可得到每一开挖梯段及整个坝基开挖完成后的建基岩体应力场、位移场、应变场特征，据此获得建基岩体松弛带、过渡带、正常应力带。数值模拟判定可在坝基开挖前进行，预测建基岩体的分区分带特征。朱继良等(2009)运用数值模拟方法，模拟再现和预测了小湾水电站高边坡开挖的变形破裂响应过程，数值模拟结果与边坡的实际变形破裂有较好的吻合性，从而对大型复杂岩石高边坡开挖的地质力学响应形成了系统认识。胡斌等(2005)对龙滩水电站左岸边坡进行了三维模拟，计算结果与实测应力在数值上相当，方向上接近，获得比较准确的初始应力场。

为实现卸荷岩体松弛分带精确评价，还需要对现有准则进行修正，避免计算过程中因为数学奇异而不收敛问题，同时实现修正准则的精确表达。莫尔-库仑强度准则是岩土工程领域广泛使用的一个经典强度准则(邓楚键等，2006)。大量试验数据和工程实践表明，莫尔-库仑强度准则能较好地描述岩土材料的强度特性和破坏行为。然而，位于莫尔-库仑强度准则屈服面顶点的理论最大抗拉强度往往会高估岩土介质的抗拉强度，需进行修正(贾善坡等，2010)。岩土材料一旦发生拉伸破坏，抗拉强度便会丧失。一些岩土材料会有弹脆塑特性，有必要将这些修正都考虑到莫尔-库仑强度准则中。在主应力空间，莫尔-库仑强度准则屈服面是一个不规则的六棱锥面，数值计算过程存在数学奇异问题，导致塑性修正应力无法正常返回。针对此问题，国内外学者提出了很多解决方法，尝试在主应力空间进行塑性映射返回处理，推导修正莫尔-库仑强度准则屈服面在各个奇异位置的正确映射返回形式。

2.2　边坡岩体结构与结构面分级

2.2.1　边坡岩体结构

　　岩体结构由孙玉科和李建国(1965)提出，定义为一定地质条件下由结构面和结构体(单元岩块)共同组合的一种地质结构形式。谷德振和黄鼎成(1979)对岩体结构特征进行了较全面的论述及类型划分，认为岩体受力后变形破坏的可能性、方式和规模受岩体自身结构控制。王思敬(1984)将岩体结构划分为 4 大类 12 亚类。孙广忠和黄运飞(1988)在分析岩体结构特征基础上，将岩体划分为连续、碎裂、块裂和板裂 4 种介质类型，提出了"岩体结构控制论"观点，全面、系统阐述了岩体的变形破坏受岩体结构控制，认为岩体力学性质不仅取决于岩石的力学性质，而且受岩体结构力学效应和环境因素力学效应的控制，从岩体变形的结构效应、岩体破坏的结构效应、岩体力学性质的结构效应三方面对岩体结构力学效应进行了系统研究。张倬元等(1994)提出"地质过程机制分析量化评价"的学术思想，注重岩体结构的研究，认为对岩体结构特征的研究是分析评价区域稳定性和岩体稳定性的重要依据，形成了工程地质领域中具有显著特色的理论研究体系与方法。Goodman(1976)也非常重视岩体结构特征的研究，提出了节理岩体的地质工程方法；Hoek 和 Marinos(2000)提出地质强度指数(GSI)在评价系统中起重要的控制作用。

　　岩体结构是地质历史演化的产物，是成岩建造、构造改造和表生改造综合作用的结果，是一定地质条件下由结构面和结构体共同组合的一种地质结构形式，不仅反映了岩体中结构面的发育程度、块体大小和岩体完整性，而且可以表征工程荷载作用下岩体的力学作用方式和力学性质的优劣，是影响工程岩体稳定性的主要因素之一。岩体结构已成为评价岩体工程地质特性和稳定性的重要因素。因此，为了对工程岩体稳定性进行定量评价，必须对控制岩体稳定性的岩体结构进行定量描述，对岩体结构类型进行划分。

　　岩体结构的基本要素是结构面和结构体。结构面是指不同成因、不同特性的地质界面(如层面、节理裂隙面、断层面、不整合面等)，规模大的可以切穿一个构造层或一个至多个时代的地层，延伸数千米至数百千米，甚至更大；规模小的仅切割某一岩石，延伸数米、几十厘米或呈隐微裂隙。前者规模较大，间距大，是控制岩体稳定性或区域稳定性的块体边界；后者规模小，数量多，间距小，分布具有随机性，按照岩体结构类型的划分属于"整体状结构"，结构面间距仅 1～3m，具有这种间距的结构面既不可能是区域性大断裂，也不可能是中～小断层(间距大于 3m)，只能是岩体中大量随机分布的裂隙。

　　对于中～坚硬岩石而言，由于岩石的强度和抗变形能力强，在荷载作用下岩体结构面和岩体结构类型是控制岩体力学性能的主导因素。因此,研究岩体的结构特征,应首先重视结构面的研究。在做好结构面分级的基础上,研究表征结构面发育特征的方位、结构面间距、结构面连续性、结构面延展性、结构面起伏、结构面粗糙度和结构面充填状况等,分析岩体各部位的完整性,进而对岩体进行结构类型划分。由于结构面在岩体中发育广,分布具有随机性,揭示岩体中结构面的发育分布规律一直是岩体结构研究的核心问题,目前尚缺乏有效的途径和方法。传统的方法主要是通过现场对结构面的调查、统计和描述,然后在室内采用相关统计方法进行分析,前期可以水电站坝址区边坡主要勘探平洞进行的结构面统计资料为依据,来评价坝址区边坡岩体结构特征。

2.2.2 结构面分级

结构面的发育程度、规模和组合形式等是决定结构体形状、大小和方位的重要因素,也是控制岩体力学性质和稳定性的重要因素。结构面分级是根据结构面的规模和工程性状对结构面进行的级别划分。国内代表性的结构面分级方案主要有谷德振和黄鼎成(1979)根据结构面的延展性、发育深度和宽度的分级方案,以及孙玉科等(1988)、孙广忠和黄运飞(1988)根据结构面规模及力学效应的分级方案。尽管这些分级方案存在一定的差异,但是分级中着重考虑了结构面的规模,均采用五级制,各分级方案的实质基本一致。孙玉科等(1988)提出结构面分级包括结构面的规模、地质类型和力学属性,具有较强的实用性。根据拉西瓦水电站坝址区边坡岩体结构面发育特征,结合孙玉科等(1988)的分级方案,早期建立了拉西瓦水电站坝址区边坡岩体结构面分级依据,见表2-1。

表2-1 拉西瓦水电站坝址区边坡岩体结构面分级依据

级序	分级标准	工程地质类型及特征	对工程岩体稳定性影响	代表性结构面
I	延伸长度>10km,破碎带宽度>1m,贯穿工程区	充填20~30cm厚糜棱岩、碎裂岩、角砾岩、构造透镜体和碎裂花岗岩等,延伸性较好,而多起伏,两侧有较宽影响带,为软弱结构面	区域性稳定控制边界	伊黑龙断层F_1和拉西瓦断层F_2
II	延伸长度>400m,破碎带宽度>0.5m的断层	软弱结构面,工程区段内连续分布,贯穿整个岸坡或两岸	岸坡整体稳定性的控制边界	F_{26}、F_{29}、F_{172} 等
III	延伸长度<400m,破碎带宽度0.2~0.5m	较软弱结构面,未完全切穿岸坡	控制岸边稳定的潜在软弱结构面,影响坝基岩体强度与变形的软弱结构面	F_{33}、F_{34}、F_{166}、F_{164}、F_{180} 等
IV	延伸长度<50m,破碎带宽度<0.5m的断层及长大裂隙	以硬性结构面为主,断层多充填碎块岩、角砾岩,裂隙多充填方解石	影响岩体的完整性和整体强度,与其他结构面组合可构成局部潜在滑移体	F_{151}、F_{158}、F_{159}、F_{176} 等
V	延伸长度<10m的各种裂隙	硬性结构面,多闭合或充填方解石脉,一般较平直,较粗糙	影响岩体的完整性、强度和变形	地表及平洞内大量出现

2.3　岩体质量分级

2.3.1　岩体质量分级的目的

岩体质量分级是根据岩石的工程特性和岩体的完整程度、岩体工程特性的优劣程度进行岩体质量优劣的划分。坝基岩体质量分级是岩体质量分级的一种，是将大坝作用和影响范围内的岩体按照完整性、工程特性优劣和建坝适宜程度进行等级划分。由于构成岩体的岩性、岩相、构造、风化程度、完整程度、赋存环境、工程特性、水稳性等不同，岩体质量相差较大，岩体稳定性也各不相同。坝基岩体的稳定性不仅受上述多因素的影响，而且受工程类型及荷载大小影响。研究和评价上述因素对岩体质量的影响程度，在获得一定量化关系的基础上，综合各因素的影响权值，对岩体进行质量分级，不仅可以较好地反映多因素对岩体质量的影响程度，而且可以用简单的类型级别表达岩体对工程建筑物的适宜性和稳定性，从而将复杂的地质体用简单的信息传递给工程设计人员，成为工程地质人员与工程设计人员进行技术交流的共同"语言"。因此，岩体质量分级是岩体工程地质评价中的一个重要方面，是工程地质人员将复杂的地质原型抽象为合理的物理模型，进而按照岩体的工程特性转换为力学模型较好的方式。在岩体质量分级时，大多仅能进行岩体优劣程度"质"的分级，尚难以全面的工程特性参数予以精确量化。岩体质量分级的目标是既可以表征岩体优劣程度等级，又有与之相对应的可靠力学参数，实现真正"质"和"量"的分级。随着科学技术的发展和研究的深入，这一目标将得以实现。

当前已有一些既有优劣分级又有力学参数相配套的分级方案出现。由于工程类型不同，岩体质量分级的目的和考虑的主要因素也有所差异。为做好拉西瓦水电站坝基岩体质量分级，了解国内外已有的岩体质量分级方案，从中获得可表征岩体优劣的共性指标，不仅可以作为选择分级指标的参考，而且可以有机地将拉西瓦水电站拱坝坝基岩体质量分级与国内外有影响的分级联系起来，也可以为今后工程建设的国内外招投标提供帮助。

2.3.2　国内外代表性坝基岩体质量分级

1. 坝基岩体质量分级

《水利水电工程地质勘察规范》(GB 50487—2008)中提出的坝基岩体质量分级，突出了岩体结构、岩体完整性、岩石介质的强度特性，并附有这些因素的量化指标。其中，岩体完整性系数 K_v 和裂隙间距这两项指标具有普遍代表性，也是国际上较为通用的参数，还附有供参考的岩体力学参数。这是适用于当前我国不同坝址地质环境条件下，混凝土坝的坝基岩体质量分级的依据。

2. 我国雅砻江二滩水电站坝基岩体质量分级

二滩水电站坝型为双曲拱坝，坝高 240m，坝址岩石为二叠系玄武岩及正长岩。用于枢纽区的岩体质量分级选择的因素较多，包括岩体结构(裂隙间距)、岩石质量指标(RQD)、岩体紧密或嵌合程度、风化程度、岩体波速、水文地质特征等，共划分出 7 个岩级 12 个亚级，各岩级有对应的力学参数。二滩水电站坝基岩体质量分级是国内外坝基岩体分级中涉及因素较多，并成功用于水电站工程的方案。该分级方案主要因素为岩体结构、岩体风化程度、岩体赋存的地应力环境和地下水环境。

3. 我国黄河李家峡水电站坝基岩体质量分级

李家峡水电站坝址为层状结构的变质岩、混合岩，坝型为双曲拱坝，采用的坝基岩体质量分级和各岩级情况考虑的主要因素为岩体结构、完整性和岩体风化。该分级方案已在李家峡水电站工程中应用，效果较好。

4. 我国三峡水利枢纽工程坝基岩体质量分级

三峡水利枢纽工程是国际上最大的水利工程，坝址岩石为花岗岩。该工程的工程地质工作不仅时间长，勘探、试验工作量大，而且研究的深度在国内外也是空前的。坝址岩体质量分级考虑的因素较多，包括岩体完整性系数(K_v)、体积节理数(J_v)、岩石质量指标(RQD)。

5. 日本有关坝基岩体质量分级的实例

日本在 20 世纪 60～80 年代建有较多水电站。日本地质构造复杂，地震活动较活跃。为确保坝体的安全，在坝址工程地质评价方面做了较多工作，在坝基岩体质量分级上进行了较多的探索，主要的代表性分级方案有田中菊-小吉的坝基岩体质量分级。该分级考虑了岩石风化程度、岩石抗压强度、裂隙间距、开度、裂隙壁风化状况。其中，岩石风化和节理间距、节理性状占有很大的比例。节理间距的等级划分也与《水利水电工程地质勘察规范》(GB 50487—2008)基本相同，这给同样岩级的多种特性及建坝后各种反应特征的对比带来了方便。同时，还可以看出 A 级岩体为新鲜岩体，B 级岩体为微风化岩体，C 级岩体基本上为弱风化岩体。A 级、B 级岩体是高混凝土坝的好坝基或较好坝基，C 级岩体是基本可以建坝的坝基，这与《水利水电工程地质勘察规范》(GB 50487—2008)基本一致。

6. Bieniawski 的地质力学分级

Bieniawski 的地质力学分级(RMR)是用于隧道围岩的，与 Barton 的 Q(quality)

系统分级一样，在欧美地区有较广泛的应用。有些工程也运用 RMR 分级评价边坡、坝基岩体的质量。为了使拉西瓦水电站拱坝的岩体质量分级与国外分级有一定的关联，类比国外分级中的一些力学参数，分级中考虑的主要因素是结构面间距、结构面性状、岩体完整性(可用 RQD 表示)和地下水，这与前面的坝基岩体质量分级考虑的因素是一致的。由于一般情况下隧道主要洞段位于新鲜岩石中，因此分级因素中没有考虑岩体风化程度。

7. 其他岩体质量分级方案

苏联混凝土重力坝设计规范坝基岩体质量分级主要考虑了岩石强度、可溶性、坝基变形性质、透水特征及灌浆处理情况等；日本电研式岩体质量分级采用定性描述考虑了岩石风化程度、节理结合状态。值得一提的是，国外有一种简单的分级方法，是加拿大地质专家康拜尔对二滩水电站咨询时提出的岩体三级划分，即工程利用岩体、经过工程措施处理后的可利用岩体、不可利用岩体，该分级在加拿大和南非一些工程中都有应用。

综上，无论是我国有代表性的分级还是国外有代表性的分级，不管是坝基岩体质量分级还是隧道围岩分级，选取的主要因素是裂隙(或结构面)间距、岩体风化程度、岩体完整性和岩石强度。裂隙间距是表征岩体块度、岩体完整程度、岩体结构的基本指标。岩体风化程度的变化实质上是岩体受风化作用后，岩石介质发生变化、岩体中次生或卸荷裂隙增多，从而导致裂隙间距的变化。对于坝址所在的工程区域内，同一岩性且位于新鲜岩带的岩体，除个别断层破碎带和不同构造部位外，可以认为早期受构造运动的强度是接近的。裂隙形成是构造作用的产物，裂隙发育程度或间距总体是接近的。

依托的拉西瓦水电站坝址大量的统计资料表明，岩体风化程度与裂隙间距有对应关系。因此，裂隙间距在一定条件下也可以表征岩体风化程度。岩体风化程度的变化既是岩石性质的变化，也是岩体结构的变化。岩体完整性是岩体被裂隙切割的程度或块度的大小。限于测量技术和勘探平洞仅能揭示岩体的面状特征或线状特征等，缺少勘探平洞的地方难以获得这些指标。因此，可用钻孔岩心 RQD、岩体纵波速度与岩石波速比的平方来间接获得岩体完整性指标。从某种意义上讲，RQD 与裂隙间距是等同的，而岩体完整性系数是用岩体波速与新鲜岩石波速确定的。不同风化带岩体波速的变化在很大程度上是风化裂隙增多、岩体松弛引起的，因此岩体波速可以表征岩体风化程度。在不过多考虑天然围压的情况下，岩体波速也可以表征裂隙的发育程度。大多数情况下在洞壁附近测试岩体波速，地应力引起的围压已基本解除，对岩体波速的影响减小，特别是声波波速，而地震波穿透波速可以表征围压的情况。

岩体中裂隙间距是划分岩体结构的一个重要指标。岩体完整性系数 K_v 是评价岩体结构的另一个重要指标。考虑裂隙间距和岩体完整性系数这两项指标,实质上就是以岩体结构作为分级的基础。由于水电站坝基范围不大,大多为同一类岩石,除原生构造中一些大的构造带和典型部位(如褶曲的两翼、轴部),新鲜岩体、微风化、弱风化、强风化带中,岩体中裂隙是逐渐增多的。由于河谷地形的特殊性,河谷形成后环状的应力分布带,成为裂隙发育密度不同的分布带,因此也是岩体结构不同的分布带(一些断层带和某些裂隙密集部位除外)。鉴于此,除对一些断层带、裂隙密集带进行重点研究外,大部分地段裂隙分布密度可以由岩体风化分带来概化,这样可以充分利用勘探孔、平洞展开研究,也可以借助同一风化带的共性去推测没有勘探点的部位。事实上,即使坝址勘探中的勘探平洞和钻孔很多,也只能是个别点或线的反映,大部分地带裂隙发育程度、裂隙间距、岩体完整性则可以运用这一规律去分析评价。因此,将岩体风化程度纳入坝基岩体质量分级,可以从地带性上判断岩体完整性和岩级类型。

坝基岩体质量分级的最终目的是将不同的岩级与对应试验点岩体的物理力学参数有机联系起来,建立起可信的关系,从而用于评价坝基岩体的物理力学参数,实现由岩体质量分级向岩体力学模型的转化。要做好这一关键的评价,需要工程地质人员进一步研究,不仅要研究岩级与物理力学参数简单的相关关系,更应研究这种变化的客观规律。坝基岩体质量分级在坝体各个设计阶段具有不同的作用和意义,深度和详细程度也不相同:在预可研阶段,岩体质量分级可以用来评价岩体作为坝基的适宜性;在可行性研究阶段,要求岩体质量分级能够根据不同地段岩体风化程度、岩体完整性、岩体物理力学试验取得的力学参数,建立起与不同级别间的相互关系,进而对坝基的形式、规模、物理力学参数、坝基开挖、开挖深度、坝基处理部位、坝基处理深度、坝体稳定性做出综合评价。

2.4 含断续节理的岩质边坡数值模拟

历经各种内外营力地质作用(如构造活动、风化卸荷、地下水活动、温差变化甚至人为扰动),岩土体往往存在大量的节理、裂隙。除断层、夹层、蚀变带等长大贯通性软弱层带外,更多的节理、裂隙往往非贯通地分布于岩土体中。若要全面精细地将实际岩土体中各种节理的位置、空间方位、空间展布反映在离散网格模型中,即使用现有的 PFC、UDEC、DDA 等基于离散元法的模拟软件也难以完全实现。

依据实际统计的非贯通优势节理发育特征,开发程序将各组节理包含在岩土体基质中。节理和基质均采用带拉截断的莫尔-库仑强度准则,追踪节理破坏后的超余应力一起参与基质的超余应力更新,但是不贡献节理的刚度效应。对于隐含的多组节理情况，先执行节理的塑性映射返回应力更新，再执行基质的塑性映射返回应力更新。对于节理的塑性映射返回应力更新，按各组节理连通率大小顺序执行塑性映射返回应力更新，这也符合现场节理分布控制岩土体稳定性的特性。节理的塑性映射返回是将对应基质主应力沿节理面分解为正应力和剪应力，结合节理在正应力-剪应力关系的莫尔-库仑强度准则抗剪包络线进行塑性映射返回。基质的塑性映射返回直接依据主应力空间莫尔-库仑强度准则屈服面的关系进行塑性映射返回，并严格界定主应力空间莫尔-库仑强度准则屈服面六棱锥在交线、交点的数学奇异性进行处理。

　　开发的程序能模拟隐式节理最大组数为 4 组(也可退化为 3 组、2 组、1 组和 0 组)，能考虑岩土体基质和节理拉伸破坏后抗拉强度丧失及峰值剪切破坏后的残余强度特性，能计算进行一致抗剪强度折减的整体安全系数。概括来讲，具有的功能特点如下：包含隐式节理和基质的塑性映射返回，基质和节理分别基于最大主应力-最小主应力关系、正应力-剪应力关系的莫尔-库仑强度准则抗剪包络线；能同时考虑存在于基质中不超过 4 组的优势节理；基于屈服面空间特征精确执行超余应力塑性映射返回，避免主应力空间各交线、交点的数学奇异性；包含了抗剪强度折减效应的弹塑性计算，为边坡、洞室、地基的失稳机理、支护加固等的塑性响应评价提供依据。

2.4.1　岩土体基质和节理安全系数

1. 岩土体基质最小安全系数

　　基于极值法思路，对岩土体任一点的主应力分别为 σ_1、σ_2 和 σ_3 时，理论证明并推出岩土体基质的最小抗剪安全系数：

$$F_s = \frac{2\sqrt{(\tan\varphi \cdot \sigma_1 + c)(\tan\varphi \cdot \sigma_3 + c)}}{\sigma_1 - \sigma_3} \tag{2-4}$$

式中，F_s 为抗剪安全系数(量纲一)；φ 为岩土体基质的内摩擦角(°)；c 为岩土体基质的内聚力(MPa)；σ_1 为最大主应力(MPa)；σ_3 为最小主应力(MPa)。

　　当岩土体的最小主应力 σ_3 为拉应力时，对应的最小抗拉安全系数直接定义为

$$F_t = \sigma_t / \sigma_1 \tag{2-5}$$

式中，F_t 为抗拉安全系数(量纲一)；σ_t 为抗拉强度(MPa)，规定为正值。

　　评价岩土体基质的最小安全系数时，取式(2-4)和式(2-5)的最小值：

$$F_{min} = \min(F_s, F_t) \tag{2-6}$$

式中，F_{min} 为最小安全系数(量纲一)。

2. 节理最小安全系数

根据弹性力学理论，节理面的正应力和剪应力计算如下：

$$\sigma_N = l^2\sigma_1 + m^2\sigma_2 + n^2\sigma_3 \tag{2-7}$$

$$\tau_N = \sqrt{l^2\sigma_1^2 + m^2\sigma_2^2 + n^2\sigma_3^2 - \left(l^2\sigma_1 + m^2\sigma_2 + n^2\sigma_3\right)^2} \tag{2-8}$$

式中，σ_N 为节理面上的正应力(MPa)；τ_N 为节理面上的剪应力(MPa)；σ_2 为中间主应力(MPa)；l、m 和 n 分别为节理面外法线对应于主应力方向的方向余弦，$l = \cos(N,\sigma_1)$，$m = \cos(N,\sigma_2)$，$n = \cos(N,\sigma_3)$。$l^2 + m^2 + n^2 = 1$。

节理的抗剪安全系数 F_{sj} 为

$$F_{sj} = \left(\tan\varphi_j \cdot \sigma_N + c_j\right)\big/\tau_N \tag{2-9}$$

式中，F_{sj} 为节理的抗剪安全系数(量纲一)；φ_j 为节理的内摩擦角(°)；c_j 为节理的内聚力(MPa)。

当节理面上的正应力 σ_N 为拉应力时，对应的抗拉安全系数 F_{tj} 直接定义为

$$F_{tj} = \sigma_{tj}\big/\sigma_N \tag{2-10}$$

式中，F_{tj} 为节理的抗拉安全系数(量纲一)；σ_{tj} 为节理的抗拉强度(MPa)，规定为正值。

评价节理的最小安全系数时，取式(2-9)和式(2-10)的最小值：

$$F_{jmin} = \min\left(F_{sj}, F_{tj}\right) \tag{2-11}$$

式中，F_{jmin} 为节理的最小安全系数(量纲一)。

2.4.2 节理莫尔-库仑强度准则屈服函数

带拉截断面节理正应力-剪应力关系的包络线如图 2-8 所示。图 2-8 中直线 AB 为抗剪包络线，BC 为抗拉包络线。

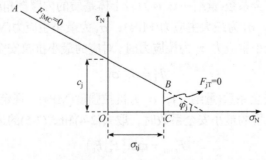

图 2-8　带拉截断面节理正应力-剪应力关系的包络线

F_{jMC}-节理剪切屈服函数；F_{jT}-节理拉伸屈服函数

节理剪切屈服函数 F_{jMC} 为

$$F_{jMC} = \tau_N + \sigma_N \tan \varphi_j - c_j = 0 \tag{2-12}$$

节理拉伸屈服函数 F_{jT} 为

$$F_{jT} = \sigma_N - \sigma_{tj} = 0 \tag{2-13}$$

式(2-13)中节理的理论最大抗拉强度为 AB 线延伸至 σ_N 轴的交点，且

$$\sigma_{tjmax} = c_j / \tan \varphi_j \tag{2-14}$$

式中，σ_{tjmax} 为节理的理论最大抗拉强度(MPa)。

节理剪切屈服函数对应的塑性势 G_{jMC} 为

$$G_{jMC} = \tau_N + \tan \psi_j \cdot \sigma_N \tag{2-15}$$

式中，ψ_j 为节理塑性流动角(°)。

节理拉伸屈服函数对应的塑性势 G_{jT} 为

$$G_{jT} = \sigma_N \tag{2-16}$$

节理剪切屈服和拉伸屈服的塑性势用 $h = 0$ 区分，如图 2-9 所示，塑性势函数 h 定义如下：

$$h = \tau_N - \tau_{jp} - \alpha_{jp}\left(\sigma_N - \sigma_{tj}\right) \tag{2-17}$$

式中，常数 τ_{jp}、α_{jp} 定义如下：

$$\tau_{jp} = c_j - \sigma_{tj} \cdot \tan \varphi_j \tag{2-18}$$

$$\alpha_{jp} = \sqrt{1 + \left(\tan \varphi_j\right)^2} - \tan \varphi_j \tag{2-19}$$

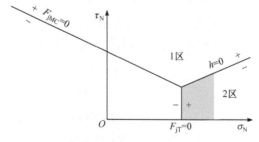

图 2-9　节理剪切屈服和拉伸屈服的塑性势区分

对塑性势沿节理法向和节理面两个方向(节理面的局部坐标包括节理法向和节理面两个方向)分别求导，即可将超余应力修正至剪切、拉伸屈服面上。然后，通过坐标变换至整体坐标即可。

2.4.3 岩土体基质莫尔-库仑强度准则屈服函数

遵循弹性力学理论，主应力规定拉应力为正、压应力为负，则莫尔-库仑强度准则 F_{MC} 可写为

$$F_{MC} = \sigma_1 - \sigma_3 - f_{MC}(\sigma_1) = 0 \tag{2-20}$$

式中，F_{MC} 为莫尔-库仑强度准则屈服函数；$f_{MC}(\sigma_1) = 2c\sqrt{\dfrac{1+\sin\varphi}{1-\sin\varphi}} - \dfrac{2\sin\varphi}{1-\sin\varphi}\sigma_1$。

可写出式(2-20)在 σ_1-σ_3 平面的斜率 K_{MC} 和截距 S_{MC}：

$$K_{MC} = 1 + \frac{2\sin\varphi}{1-\sin\varphi} \tag{2-21}$$

$$S_{MC} = -2c\sqrt{\frac{1+\sin\varphi}{1-\sin\varphi}} \tag{2-22}$$

在此定义 c_n 和 φ_n 分别为

$$c_n = \frac{d_c r}{F_s}c \tag{2-23}$$

$$\tan\varphi_n = \frac{r}{F_s}\tan\varphi \tag{2-24}$$

式中，F_s 为抗剪强度折减系数(F_s 的取值需满足 $F_s > 0$)；r 为抗剪强度残余值 τ_r 与峰值 τ_p 之比($0 < r < 1$，可由直剪或三轴试验数据统计获得)；d_c 为修正系数($0 \leqslant d_c < 1$)，以满足设计选取的残余内聚力 c_r 较低甚至为 0。

分别用 c_n 和 φ_n 替换式(2-24)的 c 和 φ 后可得

$$F_{MC\_n} = \sigma_1 - \sigma_3 - f_{MC\_n}(\sigma_1) = 0 \tag{2-25}$$

式中，F_{MC_n} 为莫尔-库仑强度准则更新后的函数。

式(2-25)在 σ_1-σ_3 平面的斜率 K_{MC_n} 和截距 S_{MC_n} 分别为

$$K_{MC\_n} = 1 + \frac{2\sin\varphi_n}{1-\sin\varphi_n} \tag{2-26}$$

$$S_{MC\_n} = -2c_n\sqrt{\frac{1+\sin\varphi_n}{1-\sin\varphi_n}} \tag{2-27}$$

对式(2-27)的材料参数项 $f_{MC}(\sigma_1)$ 折减一系数 w，式(2-20)变为

$$F_{MC\_w} = \sigma_1 - \sigma_3 - \frac{f_{MC}(\sigma_1)}{w} = 0 \tag{2-28}$$

式中，F_{MC_w} 为莫尔-库仑强度准则对强度折减后的函数。

式(2-25)在 σ_1-σ_3 平面的斜率 K_{MC_w} 和截距 S_{MC_w} 分别为

$$K_{MC\_w} = 1 + \frac{2\sin\varphi}{w(1-\sin\varphi)} \tag{2-29}$$

$$S_{MC\_w} = -\left(\frac{2c}{w}\right)\sqrt{\frac{1+\sin\varphi}{1-\sin\varphi}} \tag{2-30}$$

在 σ_1-σ_3 平面内式(2-22)和式(2-25)描述的直线重合的充分必要条件是斜率和截距相等。

由斜率相等条件 $K_{MC\_n} = K_{MC\_w}$，联立式(2-23)和式(2-26)得

$$\frac{\sin\varphi_n}{1-\sin\varphi_n} = \frac{\sin\varphi}{w(1-\sin\varphi)} \tag{2-31}$$

式(2-31)可写为

$$\frac{1}{\sin\varphi_n} = 1 - w + \frac{w}{\sin\varphi} \tag{2-32}$$

由截距相等条件 $S_{MC\_n} = S_{MC\_w}$，联立式(2-27)和式(2-30)得

$$c_n\sqrt{\frac{1+\sin\varphi_n}{1-\sin\varphi_n}} = \left(\frac{c}{w}\right)\sqrt{\frac{1+\sin\varphi}{1-\sin\varphi}} \tag{2-33}$$

将式(2-23)和式(2-24)代入式(2-33)并化简，同样可得式(2-31)或式(2-32)。对式(2-24)通过一系列三角函数变换，可得

$$\frac{1}{(\sin\varphi_n)^2} = 1 - \left(\frac{F_s}{r}\right)^2 + \left(\frac{F_s}{r\sin\varphi}\right)^2 \tag{2-34}$$

将式(2-32)代入式(2-34)，可求得

$$w = \frac{\sqrt{(F_s/r)^2 + \left[1-(F_s/r)^2\right]\sin^2\varphi} - \sin\varphi}{1-\sin\varphi} \tag{2-35}$$

式(2-28)与式(2-35)结合，可描述含抗剪强度折减的莫尔-库仑强度准则弹脆塑性问题。

将 $\sigma_1 = \sigma_3 = \sigma_{t\max}$ 代入式(2-28)，可推求最大抗拉强度 $\sigma_{t\max}$：

$$\sigma_{t\max} = \frac{c}{\tan\varphi} \tag{2-36}$$

实际具有莫尔-库仑强度准则属性材料的抗拉强度 σ_t 往往低于 $\sigma_{t\max}$。对于此问题，岩土工程领域最早由朗肯提出采用带拉截断面的莫尔-库仑强度准则，即朗肯拉截断面与莫尔-库仑强度准则屈服面组合的修正莫尔-库仑强度准则(Ottosen and

Ristinmaa，2005)。相应的朗肯面的拉伸屈服准则 T_{MC_w} 可写为

$$T_{MC\_w} = \sigma_1 - \sigma_t = 0 \tag{2-37}$$

式(2-28)和式(2-37)组合时对应的塑性势包括 G_{MC_s} 和 G_{MC_t}，分别表示剪切屈服、拉伸屈服对应的塑性流动。

函数 G_{MC_s} 采用非关联流动法则：

$$G_{MC\_s} = \sigma_1 - \sigma_3 - \frac{g_{MC}(\sigma_1)}{w_g} \tag{2-38}$$

式中，$g_{MC}(\sigma_1) = 2c\sqrt{\dfrac{1+\sin\psi}{1-\sin\psi}} - \dfrac{2\sin\psi}{1-\sin\psi}\sigma_1$；$\psi$ 为流动角(°)，$\psi = \varphi$ 时为关联流动法则，$\psi < \varphi$ 时为非关联流动法则；$w_g = \dfrac{\sqrt{(F_s/r)^2 + \left[1-(F_s/r)^2\right]\sin^2\psi} - \sin\psi}{1-\sin\psi}$。

函数 G_{MC_t} 采用关联流动法则：

$$G_{MC\_t} = \sigma_1 \tag{2-39}$$

在 σ_1-σ_3 平面，式(2-28)和式(2-37)描述的修正莫尔-库仑强度准则如图 2-10 所示，图 2-10 中 $d_c = 1$。

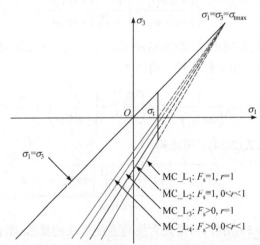

图 2-10　不同情况下的朗肯与莫尔-库仑强度准则组合对应关系

弹脆塑性数值计算中若不考虑强度折减，材料首次出现剪切屈服时用峰值莫尔-库仑强度准则，对应图 2-10 中的 MC_L$_1$；一旦出现剪切屈服用残余莫尔-库仑强度准则，对应图 2-10 中的 MC_L$_2$。数值计算中若考虑强度折减，相应的峰值和残余莫尔-库仑强度准则分别对应图 2-10 中的 MC_L$_3$ 和 MC_L$_4$。鉴于岩土体一旦出现拉裂将不再具有抗拉能力，数值计算时材料首次出现拉伸屈服时抗拉强度取 σ_t，一旦出现拉伸屈服，抗拉强度 $\sigma_t = 0$。

2.4.4　拉伸屈服、剪切屈服函数统一描述

在主应力空间,式(2-28)和式(2-37)对应的修正莫尔-库仑强度准则的屈服函数 $F(\boldsymbol{\sigma})$,是关于 $\boldsymbol{\sigma}$ 的线性函数,可写为统一形式:

$$F(\boldsymbol{\sigma}) = \boldsymbol{a}^{\mathrm{T}}\boldsymbol{\sigma} = 0 \tag{2-40}$$

式中, $\boldsymbol{a}$ 为屈服函数的梯度 $\dfrac{\partial F(\boldsymbol{\sigma})}{\partial \boldsymbol{\sigma}}$;剪切屈服时 $F(\boldsymbol{\sigma})$ 记为 $F_{\mathrm{MC\_w}}$;拉伸屈服时 $F(\boldsymbol{\sigma})$ 记为 $T_{\mathrm{MC\_w}}$ 。

式(2-28)描述的剪切屈服面的梯度为

$$\boldsymbol{a} = \boldsymbol{a}_{\mathrm{s}} = [a_{\mathrm{s}1} \quad a_{\mathrm{s}2} \quad a_{\mathrm{s}3}]^{\mathrm{T}} = \left[\frac{\partial F_{\mathrm{MC\_w}}}{\partial \sigma_1} \quad \frac{\partial F_{\mathrm{MC\_w}}}{\partial \sigma_2} \quad \frac{\partial F_{\mathrm{MC\_w}}}{\partial \sigma_3}\right]^{\mathrm{T}} = [k \quad 0 \quad -1]^{\mathrm{T}} \tag{2-41}$$

式中, $k = K_{\mathrm{MC\_w}}$,见式(2-29)。

式(2-37)描述的拉伸屈服面的梯度为

$$\boldsymbol{a} = \boldsymbol{a}_{\mathrm{t}} = [a_{\mathrm{t}1} \quad a_{\mathrm{t}2} \quad a_{\mathrm{t}3}]^{\mathrm{T}} = \left[\frac{\partial T_{\mathrm{MC\_w}}}{\partial \sigma_1} \quad \frac{\partial T_{\mathrm{MC\_w}}}{\partial \sigma_2} \quad \frac{\partial T_{\mathrm{MC\_w}}}{\partial \sigma_3}\right]^{\mathrm{T}} = [1 \quad 0 \quad 0]^{\mathrm{T}} \tag{2-42}$$

2.4.5　拉伸、剪切塑性势统一描述

类似屈服函数的方式,式(2-28)和式(2-37)描述的修正莫尔-库仑强度准则对应的塑性势也写为统一形式:

$$G(\boldsymbol{\sigma}) = \boldsymbol{b}^{\mathrm{T}}\boldsymbol{\sigma} \tag{2-43}$$

式中, $\boldsymbol{b}$ 为塑性势的梯度 $\dfrac{\partial G(\boldsymbol{\sigma})}{\partial \boldsymbol{\sigma}}$;剪切塑性流动时 $G(\boldsymbol{\sigma})$ 记为 $G_{\mathrm{MC\_s}}$;拉伸塑性流动时 $G(\boldsymbol{\sigma})$ 记为 $G_{\mathrm{MC\_t}}$ 。

式(2-38)描述的剪切塑性势的梯度为

$$\boldsymbol{b} = \boldsymbol{b}_{\mathrm{s}} = [b_{\mathrm{s}1} \quad b_{\mathrm{s}2} \quad b_{\mathrm{s}3}]^{\mathrm{T}} = \left[\frac{\partial G_{\mathrm{MC\_s}}}{\partial \sigma_1} \quad \frac{\partial G_{\mathrm{MC\_s}}}{\partial \sigma_2} \quad \frac{\partial G_{\mathrm{MC\_s}}}{\partial \sigma_3}\right]^{\mathrm{T}} = [m \quad 0 \quad -1]^{\mathrm{T}} \tag{2-44}$$

式中, $m = 1 + \dfrac{2\sin\psi}{w_{\mathrm{g}}(1-\sin\psi)}$ 。

式(2-39)描述的拉伸塑性势的梯度为

$$\boldsymbol{b} = \boldsymbol{b}_{\mathrm{t}} = [b_{\mathrm{t}1} \quad b_{\mathrm{t}2} \quad b_{\mathrm{t}3}]^{\mathrm{T}} = \left[\frac{\partial G_{\mathrm{MC\_t}}}{\partial \sigma_1} \quad \frac{\partial G_{\mathrm{MC\_t}}}{\partial \sigma_2} \quad \frac{\partial G_{\mathrm{MC\_t}}}{\partial \sigma_3}\right]^{\mathrm{T}} = [1 \quad 0 \quad 0]^{\mathrm{T}} \tag{2-45}$$

2.4.6　超余应力返回区域精确描述

在主应力空间,可直观地显示朗肯与莫尔-库仑强度准则组合屈服面的几何形

状。关于主应力空间,图 2-11 展示了朗肯与莫尔-库仑强度准则组合屈服面,图 2-12 展示了朗肯与莫尔-库仑强度准则组合π平面。数值计算对主应力按$\sigma_1 \geqslant \sigma_2 \geqslant \sigma_3$排序时,主应力空间朗肯与莫尔-库仑强度准则组合屈服面局部如图 2-13 所示。

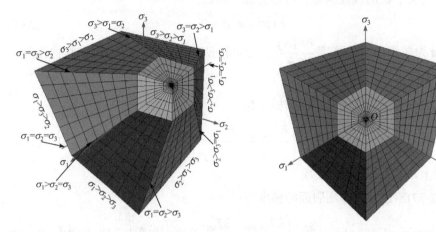

图 2-11　朗肯与莫尔-库仑强度准则组合屈服面　图 2-12　朗肯与莫尔-库仑强度准则组合π平面

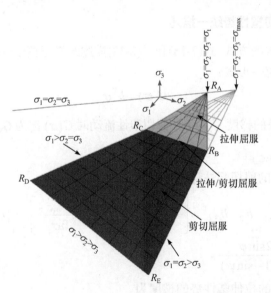

图 2-13　主应力空间朗肯与莫尔-库仑强度准则组合屈服面局部图

对于式(2-28)和式(2-37)所描述的弹脆塑性材料,当应力状态满足 $F_{MC\_w} > 0$ 或 $T_{MC\_w} > 0$,涉及超余应力(塑性修正应力,plastic corrector stress)返回问题。以下讨论主应力空间超余应力的精确返回。

当主应力空间一应力点的状态满足 $F_{MC\_w} < 0$ 和 $T_{MC\_w} < 0$ 时,应力点位于屈

服面内，即处于弹性，记为 $F_{type} = 0$，F_{type} 为屈服状态类型；当满足 $F_{MC\_w} \geqslant 0$ 或 $T_{MC\_w} \geqslant 0$ 时，位于屈服面上或屈服面外，处于屈服。其中，当满足 $F_{MC\_w} > 0$ 或 $T_{MC\_w} > 0$ 时，屈服面外应力点需返回至屈服面上。返回至图 2-13 所示屈服面的位置可能有以下情况。

情况 1：顶点 R_A，记 $F_{type} = 1$；

情况 2：三角形 $R_A R_B R_C$ 所在的拉伸屈服面区域(不包括线段 $R_A R_B$、线段 $R_B R_C$、点 R_A、点 R_C)，记 $F_{type} = 2$；

情况 3：线段 $R_A R_B$(不包括点 R_A、点 R_B)，记 $F_{type} = 3$；

情况 4：线段 $R_A R_C$(不包括点 R_A、点 R_C)，记 $F_{type} = 4$；

情况 5：线段 $R_B R_C$(不包括点 R_B、点 R_C)，记 $F_{type} = 5$；

情况 6：点 R_B，记 $F_{type} = 6$；

情况 7：点 R_C，记 $F_{type} = 7$；

情况 8：四边形 $R_B R_C R_D R_E$ 所在的剪切屈服面区域(不包括线段 $R_B R_C$、射线 $R_C R_D$、射线 $R_B R_E$、点 R_B、点 R_C)，记 $F_{type} = 8$；

情况 9：射线 $R_B R_E$(不包括点 R_B)，记 $F_{type} = 9$；

情况 10：射线 $R_C R_D$(不包括点 R_C)，记 $F_{type} = 10$。

以上与情况 1、情况 3、情况 5～7、情况 9～10 对应的点或线不可求导，为数学奇异点位置；与情况 2、情况 8 对应的面则可求导；结合图 2-13 可知，与情况 4 对应的线段则可用情况 2 对应的面求导。

2.4.7　超余应力返回位置修正

对于无朗肯面的莫尔-库仑强度准则和外凸型霍克-布朗准则(即图 2-13 所示的 $\boldsymbol{\sigma}^{R_A} = [\sigma_{tmax}\ \sigma_{tmax}\ \sigma_{tmax}]^T$)，Clausen 等(2006)从空间几何角度严格给出了数学上的判断条件。对于朗肯和莫尔-库仑强度准则组合，尽管按前述文献介绍的方法仍可写出判断超余应力返回至图 2-14 不同区域的数学条件，但是较为繁琐，尤其不符合快速高效执行程序流程的习惯。

由于主应力空间式(2-28)和式(2-37)对应剪、拉组合屈服面及对应的塑性势面与坐标轴 σ_2 平行，可以先在 σ_1-σ_3 平面内判断屈服面超余应力返回位置。然后，结合返回位置的应力，再判断主应力空间所在屈服面的位置。

图 2-14 中返回至交点的不同情况。对于点 P_A、点 P_B 及线段 $P_A P_B$，按拉伸屈服塑性势控制的超余应力塑性修正方向，斜率 k_t 均为

$$k_t = \frac{r_{t3}^p}{r_{t1}^p} = A_2 \tag{2-46}$$

式中，k_t 为斜率；r_{t1}^p 和 r_{t3}^p 如图 2-14 所示。

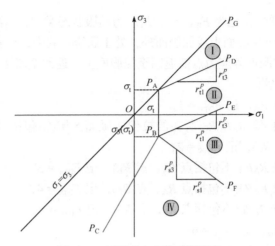

图 2-14 返回至交点的不同情况

对于图 2-14 所示的点 P_B 和射线 $P_B P_C$，按剪切屈服塑性势控制的超余应力塑性修正方向，斜率 k_s 为

$$k_s = \frac{r_{s3}^p}{r_{s1}^p} = \frac{\mu(m+1)-1}{(1-\mu)m-\mu} \tag{2-47}$$

式中，k_s 为斜率。

σ_1-σ_3 平面屈服面外任意点 $\boldsymbol{\sigma}^B$ 返回至屈服面上点 $\boldsymbol{\sigma}^C$，应力返回方向的斜率 k_a 为

$$k_a = \frac{\sigma_3^B - \sigma_3^C}{\sigma_1^B - \sigma_1^C} \tag{2-48}$$

在 σ_1-σ_3 平面上，点 P_A 的应力状态为 $\sigma_1^{P_A} = \sigma_3^{P_A} = \sigma_t$，点 P_B 的应力状态是 $\sigma_1^{P_B} = \sigma_t$，且 $\sigma_3^{P_B} = \sigma_t - f_{MC}(\sigma_t)/w$。记点 $\boldsymbol{\sigma}^B$ 至点 P_A、点 P_B 的斜率分别为 k^{P_A}、k^{P_B}：

$$k^{P_A} = \frac{\sigma_3^B - \sigma_t}{\sigma_1^B - \sigma_t} \tag{2-49}$$

$$k^{P_B} = \frac{\sigma_3^B - [\sigma_t - f_{MC}(\sigma_t)/w]}{\sigma_1^B - \sigma_t} \tag{2-50}$$

式中，k^{P_A} 为点 P_A 的斜率；k^{P_B} 为点 P_B 的斜率。

图 2-14 中射线 $P_A P_D$、射线 $P_B P_E$、射线 $P_B P_F$ 将屈服面外的应力区划分为 I、II、III 和 IV 共 4 个区。接下来分析图 2-14 各区应力返回的位置及对应主应力空间图 2-13 屈服面的位置。

1. Ⅰ区

图 2-14 中Ⅰ区为射线 $P_A P_G$ 与射线 $P_A P_D$ 之间的区域(包括射线 $P_A P_D$ 和射线 $P_A P_G$)。对于射线 $P_A P_D$ 上部的区域，按式(2-46)的方向判断返回位置，应力返回点将位于线段 $P_A P_B$ 的上部，这显然不可能，则 σ-σ_3 平面内Ⅰ区返回位置的应力点只可能是点 P_A。于是可写出Ⅰ区应力点返回至点 P_A 的判断条件为

$$k_a \geqslant k_t \tag{2-51}$$

图 2-14 中点 P_A 实际对应图 2-13 中的点 R_A。根据图 2-13 所示屈服面的应力状态服从 $\sigma_1 \geqslant \sigma_2 \geqslant \sigma_3$ 条件，可知中间主应力 $\sigma_2^{P_A} = \sigma_t$。显然，式(2-48)可直接判断主应力空间超余应力返回屈服面的位置位于点 R_A。于是Ⅰ区返回位置的应力状态为

$$\boldsymbol{\sigma}^C = [\sigma_1^C \quad \sigma_2^C \quad \sigma_3^C]^T = [\sigma_t \quad \sigma_t \quad \sigma_t]^T \tag{2-52}$$

2. Ⅱ区

图 2-14 中Ⅱ区为射线 $P_A P_D$ 与 $P_B P_E$ 之间的区域(不包括射线 $P_A P_D$ 和射线 $P_B P_E$)。Ⅱ区按式(2-46)的方向判断返回位置，返回点将位于线段 $P_A P_B$ 上(不包括点 P_A、点 P_B)。Ⅱ区返回的判断条件为

$$k^{P_A} \leqslant k_t \tag{2-53a}$$

$$k^{P_B} \geqslant k_t \tag{2-53b}$$

图 2-14 中Ⅱ区实际对应主应力空间图 2-13 的点 R_A、点 R_B、点 R_C 所在的拉伸屈服面。式(2-20)中的 $F(\boldsymbol{\sigma}^B)$ 用 T_{MC_w} 替换，结合式(2-54)，可计算返回位置：

$$\boldsymbol{\sigma}^C = [\sigma_1^C \quad \sigma_2^C \quad \sigma_3^C]^T = [\sigma_t \quad \sigma_2^B - T_{MC\_w} A_2 \quad \sigma_3^B - T_{MC\_w} A_2]^T \tag{2-54}$$

式(2-54)计算的 $\boldsymbol{\sigma}^C$ 若满足 $\sigma_2^C > \sigma_1^C$，返回至主应力空间屈服面位置只能位于线段 $R_A R_B$、线段 $R_B R_E$ 或点 R_B。返回至线段 $R_A R_B$ 的条件是式(2-53a)计算的 σ_3^C 满足式(2-55)；返回至线段 $R_B R_E$ 的条件是式(2-53b)计算的 σ_3^C 满足式(2-55)。若均不满足式(2-55)，则返回至点 R_B。式(2-55)计算的 $\boldsymbol{\sigma}^C$ 若满足 $\sigma_1^C > \sigma_2^C > \sigma_3^C$，则位于图 2-13 中三角形 $R_A R_B R_C$(不包括线段 $R_A R_B$、线段 $R_B R_C$、点 R_A、点 R_C)；若 $\sigma_2^C = \sigma_3^C$，则位于图 2-13 中线段 $R_A R_C$ 上(不包括点 R_A、点 R_C)。

$$\begin{cases} \sigma_3^C > \sigma_3(\sigma_t) \\ \sigma_1^C < \sigma_t \end{cases} \tag{2-55}$$

3. Ⅲ区

图 2-14 中Ⅲ区为射线 $P_B P_E$ 与射线 $P_B P_F$ 之间的区域(包括射线 $P_B P_E$ 和射线

P_BP_F)。Ⅲ区不包括射线 P_BP_E 和射线 P_BP_F 时，按式(2-54)的方向判断的返回位置将位于线段 P_AP_B 延长线的下侧；按式(2-56)的方向判断的返回位置将位于射线 P_BP_C 延长线的右侧。这两种情况均未返回至屈服面上。显然，图 2-14 中Ⅲ区返回位置只能是点 P_B。于是Ⅲ区应力点返回的判断条件为

$$\begin{cases} k^{P_B} \leqslant k_t \\ k^{P_B} \geqslant k_s \end{cases} \tag{2-56}$$

图 2-14 中点 P_B 实际对应主应力空间图 2-13 中的线段 R_BR_C(包括点 R_B、点 R_C)。将 $\sigma_1^C = \sigma_1^{P_B}$ 和 $\sigma_3^C = \sigma_3^{P_B}$ 代入式(2-54)，可计算出 σ_2^C。若 $\sigma_2^C > \sigma_1^C$，返回至主应力空间屈服面位置可能位于线段 R_AR_B、线段 R_BR_E 或点 R_B，可用式(2-54)计算的 σ_1^C 按式(2-55)校核。若 $\sigma_1^C > \sigma_2^C > \sigma_3^C$，则位于图 2-13 中线段 R_BR_C(不包点 R_B、点 R_C)。若 $\sigma_2^C > \sigma_3^C$，返回至主应力空间屈服面位置可能位于线段 R_AR_C、线段 R_CR_D 或点 R_C，可用式(2-54)计算的 σ_3^C 和的 σ_1^C，按式(2-55)校核。

4. Ⅳ区

图 2-14 中Ⅳ区为射线 P_BP_F 与射线 P_BP_C 之间的区域(不包括射线 P_BP_F 和射线 P_BP_C)，Ⅳ区返回位置只能是射线 P_BP_F。返回判断的条件是式(2-51)、式(2-53)、式(2-56)均不成立。

图 2-14 中Ⅳ区实际对应主应力空间图 2-13 的四边形 $R_BR_CR_DR_E$(不包括线段 R_BR_C、点 R_B、点 R_C)。式(2-20)中的 $F(\sigma^B)$ 用 F_{MC_w} 替换，结合式(2-47)可计算返回位置：

$$\sigma^C = [\sigma_1^C \quad \sigma_2^C \quad \sigma_3^C]^T = [\sigma_1^B - F_{MC\_w}r_{s1}^p \quad \sigma_2^B - F_{MC\_w}r_{s2}^p \quad \sigma_3^B - F_{MC\_w}r_{s3}^p]^T \tag{2-57}$$

式(2-57)中，若 $\sigma_2^C > \sigma_1^C$，返回至主应力空间屈服面位置只能位于线段 R_AR_B、线段 R_BR_E 或点 R_B，可用式(2-54)计算的 σ_3^C 和 σ_1^C 分别按式(2-55)校核。若 $\sigma_1^C > \sigma_2^C > \sigma_3^C$，则位于图 2-13 中四边形 $R_BR_CR_DR_E$(不包括线段 R_BR_C、射线 R_CR_D、射线 R_BR_E、点 R_B、点 R_C)；若 $\sigma_2^C > \sigma_3^C$，返回至主应力空间屈服面位置可能位于线段 R_AR_C、线段 R_CR_D 或点 R_C，可用式(2-54)计算的 σ_3^C 和 σ_1^C 分别按式(2-55)校核。

2.4.8 "伪"弹性状态应力返回修正

据塑性理论，当材料在某级荷载下遭受屈服，应力状态始终位于屈服面上。然而，数值计算迭代过程可能出现如下情况：某级荷载第 i 次迭代时一点应力状态处于屈服，而第 $i+1$ 次迭代时该点应力状态却又处于弹性，称之"伪"弹性状态，此时也需将应力点返回至屈服面上。

　　鉴于岩土材料多假设拉伸破坏后仍能在受压状态处于弹性，即某级荷载第$(i+1)$次迭代前，某点应力状态仅出现过拉伸屈服却从未发生过剪切屈服时，该点应力状态可以位于屈服面内。当某级荷载第 i 次迭代时，某点应力状态已出现剪切屈服，第$(i+1)$次迭代时该点应力出现"伪"弹性状态时，需将应力点返回至屈服面上。图 2-15 是 σ_1-σ_3 平面内可能出现"伪"弹性状态的不同情况。

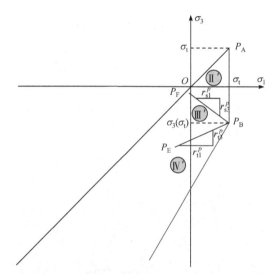

图 2-15　σ_1-σ_3 平面内可能出现"伪"弹性状态的不同情况

　　对于图 2-15 所示的 Ⅱ′、Ⅲ′和Ⅳ′区，相应的应力返回方向、位置和应力计算仍可采用前述的方法，且只针对本级荷载下曾发生剪切屈服情况。

　　图 2-15 所示的 Ⅱ′、Ⅲ′和Ⅳ′区应力返回的判断条件分别见式(2-58)～式(2-60)：

$$k^{P_B} < k_s \tag{2-58}$$

$$\begin{cases} k^{P_B} \leqslant k_t \\ k^{P_B} \geqslant k_s \end{cases} \tag{2-59}$$

$$k^{P_B} > k_t \tag{2-60}$$

第3章　工程概况与区域地质环境

3.1　工程概况

　　黄河拉西瓦水电站位于青海省贵德县与贵南县交界的黄河龙羊峡出口段，是黄河龙羊峡-青铜峡河段流域规划的第二个梯级电站，也是黄河上游规模最大的电站。拦河大坝为双曲拱坝，最大坝高248m，水库正常蓄水位2452.00m，具有日调节能力。图3-1为建成后的拉西瓦水电站。

图3-1　建成后的拉西瓦水电站

　　拉西瓦水电站坝址区峡谷地形险峻，岸坡高陡，前期地质调查勘探发现多个规模较大的变形破裂体，因此坝址区河谷岸坡及工程高边坡的稳定性一直被认为是能否成功建设该工程的重大工程地质问题之一。左、右两岸坝肩边坡顶部高程为2950.00~2970.00m，河床坝基开挖高程为2212.00m，左、右两岸边坡分别高达738m、758m，岸坡平均走向约NE70°，边坡坡度一般为62°~68°，基本是上缓、下陡。基于工程边坡高度分类，坝肩开挖边坡高度远大于300m，属特高边坡类。由于坝址两岸高边坡在天然状态下表层岩体卸荷、松动明显，边坡发育了崩塌、局部坍塌及掉块等物理地质现象。针对此特高边坡，为了保证电站运行的长期安全，结合早期大量勘测，通过现场补充调查进一步查明两岸高陡边坡工程地质环境条件，分析天然边坡的稳定性、施工开挖及支护处理对其稳定性的影响；同时，结合变形监测资料论证开挖支护后边坡的稳定性及施工处理措施的合理性。

3.2　区域地质环境

1. 区域地质构造

库坝址区所在共和-贵德断陷盆地位于祁连-加里东褶皱系与松潘-甘孜印支褶皱系这两个大地构造单元交界部位,隶属松潘-甘孜印支褶皱系之青海南山冒地槽褶皱带。拉西瓦水电站距两个大地构造单元分界断裂青海南山-倒淌河-阿什贡断裂最近距离约 18km。区域构造形迹以断裂为主,主要发育 NWW 与 NNW 两组断裂。NWW 组代表性断裂为库玛断裂、青海南山-倒淌河-阿什贡断裂、哇玉香卡-拉干隐伏断裂、拉脊山活动断裂带;NNW 组代表性断裂主要有鄂拉山-温泉活动断裂带、岗察寺活动断裂带、日月山活动断裂带。这些断裂构造控制着本区地形地貌形态、新构造运动、水系发育与地震活动性,为影响区域地壳稳定性的主要构造。

库坝址区所在共和-贵德断陷盆地形成于中更新世早期,库玛断裂隆起带、青海南山断裂隆起带、鄂拉山活动断裂隆起带及岗察寺活动断裂带分别构成其南、北、西、东边界。盆地基底为三叠系,在经历了早更新世至中更新世的河湖相大面积沉积后,瓦里贡山开始从盆地中东部隆起,使统一的湖盆一分为二,湖水外泄,漫流归槽,形成黄河。库坝址区主要断裂即发育于瓦里贡山龙羊峡谷一带,自东而西依次为伊黑龙断裂、拉西瓦断裂、曲合棱断裂、红层断裂、曲乃亥断裂、多隆沟断裂、大山水沟断裂。这些断裂均为高角度压扭性,以 NNW 向为主,发育特征基本相同。因其发育于龙羊峡谷,且大致平行并等间距排列,统称为龙羊峡谷组断裂。

2. 区域地形地貌

工程区位于青藏高原东部,区内一系列 NW 向山脉及山间盆地构成区域基本地形地貌轮廓。北部的青海南山、拉脊山,南部的阿尼玛卿山均呈 NWW 走向,而青海湖东侧日月山与共和盆地西侧鄂拉山均为 NNW 走向,自鄂拉山东缘至中祁连山北缘,依次分布共和-贵德断陷盆地、化隆-循化盆地、西宁-民和盆地。这种山地、盆地相间出现的地形地貌严格受区域地质格架控制。水系受构造控制,拉脊山隆起形成北面湟水与南面黄河分水岭。黄河在接近拉脊山时总体以 SEE 方向流出本区,而湟水河在其源头受制于日月山,继而变为流向与拉脊山、达坂山平行。区域北部山脉海拔为 3500.00~4000.00m,南部山脉海拔为 3600.00~5300.00m。坝址区位于分割共和盆地与贵德盆地的瓦里贡山隆起内的黄河深切峡谷——龙羊峡谷的出口部位。

3. 区域地层岩性

区内出露的地层有前震旦系、二叠系、三叠系、第三系、第四系和岩浆岩地层。前震旦系 An^Z 布在本区东北部日月山、拉脊山、野牛山、松巴峡一带,岩性以片麻岩及结晶片岩为主，为区域古老结晶基底。二叠系 P_2 仅出露二叠系上统甘家群，由下而上依次为砾岩、砂砾岩、石灰岩，不整合于前震旦系尕让群之上。三叠系 T 缺失上统(上三叠统)，下统(下三叠统)龙羊峡群下亚群 T_1^{ln1} 为灰色～深灰色浅变质砂、板岩夹灰岩、细砾岩，为库坝址区主要地层单元；上亚群 T_1^{ln2} 为灰绿色蚀变安山岩、熔岩及凝灰角砾岩，与下亚群 T_1^{ln1} 以断层接触；中统主要为砂岩、板岩互层夹砂砾岩及灰岩薄层，分布在扎马山、野牛山一带，与下伏二迭系呈角度不整合或直接超覆于前震旦系之上。第三系 R 主要为西宁组 N_{1x} 与贵德组 N_{2g}；西宁组 N_{1x} 分布在贵德盆地、化隆盆地东北边缘与西宁盆地南缘，以砾岩、砂砾岩及泥岩为主，局部夹石膏；贵德组 N_{2g} 为贵德盆地与曲乃亥凹陷主要沉积物，在西宁盆地也有分布，为灰黄色～黄色砂砾岩、砂岩、粉砂岩、泥质砂岩、泥岩互层，覆于下三叠统与印支花岗岩之上。第四系 Q 广泛分布于山麓及河谷地带，成因类型为河湖相沉积、冲积、洪积、坡积、残积、冰碛。区内中生代印支期岩浆岩主要有花岗岩、花岗闪长岩、闪长岩、石英闪长岩，在库坝址区有当家寺花岗闪长岩体、曲合棱闪长岩体及昨那花岗岩体，呈岩基状侵入于下三叠统内，与围岩以波状接触。

4. 新构造运动、地震与区域应力场

1) 新构造运动

区域资料研究表明，本区晚三叠世 T_3 以来，大地构造格局基本定型，NWW 向与 NNW 向褶皱山系和断裂带与其间的菱形坳陷盆地已经形成。第三系以来印度板块的强大推挤作用和北方塔里木地块与阿拉善地块的联合阻挡，使得青藏高原在其 NNE 方向上水平距离缩短而在垂直方向加厚，高原隆起与古褶皱重新变形。断裂的逆冲活动使得区内断块式抬升和凹陷区相间出现，直到早更新世 Q_1 末期～中更新世 Q_2 中期形成了区域内断块隆起区与断陷盆地相间出现的总体地貌格局，其中在断陷盆地内沉积了巨厚第三系或下更新世沉积物。从此，地壳呈差异性的整体抬升为主，黄河快速下切成谷，在坚硬岩层构成的断块隆起区形成峡谷地貌，并在局部地段呈条带状零星分布多级基岩侵蚀面。调查分析表明，在龙羊峡谷主河道内发育有 6 级基岩侵蚀台面，主要分布于 2500.00m 高程以下。表 3-1 给出了龙羊峡谷区基岩侵蚀台面分布特征及反映的新构造运动上升速率。峡谷进出口、盆地过渡地带及断陷盆地内形成多级阶地，如拉西瓦坝址区下游峡谷出口处的黄河左岸发育了 5 级阶地，共和盆地内形成了 13 级阶地，贵德盆地也有 7 级阶地发育。这些基岩侵蚀面、河流阶地的发育分布特征为研究区域河谷演化提供了直接依据。表 3-1 中台阶Ⅲ、台阶Ⅳ的平均抬升速率据台阶Ⅰ、台阶Ⅱ确定，因为它们处于同一地貌单元。从表 3-1 可以看出，晚近期以来，研究区新构造运动总体以抬升为主，总平均抬升速率为 2.72mm/a，其中抬升较快的为晚更

新世 Q_3 末期以来，平均抬升速率达 5.16mm/a，抬升相对较缓慢的是 Q_2 末和 Q_3 中。

表 3-1　龙羊峡谷区基岩侵蚀台面分布特征及反映的新构造运动上升速率

台阶序列	高程/m	高差/m	对应的河流阶地	形成年代(年)	平均抬升速率/(mm/a)	总平均抬升速率/(mm/a)
I	2235.00~2240.00	15~20*	I	—		
		30~35			5.16	
II	2270.00		II	Q_4(10650±140)		
		45				
III	2315.00		III		约 5.16	2.72
		50				
IV	2365.00		IV	Q_3晚(28000)		
		45~55			1.01	
V	2420.00~2430.00		V	Q_3中(93000)		
		60				
VI	2480.00			—		
坡顶夷平面	3000.00	—		Q_2末(250000)	2.90	

注：*表示台阶 I 与河床的高差，本列其余数据表示台阶之间的高差。

2) 地震

区域内发震构造与地震活动规律为：①NWW 向深大断裂控制 7.0 级以上强震，为本区主要发震构造，强震活动库玛断裂集中在花石峡以西，青海南山断裂集中在康乐县以东，均远离工程场地；②NNW 向活动断裂为本区次级发震构造，如岗察寺活动断裂带、鄂拉山-温泉断裂、日月山断裂，表现为强度频度相对较低的特点，其强度一般在 5 级以下；③距坝址较近的哇玉香卡-拉干隐伏断裂，1990 年曾发生 6.9 级地震；阿什贡断裂、拉脊山断裂和岗察寺活动断裂带的相交部位，5.75 级以下中强地震频繁。根据中国地震局地壳应力研究所的研究成果，托索湖-阿尼玛卿山危险区震中烈度为 X 度，距拉西瓦坝址最近距离 180km，最大影响烈度VI度；共和盆地西部-鄂拉山地震危险区在拉西瓦坝址西部 100km 外，按震中IX度或 X 度计算，场地烈度在IV~VI度。阿什贡-倒淌河地震危险区距拉西瓦坝址最近距离 18km，震中烈度VIII度，场地烈度VII度。1989 年，经国家地震局烈度评定委员会审定、国家地震局批准，拉西瓦水电站坝址地震基本烈度定为VII度，按VIII度设防。表 3-2 是拉西瓦水电站坝址不同年限基岩地面峰值加速度。从表 3-2 可知，坝址区 50a 超越概率 10%时的基岩峰值加速度为 0.104g，500 年超越概率 10%时的基岩峰值加速度为 0.23g。

表 3-2　拉西瓦水电站坝址不同年限基岩地面峰值加速度

超越概率水平	烈度	重现周期/a	峰值加速度
10%(50a)	—	475	0.104g

续表

超越概率水平	烈度	重现周期/a	峰值加速度
10%(100a)	Ⅶ	949	0.14g
10%(200a)	Ⅶ⁺	1899	0.18g
10%(500a)	—	4748	0.23g
10%(1000a)	Ⅷ	9491	0.28g

3) 区域应力场

我国西部地区的地应力和现代构造活动主要受印度和欧亚两大板块相互碰撞后持续向北推挤和楔入力源的作用，区域构造应力总体上近 SN 向。青藏高原主体部分构造应力场的最大主应力方向为 NNE 向，在其北侧、东侧边缘主压应力方向由北部边缘向东南到高原南东边界地区，逐步由 NNE 向变化为 NE、NEE、近 EW、SE 至 SSE 向。伴随上述构造应力的作用，区内除强烈的地壳隆升外，还伴随着显著的地壳水平形变。全球定位系统(GPS)测量得到的青藏高原现今地壳运动速度场表明，研究区所在的青海南山冒地槽褶皱带南缘总体位移特征呈 NEE 向，运动速率约 15～20mm/a，这也表明研究区现今构造运动方位总体为 NEE 向。另外，根据区域地震的震源机理资料统计表明，研究区内区域地应力场最大主应力方位以 NE 向为主(范围为 NE30°～55°)，局部为 NW 向。其中龙羊峡拉西瓦为中心(共和盆地、贵德盆地)的区域地震震源机理解获得的最大主应力方向为 NE 向。综合分析表明，拉西瓦水电站工程所在区域构造应力方向总体为 NE～NEE 向。

5. 基本地质条件

1) 地形地貌

坝址区位于龙羊峡谷出口段。河流自 NE45°方向流入，至坝址处呈近 EW 向，经下游 2.5km 曲折河段后出峡谷进入贵德盆地。坝址区河谷呈明显的 V 形河谷，岸坡陡峻，河谷狭窄，谷底至岸顶相对高差达 680～700m，两岸地形基本对称。左岸在 2400.00m 高程以下、右岸在 2380.00m 高程以下谷坡陡立，平均坡度 60°～65°，在此高程以上两岸岸坡略缓，平均坡度 40°～45°。平水期河水位高程 2234.00m 时，水面宽 45～55m，水深 7～10m，水流湍急、主流线偏左岸；2400.00m 高程处谷宽 245～255m，正常蓄水位 2452.00m 处谷宽 350～365m，坝顶高程 2460.00m 处谷宽 365～385m。峡谷内阶地不发育，仅在岸坡 2280.00m、2360.00m、2400.00m 高程处有残留的冲积砂卵砾石零星分布。坝址区无大的深切冲沟，发育的中小型冲沟有石门沟、扎卡沟、青草沟、巧干沟及 F₃沟。冲沟多沿断层发育，沟底宽一般 5～15m，最宽约 20m。切割深度一般 30～60m，最大 100m。冲沟大都垂直河流，延伸不长，平常无水，植被稀少。

2) 地层岩性

坝址区岩性为中生代印支期侵入花岗岩，呈灰色～灰白色，其主要的矿物为石英、斜长石、微斜长石，石英含量占 24%～30%，斜长石含量占 24%～30%，微斜长石含量 20%～25%；次要矿物为黑云母和角闪石，黑云母含量占 5%，角闪石含量占 0.5%。中粗粒结构，块状构造，岩体致密坚硬，强度高。仅在谷坡两岸缓坡地带及河床部位有少量第四系松散堆积物分布。坝址区地表第四系覆盖层发育极少，仅在坝肩两岸缓坡及河床地带见有少量第四系松散崩坡积体、河床冲积物。

3) 地质构造

坝址区位于伊黑龙断层 F_1 和拉西瓦断层 F_2 之间的断块内，两断层相向倾斜。断块内为三叠系的砂板岩和中生代印支期侵入花岗岩，顺河向宽度 4.5km。坝轴线上距拉西瓦断层 2km、下距伊黑龙断层 2.5km。坝址区地质构造以断裂构造、裂隙为主，且以中、陡倾角居多，缓倾角次之。坝址区岩体中、陡倾角断层较发育，按其产状可分四组：①NNW 向结构面以压扭性为主，多为逆断、平移断层，断面多有斜擦痕，一般延伸较长，最大可达数百米，如 F_{201}、F_{166}、F_{164}、F_{172} 等，破碎带宽度一般 0.1～1.5m，该组断层约占断裂总数的 26%；②NNE 向断裂大多为张扭性，少数为张性，规模也较大，如 F_{29}、F_{193}、F_{396}、F_{222}、F_{73} 等，占断裂总数的 23%；③NE～NEE 向结构面一般规模较小，以张性、张扭性为主，约占断裂总数的 24%，如 F_{165}、F_{167} 等；④NW～NWW 向结构面以压和压扭性较多，不太发育，仅占断裂总数的 11%。坝址缓倾断层倾角均小于 35°，多为 10°～20°，按其走向一般可分两组，即 NWW～NW 向、NNW 向，前者较发育，代表性断裂有 Hf_7、Hf_6、Hf_8、Hf_{10} 等；后者不甚发育，代表性断裂有 Hf_3、HL_{32} 等。缓倾断层破碎带一般宽 10～70cm，最小 2cm，最大达 1.5m，面粗糙、多见擦痕，有绿色片状矿物及泥质物，破碎带组成物为糜棱岩、岩屑、碎块岩、角砾岩等，具明显压剪特征。缓倾结构面左岸主要在高程 2390.00～2440.00m 发育，右岸在高程 2240.00～2250.00m、2280.00～2290.00m、2320.00～2330.00m、2430.00m 等部位发育，是构成坝肩岩体稳定性潜在底滑移面的基础。

坝址区花岗岩体中分布有数量较多的节理、裂隙，它们是构成岩体结构的基本不连续面，是评价、量化坝基岩体结构的基本要素，也是构成坝肩组合块体稳定性可能的边界条件。根据大量的现场统计，坝址区裂隙发育规律与断层基本一致，以陡倾角为主。陡倾角裂隙占 92%～95%，缓倾角裂隙占 5%～8%。裂隙按走向大体分四组：①NW～NNW 组；②NNE 组；③NWW 组；④NE 组。其中，左岸裂隙以 NWW 组占优势，约占裂隙总数的 25%，其他各组发育较均衡；右岸以 NNE、NE 组占优势，NNE 组裂隙占 27.1%，NE 组裂隙占 27.8%，其余各组相对不发育。

4) 水文地质

坝基岩体内发育的地下水类型主要为花岗岩裂隙潜水。地下水埋藏较深，左岸自河边陡壁到坝顶高程处埋深 115~175m，右岸相应部位为 40~187m。两岸坝肩建基面开挖部位均位于地下水位以上，谷底 2235.00m 至河床坝基开挖高程 2210.00m 均位于地下水位以下。地下水属重碳酸氯化钾钠型水，对混凝土无侵蚀性。

5) 构造应力

区域构造应力场(工程实践中构造应力场压应力为正，压应力为负)主应力方向为 NE30°~50°，坝址部位由于受近东西向河谷地形的影响，最大主应力方向略有偏转，总体近 SN 向略偏东。最大主应力 $\sigma_1 = 9.6$MPa，最小主应力 $\sigma_3 = 1.95$MPa。研究表明，坝址区岸坡岩体应力场明显地受到河谷地形的影响。主应力方向与大小在不同的高程和不同深度均有差别。主要特征表现为：①两岸谷坡岩体天然应力场主应力方向近 SN 向，倾向河谷，倾角在岸坡表部与岸坡坡角一致，水平向内则逐步变缓；②岸坡表部附近为应力松弛带，深度范围 15~50m，其中 2400.00m 高程以下一般 15~35m，2400.00m 高程以上为 35~50m，此带最大主应力多为 1~4MPa；③松弛带向内为应力增高带，应力增高带的深度范围及大小在 2900.00m 高程上下有所区别，其上水平距离 50~150m，最大主应力一般 2~15MPa，局部可达 30MPa；④向内则为平稳区，最大主应力最高可达 23MPa。

第4章　高拱坝边坡变形破坏特征与监测结果分析

4.1　高拱坝边坡卸荷松弛变形破坏特征

4.1.1　岩体风化卸荷松弛特征

1. 岩体风化特征

对岩体风化带划分既有定性描述的方法，也有定量评价的方法。表 4-1 是《水力发电工程地质勘察规范》(GB 50287—2016)岩体风化带划分，表 4-2 是《水利水电工程地质勘察规范》(GB 50487—2008)岩体风化带划分。

表 4-1　《水力发电工程地质勘察规范》(GB 50287—2016)岩体风化带划分

风化带	主要地质特征	风化岩与新鲜岩纵波速度之比 α
全风化	全部变色，光泽消失；岩石的组织结构完全破坏，已崩解和分解成松散的土状或砂状，有很大的体积变化，但未移动，仍残留有原始结构痕迹；除石英颗粒外，其余矿物大部分风化蚀变为次生矿物；锤击有松软感，出现凹坑，矿物手可捏碎，用锹可以挖动	$\alpha < 0.4$
强风化	大部分变色，只有局部岩块保持原有颜色；岩石的组织结构大部分已破坏，小部分岩石已分解或崩解成土，大部分岩石呈不连续的骨架或心石，风化裂隙发育，有时含大量次生夹泥；除石英外，长石、云母和铁镁矿物已风化蚀变；锤击哑声，岩石大部分变酥，易碎，用镐撬可以挖动，坚硬部分需爆破	$0.4 \leqslant \alpha < 0.6$
弱风化(中等风化)	岩石表面或裂隙面大部分变色，但断口仍保持新鲜岩石色泽；岩石原始组织结构清楚完整，但风化裂隙发育，裂隙壁风化剧烈；沿裂隙铁镁矿物氧化锈蚀，长石变得浑浊、模糊不清；锤击发音较清脆，开挖需用爆破	$0.6 \leqslant \alpha < 0.8$
微风化	岩石表面或裂隙面有轻微褪色；岩石组织结构无变化，保持原始完整结构；大部分裂隙闭合或为钙质薄膜充填，仅沿大裂隙有风化蚀变现象，或有锈膜浸染；锤击发音清脆，开挖需用爆破	$0.8 \leqslant \alpha < 1.0$
新鲜	保持新鲜色泽，仅大的裂隙面偶见褪色；裂隙面紧密、完整或焊接状充填，仅个别裂隙面有锈膜浸染或轻微蚀变；锤击发音清脆，开挖需用爆破	$\alpha = 1.0$

表 4-2　《水利水电工程地质勘察规范》(GB 50487—2008)岩体风化带划分

风化带	主要地质特征	风化岩与新鲜岩纵波速度之比 α
全风化	全部变色，光泽消失；岩石的组织结构完全破坏，已崩解和分解成松散的土状或砂状，有很大的体积变化，但未移动，仍残留有原始结构痕迹；除石英颗粒外，其余矿物大部分风化蚀变为次生矿物，锤击有松软感，出现凹坑，矿物手可捏碎，用锹可以挖动	$\alpha < 0.4$

风化带		主要地质特征	风化岩与新鲜岩纵波速度之比α
强风化		大部分变色,只有局部岩块保持原有颜色;岩石的组织结构大部分已破坏;小部分岩石已分解或崩解成土,大部分岩石呈不连续的骨架或心石,风化裂隙发育,有时含大量次生夹泥;除石英外,长石、云母和铁镁矿物已风化蚀变;锤击哑声,岩石大部分变酥,易碎,用镐撬可以挖动,坚硬部分需爆破	0.4～0.6
弱风化(中等风化)	上带	岩石表面或裂隙面大部分变色,断口色泽较新鲜;岩石原始组织结构清楚完整,但大多数裂隙已风化,裂隙壁风化剧烈,宽一般5～10cm,大者可达数十厘米;沿裂隙铁镁矿物氧化锈蚀,长石变得浑浊、模糊不清;锤击哑声,用镐难挖,需用爆破	0.6～0.8
	下带	岩石表面或裂隙面大部分变色,断口色泽新鲜;岩石原始组织结构清楚完整,沿部分裂隙风化,裂隙壁风化较剧烈,宽一般1～3cm;沿裂隙铁镁矿物氧化锈蚀,长石变得浑浊、模糊不清;锤击发音较清脆,开挖需用爆破	
微风化		岩石表面或裂隙面有轻微褪色;岩石组织结构无变化,保持原始完整结构;大部分裂隙闭合或为钙质薄膜充填,仅沿大裂隙有风化蚀变现象,或有锈膜浸染;锤击发音清脆,开挖需用爆破	0.8～0.9
新鲜		保持新鲜色泽,仅大的裂隙面偶见褪色;裂隙面紧密、完整或焊接状充填,仅个别裂隙面有锈膜浸染或轻微蚀变;锤击发音清脆,开挖需用爆破	0.9～1.0

表4-1和表4-2中大多是一些定性描述,只有风化岩与新鲜岩纵波速度之比α(简称"波速比")这一指标能定量描述不同岩体风化带。《水力发电工程地质勘察规范》(GB 50287—2016)、《水利水电工程地质勘察规范》(GB 50487—2008)这两个标准中,不同岩体风化带的主要地质特征的定性描述和定量评价基本接近。拉西瓦水电站坝址区两岸在坝肩部位布置的勘探平洞、钻孔较多,但是在坝肩以上岸坡却没有开展相应的勘探工作。因此,研究中对拉西瓦水电站坝肩边坡部位以《水力发电工程地质勘察规范》(GB 50287—2016)提出的划分标准为依据(表4-1),利用前期研究中已建立的拉西瓦水电站坝肩岩体风化分带量化指标,结合定性分析对拉西瓦水电站坝址区边坡岩体风化带进行综合划分,表4-3给出了坝址区坝肩岩体风化综合分带量化指标。

表4-3 坝址区坝肩岩体风化综合分带量化指标

风化分带	《水力发电工程地质勘察规范》(GB 50287—2016)		岩体完整性系数K_v	纵波速度V_P/(m/s)	岩体完整性	风化系数F_n	RQD/%	节理间距/m	5m洞段裂隙条数	岩体结构类型
	主要地质特征	波速比α								
弱上	岩石表面或裂面大部分变色,但断口新鲜;岩石原始结构清楚完整,风化裂隙发育,隙面强烈锈染;锤击哑声,开挖需用爆破	0.6～0.7	0.35～0.49	3400～4000	完整性差	0.51～0.65	50～62.5	0.3～0.45	17～27	次块状
弱下		0.7～0.8	0.49～0.64	4000～4500	完整性差～较完整	0.36～0.51	62.5～75	0.45～0.65	14～17	次块状～块状

续表

风化分带	《水力发电工程地质勘察规范》(GB 50287—2016)		岩体完整性系数 K_v	纵波速度 V_p/(m/s)	岩体完整性	风化系数 F_n	RQD/%	节理间距/m	5m洞段裂隙条数	岩体结构类型
	主要地质特征	波速比 α								
微风化	岩石表面及裂面轻微褪色；岩石组织结构无变化；大部分裂隙闭合，长大裂隙面具绣膜浸染；锤击清脆，开挖需用爆破	0.8 ~ 1.0	0.64 ~ 1.0	>4500	较完整~完整	<0.36	>75	0.65 ~ 1	<14	块状~整体块状

以拉西瓦水电站坝址具代表性的横Ⅱ剖面为例，给出坝址区横Ⅱ剖面左岸、右岸坝肩主要平洞岩体风化界线划分结果见表 4-4；按坝址区各风化带指标综合确定岩体风化带见表 4-5；绘制出坝址区横Ⅱ剖面岩体风化带分布见图 4-1。

表 4-4　坝址区横Ⅱ剖面左岸、右岸坝肩主要平洞岩体风化界线划分结果

岸别	洞号	前期测试			后期复核			弱风化上、下界线深度/m	
		波速比 α	RQD/%	结构面间距/cm	波速比 α	RQD/%	结构面间距/cm	现场判断	
								前期	后期
左岸	PD$_{7-2}$	40	40	35	60	55	60	68	40
	PD$_{43}$	56	—	—	>76	—	—	73	—
	PD$_{35-1}$	30	25	20	45	25	35	28	23
	PD$_{35-2}$	10	—	15	>40	—	50	41.5	41
	PD$_{5-1}$	5~10	—	—	50	50	—	41	47
	PD$_{5-2}$	10	15	—	55	—	—	31	31
	PD$_{31}$	10	25	25	35	30	25	0	25
	PD$_{27}$	—	10	20	—	30	30	13.5	32
	PD$_{11}$	5	15	—	20	15	—	7	22
	PD$_1$	5	—	5	23	—	—	18.3	—
右岸	PD$_{28}$	57	55	60	>75	55	60	56	54
	PD$_{4-2}$	48	45	—	48	45	—	47	46
	PD$_{24-2}$	35	15	—	60	45	60	53	53
	PD$_8$	20	—	—	34	—	—	50	34
	PD$_{8-2}$	25	25	10	46	25	35	—	35
	PD$_{8-3}$	27	25	25	30	30	30	50	28
	PD$_{26}$	—	10	—	—	25	—	38	36

续表

岸别	洞号	前期测试			后期复核			弱风化上/下界线深度/m	
		波速比 α	RQD /%	结构面间距/cm	波速比 α	RQD /%	结构面间距/cm	现场判断	
								前期	后期
右岸	PD$_{14}$	—	10	10	15	35	25	7	14
	PD$_{32}$	25	45	5	35	45	30	48	48
	PD$_{36}$	—	30	25	—	30	25	30	25

表 4-5　坝址区各风化带指标综合确定的岩体风化带

岸别	分布高程	洞号	弱风化上、下界线深度/m		弱风化下、微风化界线深度/m	
			范围值	建议值	范围值	建议值
左岸	上部高程	PD$_{7-2}$	35~40	40	40~68	68
		PD$_{43}$	56	56	>75	>75*
	中高程	PD$_{35-1}$	20~30	30	23~35	35
		PD$_{35-2}$	10~15	15	>40	>40*
		PD$_{5-1}$	5~10	10	40~50	50
		PD$_{5-2}$	10~15	15	31~55	55
	低高程	PD$_{31}$	10~25	25	25~35	35
		PD$_{27}$	10~20	20	13~30	30
		PD$_{11}$	5~15	15	15~20	20
		PD$_1$	5	5	15~20	20
右岸	上部高程	PD$_{28}$	55~60	60	>70	>70*
		PD$_{4-2}$	45~48	48	45~50	50
		PD$_{24-2}$	15~35	35	45~60	60
	中高程	PD$_8$	20	20	35~50	50
		PD$_{8-2}$	10~25	25	35~45	45
		PD$_{8-3}$	25	25	25~30	30
		PD$_{26}$	10	10	25~40	40
	低高程	PD$_{14}$	10	10	15~30	30
		PD$_{32}$	25~45	45	30~48	50
		PD$_{36}$	25~30	30	25~30	30

注：　"深度"表示平洞口(或谷坡表部)至界线的深度；　"*"表示平洞在该深度未揭露微风化岩体。

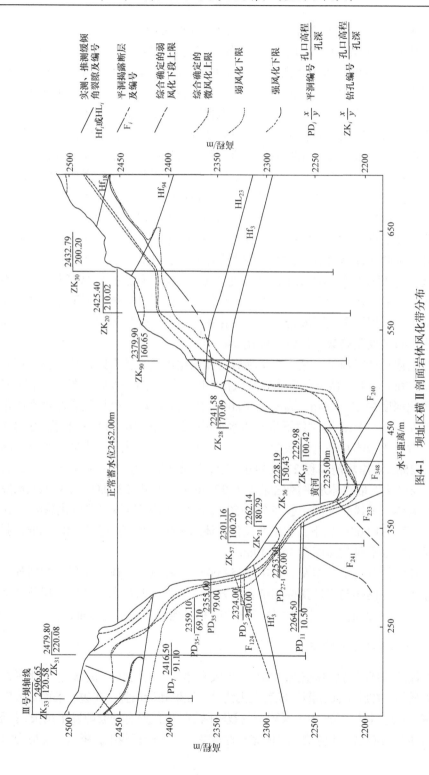

图4-1　坝址区横Ⅱ剖面岩体风化带分布

由表4-4、表4-5和图4-1可知，拉西瓦水电站坝址区两岸岸坡随高程降低，风化岩体厚度明显减小。对于微风化岩体深度，高程2380.00m以上距离地表40～70m，高程2310.00m以下距离地表20～40m。高程2420.00m以上，两岸坝肩岩体水平风化深度大致相当；该高程以下，右岸靠近上游部位比左岸相同部位风化相对严重，而靠近下游则相反。就同一高程而言，受地形控制影响，水平风化深度与垂直风化深度也有明显差异。一般坡度越陡，水平风化深度越浅，在两岸坝肩上部高程处，水平风化深度则大大超过垂直风化深度。右岸高程2420.00m为两岸坝肩所有高程中岩体水平风化深度最大地段，水平风化深度在50～70m，在横Ⅱ剖面达百米，若不考虑表部崩坡积物，垂直风化深度只有30～40m。地形与松动变形岩体等因素对岩体风化分布影响甚大，如左岸高程2420.00m以上，因Ⅱ号变形体的存在，岩体水平风化深度达160m；右岸高程2340.00～2420.00m段，因处在坡度陡缓强烈过渡处，地形起伏较大(或以凸出孤立山梁形式，或以凹进山沟形式)，使得该高程岩体水平风化深度，无论是随高程还是按纵河向比较，均出现较大的差异。弱风化下段岩体水平风化深度与微风化岩体水平风化深度存在较好对应关系，即弱风化下段岩体水平风化深度与微风化岩体水平风化深度之间具有基本一致的变化趋势，比例一般在0.4～0.8。

除上述总体特征外，左、右岸坝肩岩体风化还具有各自的特征。左岸坝肩高程2380.00m以上，微风化岩体水平风化深度一般在20～60m，弱风化下带岩体水平风化深度在20～50m；高程2310.00～2380.00m段，微风化岩体水平风化深度一般在20～50m，弱风化下带岩体水平风化深度在10～30m；高程2310.00m以下，微风化岩体水平风化深度一般在15～40m，弱风化下带岩体水平风化深度在10～25m。右岸坝肩高程2380.00m以上，微风化岩体水平风化深度一般在30～80m，弱风化下带岩体水平风化深度在20～60m；高程2310.00～2380.00m段，微风化岩体水平风化深度一般在30～50m，弱风化下带岩体水平风化深度在10～30m；高程2310.00m以下，右岸微风化岩体水平风化深度一般在20～40m，弱风化下带岩体水平风化深度在15～40m。

上述对拉西瓦水电站左、右岸2452.00m高程以下岩体风化程度的划分，主要采用了定性描述与定量指标相结合的方法。对于拉西瓦水电站拱坝坝顶高程以上，按照2400.00m以上岸坡岩体风化程度和与地形的关系进行推测。

2. 岩体卸荷松弛特征

岩体卸荷伴随边坡临空面的形成，导致岩体应力发生重分布。原本处于弹性变形的地质体，在临空面逐渐形成后失去约束，发生卸荷回弹，在边坡表面形成应力降低带。与此同时，还产生一系列新的裂隙网络，或使原有的裂隙发生拉张、扩展，导致岩体结构松弛，相应地，岩体完整性也变差。工程实践中，将这一受应力重分布且应力降低带岩体称为卸荷带。卸荷带一般分为强卸荷带和弱卸荷带。

对于卸荷带的划分，主要有定性描述和定量指标评价两种方法。定性描述依据现场结构面发育程度、张开度、锈染状况及相关可视性指标进行判断；定量指标评价主要依据相关物理指标，如洞壁岩体波速、裂隙张开度、裂隙间距等。根据《水力发电工程地质勘察规范》(GB50287—2016)，卸荷是岩体应力差异性释放的结果，表现为谷坡应力降低、岩体松弛和裂隙张开，且裂隙张开是卸荷的重要标志。表 4-6 给出的《水力发电工程地质勘察规范》(GB 50287—2016)中岩体卸荷带划分，定性描述了岩体卸荷带的主要地质特征。表 4-7 给出的《水利水电工程地质勘察规范》(GB 50487—2008)中边坡岩体卸荷带划分，除了主要地质特征描述外，还有张开裂隙宽度和波速比的定量指标评价，且对整体松弛卸荷作用不强烈时，卸荷可不分带。表 4-8 给出了国内部分水电工程对卸荷带的定性描述。

表 4-6　《水力发电工程地质勘察规范》(GB 50287—2016)中岩体卸荷带划分

卸荷带	主要地质特征
强卸荷带	卸荷裂隙发育较密集，普遍张开，一般开度为几厘米至几十厘米，多充填次生夹泥及岩屑、岩块，有架空现象，部分可看到明显的松动或变位错落，卸荷裂隙多沿原有结构面张开，岩体呈整体松弛
弱卸荷带	卸荷裂隙发育较稀疏，开度一般为几毫米至几厘米，多有次生泥质充填，卸荷裂隙分布不均匀，常呈间隔带状发育，卸荷裂隙多沿原有结构面张开，岩体部分松弛
深卸荷带	深部裂隙松弛段与相对完整段相间出现，成带发育，张开宽度几毫米至几厘米不等，一般无充填，少数有锈染或夹泥，岩体弹性纵波速度变化较大

注：对于整体松弛卸荷作用不强烈时，可不分带。

表 4-7　《水利水电工程地质勘察规范》(GB 50487—2008)中边坡岩体卸荷带划分

卸荷类型	卸荷带	主要地质特征	特征指标	
			张开裂隙宽度	波速比
正常卸荷松弛	强卸荷带	近坡体浅表部卸荷裂隙发育的区域；裂隙密度较大，贯通性好，呈明显张开，宽度在几厘米至几十厘米之间，充填岩屑、碎块石、植物根须，并可见条带状、团块状次生夹泥，规模较大的卸荷裂隙内部多呈架空状，可见明显的松动或变位错落，裂隙面普遍锈染；雨季沿裂隙多有线状流水或成串滴水；岩体整体松弛	张开宽度>1cm 的裂隙发育，或每米洞段张开裂隙累计宽度>2cm	<0.5
	弱卸荷带	强卸荷带以里可见卸荷裂隙较为发育的区域；裂隙张开其宽度几毫米，并具有较好的贯通性；裂隙内可见岩屑、细脉状或膜状次生夹泥充填，裂隙面轻微锈染；雨季沿裂隙可见串珠状滴水或较强渗水；岩体部分松弛	张开宽度<1cm 的裂隙较发育，或每米洞段张开裂隙累计宽度<2cm	0.5～0.75
异常卸荷松弛	深卸荷带	相对完整段以里出现的深部裂隙松弛段；深部裂隙一般无充填，少数有锈染；岩体纵波速度相对周围岩体明显降低	—	—

表 4-8　国内部分水电工程对卸荷带的定性描述

工程名称	卸荷带	定性描述
小湾水电站	强卸荷带	中陡、缓倾结构面发育，充填岩屑、岩块及泥，有架空现象，卸荷结构面两侧岩体明显松动错位，多处见>2cm 的张开度，岩体纵波速度 V_P 一般小于 2500m/s
	弱卸荷带	卸荷裂隙发育，微张开 0.2～2cm，岩体纵波速度 V_P 一般为 3000～4000m/s，充填细粒软泥，卸荷裂隙由表及里分布
溪洛渡水电站	强卸荷带	岩体松弛，裂面普遍张开、锈染，充填以岩屑为主，多处见>2cm 的张开度，岩体纵波速度 V_P 一般小于 2500m/s
	弱卸荷带	岩体较松弛，裂隙轻微张开，一般小于 1mm，长大裂面锈染严重，岩体纵波速度 V_P 一般<4100m/s
龙开口水电站	强卸荷带	岩体松弛，隐裂隙和次生裂隙显著，构造裂隙普遍张开，且多处见>2cm 的陡倾角集中卸荷裂隙，常充填岩屑及次生泥，裂面普遍严重锈染
	弱卸荷带	岩体较松弛，部分隐微裂隙显现，构造裂隙轻微张开，长大裂隙普遍严重锈染，一般裂面有轻微锈染，可见宽度 0.5～1.0cm 的陡倾角集中卸荷裂隙，局部充填岩屑及次生泥
	无卸荷带	岩体结构紧密，岩体内裂隙闭合，裂面较新鲜
官地水电站	强卸荷带	一般情况下，裂隙都张开，表现为松弛，充填次生泥夹岩屑；岩体结构松散，有时可见架空现象，平洞所经之处常塌顶掉块；既有利用原有结构面卸荷张开，又有直接沿岩块内部张开的情形，追踪卸荷常见
	弱卸荷带	裂隙多充填次生泥膜，部分段夹泥宽度可达 3cm，尤其是沿错动带或裂隙密集带张开较大，次生泥常间隔充填的特点，即次生泥较多的岩体和次生泥较少的岩体往往相间分布，卸荷裂隙的密度相对减小；岩体显松弛，但是基本上不会塌顶，旱季、雨季地下水情况变化不大；一般利用原有结构面卸荷张开，特别是沿构造错动带卸荷比较强烈

　　结合表 4-6～表 4-8，拉西瓦水电站坝址区岩体卸荷分带选取裂隙开度 S、每 5m 洞段闭合所占比例、裂隙条数、纵波速度 V_P 和岩体透水率等指标，进行坝址区边坡岩体卸荷带划分，给出坝址区岩体卸荷带量化指标见表 4-9。

表 4-9　坝址区岩体卸荷带量化指标

卸荷带	节理开度		5m 洞段裂隙条数	纵波速度 V_P/(m/s)	岩体透水率 /Lu
	裂隙开度 S/mm	5m 洞段闭合裂隙所占比例/%			
弱卸荷带下限	1	>95	18	≤4000	<10(0.1ω)
强卸荷带下限	10	<60	36	≤2500	≥100(1ω)

注：ω 表示岩体单位吸水量，即压水试验中每米水柱压力下，每米试验段长度内岩体每分钟的吸水量。

　　结合拉西瓦水电站坝址区平洞现场调查，利用表 4-9 的岩体卸荷带量化指标，划分坝址区边坡岩体卸荷带。坝基岩体卸荷带划分综合结果见表 4-10。绘制出坝址区横 II 剖面岩体卸荷带分布见图 4-2。由表 4-10 和图 4-2 可知，拉西瓦水电站

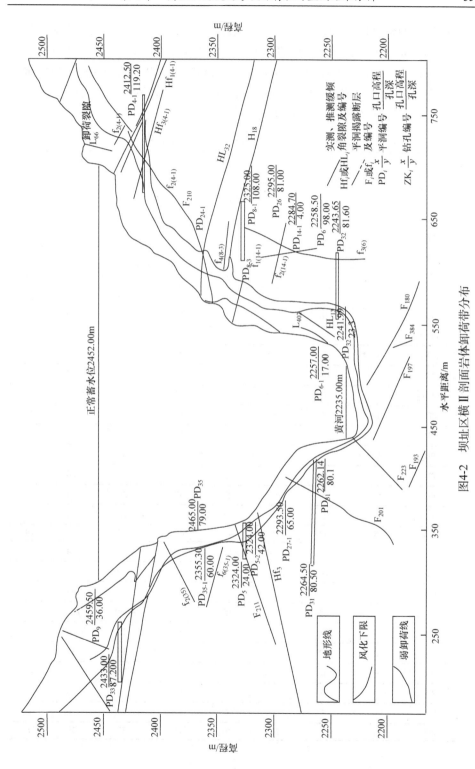

图4-2　坝址区横Ⅱ剖面岩体卸荷带带分布

坝址区边坡岩体总体卸荷较弱，卸荷特征表现为随高程增加，岸坡卸荷深度逐渐加深。高程2400.00m以上的强卸荷水平风化深度为20~30m，高程2400.00m以下的强卸荷水平风化深度为10~15m。高程2400.00m以上的弱卸荷带岩体水平风化深度为40~60m，高程2400.00m以下的弱卸荷带岩体水平风化深度为20~35m。河床坝基部位的弱卸荷岩体垂直深度为5~10m。

表 4-10 坝基岩体卸荷带划分综合结果

岸别	平洞编号	强卸荷带下限				弱卸荷带下限			
		裂隙开度 S/mm	纵波速度 V_P/(m/s)	现场调查/m	建议深度/m	裂隙开度 S/mm	纵波速度 V_P/(m/s)	现场调查/m	建议深度/m
左岸	PD$_{33}$	—	15	28	28	—	—	—	45
	PD$_{43}$	—	21	—	21	—	55	56	25
	PD$_7$	—	0	5	5	—	15	25	24
	PD$_{7-2}$	10	20	—	20	35	40	40	40
	PD$_{35}$	—	10	10	10	—	10	20	20
	PD$_{35-1}$	10	10	2	10	15	35	20	28
	PD$_{35-2}$	10	—	7.5	10	15	10	—	21
	PD$_{35-3}$	5	—	12.55	12.55	15	—	—	27
	PD$_{5-1}$	—	0	—	—	—	—	45	41
	PD$_{5-2}$	5	0	—	5	10	10	15	—
	PD$_{5-3}$	10	5	—	10	30	30	30	7
	PD$_{27}$	5	—	7	7	15	15	—	13.5
	PD$_{23}$	5	—	—	5	15	30	—	5
	PD$_{11}$	—	15	—	15	—	25	20	7
	PD$_{31}$	5	5	—	5	37	20	15	—
	PD$_1$	—	0	—	—	—	10	23	5
右岸	PD$_{28}$	10	42	9	42	40	55	57	48
	PD$_4$	—	17	8	17	—	35	44	44
	PD$_{4-1}$	—	24	7.5	24	—	—	—	25
	PD$_{4-2}$	—	0	7	7	—	>40	48	47
	PD$_{24}$	—	15	10	15	—	>40	42.5	20
	PD$_{24-1}$	—	0	—	—	—	25	40	11
	PD$_{24-2}$	10	12	—	12	35	35	37	5
	PD$_8$	—	0	8	8	—	25	20	48
	PD$_{8-1}$	—	—	—	—	—	25	18	
	PD$_{8-2}$	—	5	—	5	—	20	16	—
	PD$_{8-3}$	30	20	23.2	30	35	25	30	36

岸别	平洞编号	强卸荷带下限				弱卸荷带下限			
		裂隙开度 S/mm	纵波速度 V_P/(m/s)	现场调查/m	建议深度/m	裂隙开度 S/mm	纵波速度 V_P/(m/s)	现场调查/m	建议深度/m
右岸	PD$_{26}$	—	20	6	20	10	15	30	15
	PD$_{14}$	10	10	—	10	20	20	21	7
	PD$_6$	—	18	—	18			55	55
	PD$_{32}$	5	0	—	5	37	25	35	37
	PD$_2$	—	0	—	—	—	—	6	5
	PD$_{36}$	—	—	23.5	24		30	—	43

4.1.2　建基岩体变形破坏特征

拉西瓦水电站建基岩体出现卸荷回弹、结构面张开，以及局部表面岩体轻微剥离、开裂、松动等卸荷松弛现象，可归纳为以下变形破坏形式。

1. 沿原有构造裂隙松弛、开裂

在建基岩体开挖前赋存原岩较高应力及上覆荷载作用下，左岸与拱肩槽边坡接近平行或呈小夹角的 NWW 向陡倾裂隙、右岸与拱肩槽边坡接近平行或呈小夹角的 NEE 向陡倾裂隙，处于轻微张开或闭合状态。建基面开挖形成后应力降低，使得前述裂隙主要在松弛带内回弹张开、宏观显现，左岸主要发生在高程 2320.00m 以上，右岸主要发生在高程 2400.00m 以上，以及两岸高程 2300.00～2320.00m 和高程 2240.00～2280.00m 等部位。

2. 产生新裂纹

此类破坏主要发生在微风化～新鲜的岩石中，周围发育有早期裂隙。但是，早期裂隙及其组合未形成完整结构块体，即完全分离的独立块体。在开挖爆破作用下，应力与能量释放，产生新裂纹。

3. 结构性破坏

此类破坏与岩体中发育的结构面有关。原岩中早期发育有多组结构面，组合形成一定规模的块体，开挖作用下应力释放，结构面开裂导致结构体位移甚至失稳。

4. 层状位错

两岸建基岩体发育有缓倾角及近水平裂隙组。坝肩开挖后，产生向临空方向的差异回弹、蠕滑变形，即层状位错。

5. 层状开裂

河床坝基发育有近水平裂隙组。河床建基面开挖后，产生向上部临空方向回弹变形，造成层状开裂现象。

6. 剪切滑移

缓倾坡外结构面作为底滑面，与坡面夹角较小的陡倾结构面作为后缘拉裂面，与坡面大角度相交的结构面切割两侧，产生向临空面方向的剪切滑移、蠕动变形。

7. 结构面表皮剥落

建基岩体表层结构体失稳或破坏后，残留结构面表面原充填物(如方解石等)与结构面剥落、分离。

8. 葱皮现象

原岩赋存于谷底高地应力环境中。建基面开挖后，岩体应力释放较为强烈。在完整岩体表层出现葱皮状剥离，剥离厚度一般不超过20cm。

9. 轻微岩爆

原岩赋存于谷底高地应力环境中，开挖卸荷应力快速调整，在完整岩体表层出现小片薄层岩体脱离，厚度一般不超过20cm，面积小于$1m^2$。

10. 爆破破坏

通常发生在与建基面相交的交通洞、排水洞、廊道洞口等结构面较为发育地段。钻孔爆破产生的强大冲击波以气浪形式沿结构面迅速传播，致使结构面完全张裂，引发裂纹扩展，产生新的爆破裂隙，岩体完全破坏，范围可达洞周数米、洞深2~4m。

11. 形成一定厚度松弛带

建基岩体表层受卸荷回弹、结构开裂、钻孔爆破等因素影响，在拱肩槽及河床坝基表层建基面全范围内形成一定厚度且连续分布的岩体松弛带。声波测试的厚度一般为1~3m，波速一般为2500~4000m/s，局部受构造影响松弛带厚度较大，如右岸拱肩槽高程2260.00~2240.00m地段。

4.1.3　建基岩体卸荷松弛时间效应

1. 声波测试方法

为掌握开挖前后坝基岩体纵波速度V_P随时间变化情况，声波测试布置时在左岸坝基高程2233.00~2237.00m布置了K_1~K_5共5个孔，用来检测开挖前后单孔及跨孔声波变化。图4-3给出了左岸高程2230.00~2240.00m河床坝基开挖前

图 4-3 左岸高程 2230.00~2240.00m 河床坝基开挖前后波速检测钻孔分布(单位：m)

后波速检测钻孔分布。检测时间为 2005 年 11 月 29 日~2006 年 2 月 9 日，前后历时 73d。最初检测时间间隔较短，为 1~3d，后调整为 7~14d 间隔时间，波速衰减率计算见式(4-1)。坝基开挖前后，单孔纵波速度 V_P 声波法测试结果见表 4-11，跨孔纵波速度 V_P 声波法测试结果见表 4-12。

$$V_{sj} = \frac{V_0 - V_i}{V_0} \times 100\% \tag{4-1}$$

式中，V_{sj} 为爆破前后波速衰减率(%)；V_0 为开挖前岩体纵波速度(m/s)；V_i 为开挖后岩体纵波速度(m/s)，$i = 1, 2, \cdots, 11$。

表 4-11 单孔纵波速度 V_P 声波法测试结果

孔号	孔深/m	爆破开挖前 V_0/(m/s)			爆破后第 45 天 V_P/(m/s)		
		最大值	最小值	均值	最大值	最小值	均值
K_1	9.4	5620	4190	5090	5450	3960	4790
K_2	8.4	5460	5000	5190	5450	4240	4920
K_3	10.8	5450	4620	5120	5220	4040	4960
K_4	8.8	5460	5000	5190	5450	4290	4960
K_5	10.0	5620	4620	5110	5620	4390	4920

表 4-12 跨孔纵波速度 V_P 声波法测试结果

孔号	孔深/m	爆破开挖前 V_0/(m/s)			爆破后第 45 天 V_P/(m/s)		
		最大值	最小值	均值	最大值	最小值	均值
K_2~K_1	8.5	5670	5270	5500	5630	4560	5260
K_2~K_5	8.5	5830	5150	5410	5740	4180	5130
K_3~K_2	8.5	5660	5490	5560	5630	4790	5340
K_3~K_4	8.5	5620	5210	5370	5580	4680	5150
K_3~K_1	10.0	5630	5840	5370	5710	4660	5310
K_3~K_5	10.0	5590	5250	5430	5540	4830	5210
K_4~K_1	8.5	5670	5230	5520	5650	4480	5270
K_4~K_5	8.5	5570	5150	5410	5550	4620	5190

根据检测结果，绘制出左岸高程 2233.00~2237.00m 河床坝基开挖前后建基岩体波速随孔深衰减曲线见图 4-4，绘制出左岸高程 2233.00~2237.00m 河床坝基岩体波速衰减率随孔深变化曲线见图 4-5。

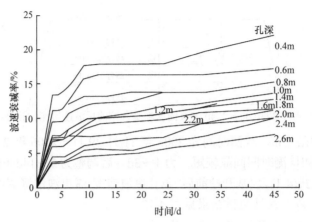

图 4-4 左岸高程 2233.00～2237.00m 河床坝基开挖前后建基岩体波速随孔深衰减曲线

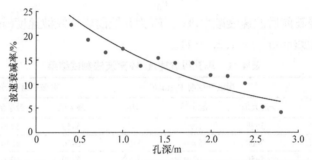

图 4-5 左岸高程 2233.00～2237.00m 河床坝基岩体波速衰减率随孔深变化曲线

综合分析表 4-11、表 4-12、图 4-4 和图 4-5 可知：①在开挖后一定时间内，坝基岩体纵波波速 V_P 随时间推移而降低，波速衰减率随时间延长而增大，波速衰减率随深度增加而降低，表明坝基浅部及较深部岩体受爆破影响较大；②坝基开挖后第 3 天，岩体纵波波速衰减率已达到第 45 天衰减率(总衰减率)的 60%左右，说明应力开挖调整主要在开挖爆破后 3d 内完成；③坝基开挖后第 9 天，共完成岩体纵波第 45 天波速衰减率的 80%左右，说明大部分岩体应力开挖调整在井挖爆破后 9d 内已完成；④第 9～45 天测试结果表明，此期间坝基岩体纵波波速 V_P 衰减缓慢，共完成总波速衰减率的 20%左右；⑤坝基岩体纵波波速衰减率随孔深的增大而减小，在孔深 0.4m 最大且波速衰减率为 22%，当孔深大于 2m 时第 45 天的总波速衰减率不大于 10%，在孔深 2.6m 以下坝基岩体受爆破开挖的影响较小；⑥从声波法测试结果可以看出，对于完整坚硬岩体，岩体纵波波速衰减率一般小于 10%，且爆破影响范围在孔深 2.5m 以内。

应当说明的是，上述测试部位位于左岸河床坝基高程 2233.00～2237.00m 拱坝中轴线上游侧。该部位受河床应力包影响及岩体较完整影响，存在应力集中现象，即两坝肩地应力赋存环境与测试地段有所不同。但是，两岸坝肩建基岩体(尤其较完整部位岩体),开挖松弛随时间变化的总体规律应与上述相似。

2. 基于声波测试结果的松弛带划分

松弛带确定的方法与原则说明如下。声波测试孔一般垂直建基面布置,按波速(主要依据单孔声波)的递变特征可划分松弛带。左岸 22 坝段松弛带确定如图 4-6 所示,横坐标为孔深,纵坐标为波速。

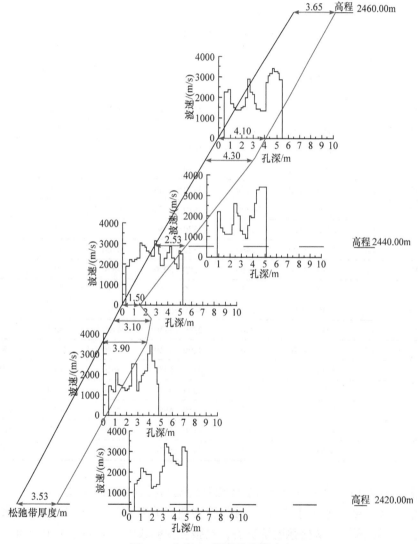

图 4-6　左岸 22 坝段松弛带确定

从图 4-6 中可以看出,高程 2420.00m 的 3.53m 处为波速拐点,可以确定松弛带厚度为 3.53m。坝基开挖过程中,沿建基面不同高程布置声波测试孔,将各孔确定的松弛带标于图上并依次连接，便得到整个坝基松弛带。

需要说明的是，划分松弛带厚度时主要针对"跃阶型"曲线。但是，仅依据单孔声波确定松弛带，方法上偏于单一，需结合地质宏观判断、表面地震波、单孔地震波、跨孔声波和监测资料等辅助性校正。如有爆前、爆后波速检测资料，则爆前、爆后孔波速衰减率作为重要的参考依据。坝基不同部位松弛带确定分别对左、右岸坝肩进行。依据松弛度指标，将左岸坝肩单孔声波确定的松弛带厚度及松弛度统计结果汇总于表 4-13。

表 4-13　左岸坝肩单孔声波确定松弛带厚度及松弛度

测试高程/m	松弛带厚度/m	松弛岩体		原岩		松弛度/%	备注
		波速范围/(m/s)	平均波速/(m/s)	波速范围/(m/s)	平均波速/(m/s)		
2445	2.6	1790~2430	2048	2390~3330	2780	26.3	—
2432	1.8	1510~2630	2030	2570~4400	3330	39.0	—
2415	2.0	1940~2930	2340	1970~4650	3190	26.6	—
2404	1.2	2990~3140	3050	3930~5710	5020	39.2	—
2385	2.0	4140~5190	4800	4570~5560	5280	9.1	—
2357	1.0	3280~3780	3470	3410~4770	4500	22.9	—
2340	1.8	2700~4120	3430	3370~5050	4480	23.4	—
2327	1.6	1960~3500	2400	2820~5200	4100	41.5	—
2312	2.2	2170~3790	2960	4380~5090	4870	39.2	—
2295	2.2	2190~4030	2650	3810~5360	4910	46.0	—
2280	6.4	1830~4060	2930	4470~5230	4970	41.0	—
2272	4.6	2060~3790	2540	2960~5150	4420	42.5	—
2262	2.4	1710~4620	3360	4190~5260	4740	29.1	爆前
	1.8	3570~4140	3770	3130~5450	4610	18.2	爆后
2250	2.0	3570~4090	3860	4360~4950	4800	22.0	爆前
	1.6	3810~4090	3970	3950~4950	4530	12.8	爆后
2240	1.0	4290~4500	4450	4390~5450	4900	9.2	爆前
	3.4	3710~4220	4010	4700~5240	5090	21.2	爆后

根据表 4-13，绘制左岸坝肩岩体松弛度随高程分布曲线见图 4-7。左岸坝肩岩体松弛带厚度一般小于 2.5m，局部受构造影响较深达 3.0~4.6m，最深可达 6.4m，如 F_{211} 两侧。从松弛度情况看，松弛度变幅较大，大部分小于 30%，最高 45%左右，最低 10%左右。

依据松弛度指标，将右岸坝肩单孔声波确定松弛带厚度及松弛度统计结果汇总于表 4-14。根据表 4-14，绘制右岸坝肩岩体松弛度随高程分布曲线见图 4-8。

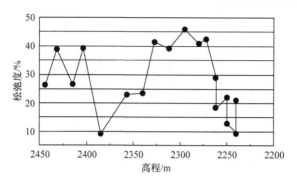

图 4-7 左岸坝肩岩体松弛度随高程分布曲线

表 4-14 右岸坝肩单孔声波确定松弛带厚度及松弛度

测试高程/m	松弛带厚度/m	松弛岩体		原岩		松弛度/%	备注
		波速范围/(m/s)	平均波速/(m/s)	波速范围/(m/s)	平均波速/(m/s)		
2441	1.4	4440~4650	4610	4760~5400	5150	10.5	爆前
2417	1.6	3130~3650	3440	3300~3840	3630	5.2	爆后
2400	1.8	3470~5030	4340	3160~5450	4690	7.5	—
2385	1.4	3080~4890	4370	4610~5770	5250	16.8	—
2370	2.4	1910~5200	3680	2830~5580	4590	19.8	—
2355	4.8	2270~4070	2990	3240~5040	4110	27.3	—
2327	1.4	2680~4000	3460	2420~5040	4170	17.0	—
2312	1.4	4880~5130	4950	5000~5720	5390	8.2	—
2295	1.4	3640~4370	3920	4040~5100	4880	19.7	—
2280	2.4	3700~4880	4040	5300~6000	5580	27.6	爆前
	2.4	1460~4860	3290	1980~5140	4620	28.8	爆后
2270	1.8	3280~4050	3730	4440~5140	4920	24.2	爆前
	2.0	2000~4260	2930	2950~4860	4000	26.3	爆后
2260	4.6	1790~4160	2990	1830~5000	3910	23.5	爆前
	3.6	2730~3720	3110	3470~5140	4450	30.1	爆后
2250	7.0	1710~3420	2310	3990~5220	4580	49.6	爆前
	3.4	1550~4090	2180	2430~4500	3200	31.9	爆后
2240	3.0	2010~3210	2550	2020~5190	4190	39.1	—

　　由表 4-14 和图 4-8 可知,高程越低,松弛度越大,符合高陡峡谷岸坡、高地应力的地质环境条件。右岸坝肩岩体松弛带厚度一般小于 2.5m,少量为 3~5m,

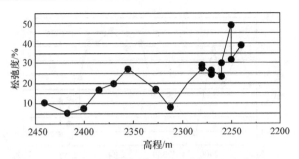

图 4-8　右岸坝肩岩体松弛度随高程分布曲线

局部受构造影响较深最深可达 7.0m。从松弛度情况看，松弛度绝大部分低于 30%，局部受构造和爆破震动影响较大的部位松弛度为 30%～40%、最大可达 49.6%。

3. 建基岩体卸荷松弛带确定

采用两种方法划分坝基岩体松弛带：一种是按设计梯段，对建基面开挖及松弛带形成过程进行有限元数值模拟；另一种是根据大量物探和监测结果实测数据划分建基岩体松弛带。对建基岩体松弛带的划分，有限元数值模拟属预估性质，是实测数据的佐证与铺垫；实测数据则依据大量实际资料，相应的划分结果更为准确、可靠。

1) 计算模型与计算方案

为研究坝基开挖对建基岩体松弛影响及开挖过程中应力的调整与分布，以拉西瓦水电站坝轴线为计算剖面(两岸坝肩取垂直岸坡水平距离)，按工程设计开挖梯段，共分 19 个步骤模拟下挖。图 4-9 是高拱坝坝基开挖梯段图，图 4-10 是高拱坝坝基开挖计算剖面图。依据图 4-6 和图 4-10 构建的计算模型如图 4-11 所示。

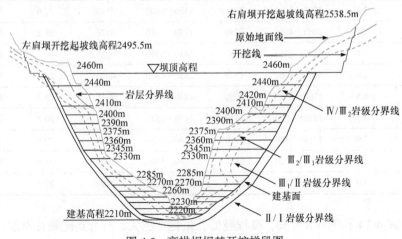

图 4-9　高拱坝坝基开挖梯段图

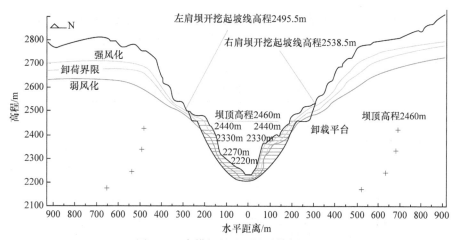

图 4-10　高拱坝坝基开挖计算剖面图

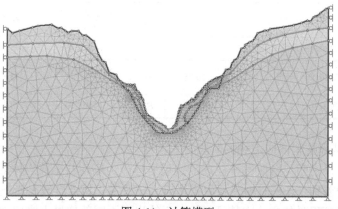

图 4-11　计算模型

在计算开挖条件下河床及两岸岩体应力场变化及开挖卸荷影响时，采用构造应力场叠加自重应力场的计算方案。模型南北两侧为滑动边界，顶面为自由边界，底部为约束边界。自重应力场由计算确定，构造应力场按地应力研究结果确定。最终以模拟下切的实际河谷应力场为初始应力条件。计算模型考虑天然岸坡岩体卸荷与风化影响。各风化带岩体物理力学参数按坝址区参数研究结果综合确定。表 4-15 给出了各风化带岩体物理力学参数取值。

表 4-15　各风化带岩体物理力学参数取值

风化带	密度 $\rho/(kg/m^3)$	弹性模量 E/GPa	泊松比 μ	峰值内聚力 c_p/MPa	峰值内摩擦角 $\varphi_p/(°)$	残余内聚力 c_r/MPa	残余内摩擦角 $\varphi_r/(°)$	抗拉强度 σ_t/MPa
强风化带	2500	3.0	0.30	1.0	40.0	0.4	35.0	0.7
弱风化带	2600	12.0	0.24	1.6	48.0	0.5	43.0	1.2
微新带	2700	30.0	0.23	3.2	57.0	0.7	52.0	2.0

为了分析开挖对坝基岩体卸荷及应力场的影响，分别在左岸高程 2420.00m、左岸高程 2330.00m、河床中心及两侧设置若干计算监控点。计算监控点及其位置见表 4-16。

表 4-16　计算监控点及其位置

编号	位置	距岸坡距离/m	距开挖面距离/m	编号	位置	距河床距离/m	距开挖面距离/m
A_1	左岸 2420.00m 高程	67.6	11.6	C_2	河床中心	29.1	8.1
A_2	左岸 2420.00m 高程	146.1	90.1	C_3	河床中心	78.8	57.8
A_3	左岸 2420.00m 高程	221.6	165.6	C_4	河床中心	123.1	102.1
A_4	左岸 2420.00m 高程	363.3	307.3	C_5	河床中心	171.9	150.9
B_1	左岸 2330.00m 高程	48.0	12.0	C_6	河床中心	241.1	220.1
B_2	左岸 2330.00m 高程	141.9	105.9	D_1	河床左侧高程 2320.00m	48.2	0.2
B_3	左岸 2330.00m 高程	238.2	202.2	D_2	河床左侧	75.7	27.6
B_4	左岸 2330.00m 高程	333.5	297.5	E_1	河床右侧高程 2330.00m	33.6	0.2
C_1	河床中心	21.3	0.3	E_2	河床右侧	74.9	42.5

2) 坝基开挖岩体应力场的阶段分布特征

计算结果表明，各阶段开挖后的边坡岩体应力场均与岸坡岩体的天然应力场有较明显的差别。开挖对坝基坝肩岩体应力场及演化特征有较大影响，图 4-12 为开挖至建基高程时的主应力特征。图 4-13 绘出了不同部位最大主应力 σ_1 随梯段开挖的分布特征。

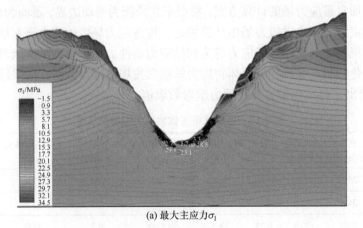

(a) 最大主应力 σ_1

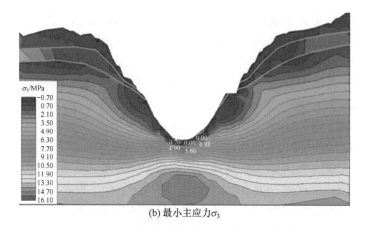

(b) 最小主应力 σ_3

图 4-12　开挖至建基高程时的主应力分布特征

压应力为正，拉应力为负

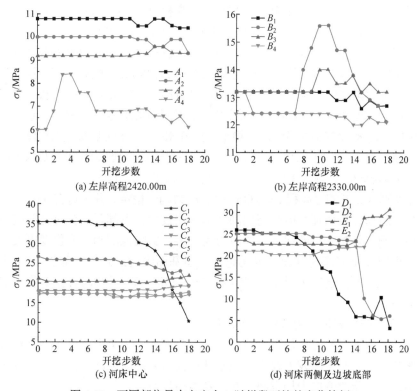

(a) 左岸高程2420.00m

(b) 左岸高程2330.00m

(c) 河床中心

(d) 河床两侧及边坡底部

图 4-13　不同部位最大主应力 σ_1 随梯段开挖的变化特征

由图 4-12 可见，上部开挖及后续梯段开挖，均对两岸坝肩岩体应力场调整产生影响。总体表现出应力降低→应力增加→应力降低的变化过程。此过程可用高程 2330.00m 边坡线附近 B_1 点随梯段开挖其应力变化进行说明。由图 4-13 可见，

B_1 点随梯段开挖最大主应力 σ_1 变化特征：高程 2420.00m 以上边坡开挖，引起 B_1 点最大主应力 σ_1 降低，降低幅度达 0.8MPa，并持续至高程 2390.00m；高程 2330.00～2390.00m 段边坡开挖期间，B_1 点最大主应力 σ_1 随开挖向下进一步逐渐增加，开挖至高程 2330.00m，最大主应力 σ_1 达到最大，最大值约 15.6MPa，并持续至下一高程 2285.00～2330.00m；高程 2285.00m 以下边坡开挖期间，B_1 点最大主应力 σ_1 显著下降，并趋于稳定值（约 12.1MPa）。

高程 2420.00m 处边坡线附近的 A_1 点，高程 2440.00m 以上边坡开挖即产生应力集中，最大主应力 σ_1 增加；当高程为 2420.00m 时，应力集中最大，σ_1 可达 8.4MPa，并持续至高程 2405.00m；此后，随开挖下卧，最大主应力 σ_1 急剧降低，并在开挖至高程 2390.00m 以后，基本趋于稳定或缓慢调整。

河床部位应力场随开挖推进，变化较为复杂。高程 2375.00m 以上边坡开挖对河床附近应力影响较小。自高程 2375.00m 向下，边坡开挖开始引起河床建基面附近应力缓慢下降。河床中心，在开挖至高程 2315.00m 以后，最大主应力 σ_1 随下挖进程大幅度降低，尤其高程 2285m 以下的各梯段开挖。

河床建基面右侧岩体的最大主应力 σ_1，在高程 2375.00m 以上的各开挖阶段中应力变化较小，基本与天然应力相近（即 25.0～26.0MPa）；此后，随开挖下延，最大主应力 σ_1 逐渐降低，当开挖至高程 2250.00m 时，达到最低值 6.0MPa，并趋于稳定；开挖至高程 2230.00m 时，最大主应力 σ_1 则快速增加至 10.0MPa；继续下挖，最大主应力 σ_1 持续减小并最终趋于稳定（约 3.0MPa）。河床建基面左侧岩体的最大主应力 σ_1 随开挖的变化特征与右侧基本相似。左侧边坡高程 2250.00m 及以上的开挖对应力场影响较小，最大主应力 σ_1 基本维持在 23.0～25.0MPa。其后的开挖则导致应力显著降低，开挖至高程 2230.00m 时，应力趋于稳定，并维持在 3.0～5.0MPa。

综上所述，拉西瓦水电站高拱坝坝基开挖过程，下部开挖会对上部应力场产生明显影响。就整个拱圈建基岩体应力场来讲，影响范围和影响程度更大。无论对两岸坝肩还是河床建基面，也无论处于建基面附近还是较深部位（即全拱圈范围），在所有梯段开挖过程中，高程 2285.00～2300.00m 的梯段开挖对岩体应力场分布影响最大。

3) 坝基开挖岩体应力场的空间分布特征

坝址区河谷天然应力场具有显著的应力分异和应力集中现象，坝基梯段下挖使天然应力场分布发生较大改变。坝基开挖仅对岩体应力场产生一定范围和程度的调整，并不能改变应力场空间分布的基本格局。

坝基上部高程开挖对岩体应力场影响相对较小。如高程 2440.00m，开挖期间建基面附近岩体应力（如 A_1 点）有前述先增加，然后降低并维持稳定的变化特征，而较深部位岩体的应力场（如点 A_2～A_4）变化不大，仅受更低高程边坡开挖的影响（尤其是高程 2285.00m 地段）。在整个开挖期间，A_3 点附近始终处于该高程应力集中区，直至开挖完成，该应力集中区仍基本保持天然状态。

坝基中高程开挖对岩体应力场改变程度较大，如高程 2330.00m，开挖期间建基面附近岩体应力随开挖进程有较大幅度变化，深部岩体应力场也出现一定程度变化。虽然开挖结束后仍然表现出应力分异，但是与此前应力场相比较，各区应力均有所减小。坝基开挖引起建基面以下岩体应力重分布，建基面附近岩体应力释放并向深部转移，从而形成新的应力分异带，从建基面向深部依次为应力降低带、应力增高带、应力轻微调整带。各应力分异带向深部迁移，各带内应力较此前所处应力场均有不同程度降低。

与上部高程、中部高程的开挖不同，两岸低高程及河床坝基开挖对应力场影响最大。如前文所述，坝基开挖之初，河床部位应力场变化不大，当开挖至高程 2250.00m 后，河床应力场发生急剧改变。在建基面附近岩体应力随开挖下延而逐渐降低，致使此前显著应力增高带“应力包”临开挖面一侧变为应力松弛带。例如，河床建基面中部点 C_1、左侧点 D_1 和右侧点 E_1，该带厚度约 20m。建基面以下一定深度岩体，总体上受两岸坝肩与河床坝基开挖的影响较小。但是高程 2285.00m 以下各梯段开挖，也产生了一定程度的应力调整。与建基面不同，建基面以下较深部位岩体应力场随开挖下延而逐渐增高。

总之，河床坝基部位天然应力场因表部风化卸荷而存在应力降低带、应力增高带和正常应力带。建基面形成过程将表部风化卸荷岩体挖除，加之中上部边坡开挖影响，导致河床部位的应力重分布，建基岩体表层应力降低，河床谷底“应力包”向深部转移。

4) 计算获得的松弛特征

图 4-14 为坝基开挖前后最大主应力、最小主应力变化，图 4-15 为坝基开挖后水平、垂直位移变化。

从图 4-14 和图 4-15 可看出，开挖后建基岩体所处部位应力集中向深部转移，应力普遍有所降低，松弛带厚度为 3～5m，过渡带厚为 7～8m，其内可视为未扰动岩体；河床坝基垂直位移可达 3～5cm，两岸坡脚水平位移可达 3～6cm；总体表现为随高程下降，位移增大，上部高程总位移小于 1cm，中高程总位移小于 2cm，谷底总位移为 3～6cm。

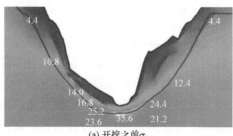

(a) 开挖之前 σ_1

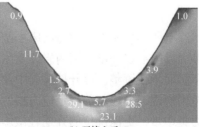

(b) 开挖之后 σ_1

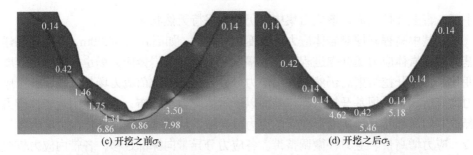

(c) 开挖之前σ₃　　　　　　　　　　(d) 开挖之后σ₃

图 4-14　坝基开挖前后最大主应力、最小主应力变化(单位：MPa)

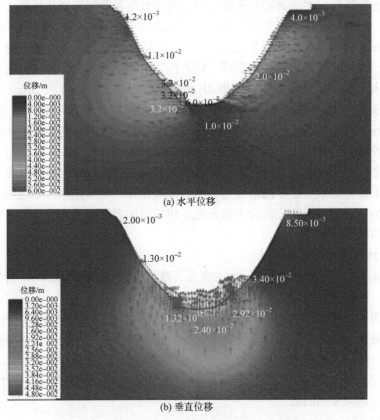

(a) 水平位移

(b) 垂直位移

图 4-15　坝基开挖后水平位移、垂直位移变化(单位：m)

　　综上所述，两岸坝肩与河床坝基开挖过程中，在河谷天然应力场的基础上，建基面以内一定深度范围内岩体发生了较大程度的应力重分布，且应力分布随梯段下延而不断调整。经开挖过程中及开挖后应力调整的时空效应，建基面在深一定范围内逐渐形成新的稳定应力场。表现为表层应力降低带、一定深度范围内的应力集中带、更深部位的开挖轻微影响带和正常应力带的应力分异特征。较河谷天然应力场而言，各带内的应力均有一定程度降低。

5) 物探法获得的松弛特征

拉西瓦水电站两岸坝肩开挖产生的松弛带主要由物探法(表面地震波法和跨孔声波法)测试的纵波波速确定。表 4-17 给出了关于松弛带的表面地震波和跨孔声波测试结果，表 4-18 给出了关于松弛带的单孔声波综合分析结果，综合物探法测试的结果，绘制高拱坝坝基松弛带厚度示意图见图 4-16。

表 4-17 关于松弛带的表面地震波和跨孔声波测试结果

测试部位	高程 /m	表面地震波 V_P/(m/s)		跨孔声波 V_P
		范围值	均值	
左岸拱肩槽	2410.00~2460.00	1650~3150	2314	2250.00m 高程 9.6m 孔深处波速偏低，为 2760~3150m/s；其余 10m 孔深处跨孔声波波速均在 4200m/s 以上，一般大于 4500m/s，范围值为 4110~5640m/s
	2300.00~2410.00	3280~5280	4600	
	2260.00~2300.00	2110~4520	3600	
	2240.00~2260.00	3250~5690	4600	
右岸拱肩槽	2400.00~2460.00	3150~5400	3984	2250.00m 高程 15m 孔深处波速偏低，为 3820~3700m/s；其余 10~15m 孔深处跨孔声波波速均在 4200m/s 以上，一般大于 4500m/s，范围值为 4070~5550m/s
	2370.00~2400.00	4500~5280	4938	
	2340.00~2370.00	2550~4160	3311	
	2270.00~2340.00	4000~5580	4832	
	2240.00~2270.00	2190~4990	3295	

表 4-18 关于松弛带的单孔声波综合分析结果

部位	高程 /m	松弛带厚度 /m	松弛带波速 V_P/(m/s)		原岩波速 V_P/(m/s)	
			范围值	均值	范围值	均值
左岸拱肩槽	2410.00~2460.00	1.8~2.6	1510~2930	2000	2780~3330	3000
	2340.00~2410.00	1.2~2.0	2700~5190	3500	4480~5280	4700
	2260.00~2340.00	1.6~2.5	1710~4620	3000	4100~4970	4800
	2240.00~2260.00	1.0~2.4	3570~4500	4000	3950~5450	4900
右岸拱肩槽	2370.00~2460.00	1.4~1.8	3080~5030	4000	3160~5770	4800
	2340.00~2370.00	2.4~4.8	1910~5200	3300	2830~5580	4300
	2280.00~2340.00	1.4	3920~4950	4000	4040~5720	4900
	2265.00~2280.00	1.8~2.4	1460~4880	3500	1980~6000	4700
	2240.00~2265.00	3.0~7.0	1550~4160	2500	1830~5220	4000

综合物探测试结果，两岸坝肩建基松弛带岩体表面地震波、跨孔声波、单孔声波具有良好对应性，反映物探测试结果具有一定的可靠性与准确性。两岸坝肩岩体开挖卸荷产生的松弛带厚度大致相当，大多在 1.5~2.5m；局部受构造发育、应力释放、早期风化卸荷的影响，松弛带厚度较大。

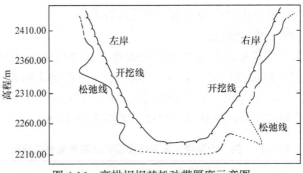

图 4-16　高拱坝坝基松弛带厚度示意图

综合表面地震波、跨孔声波、单孔声波测试结果(主要依据单孔声波)，左岸拱肩槽边坡可分为几段。高程 2410.00～2460.00m，松弛带厚度 1.8～2.6m，松弛带波速范围 1510～2930m/s，平均仅 2000m/s，分析认为受早期风化卸荷影响大，此部位原岩波速仅约 3000m/s，同时受 2420.00m 高程发育的 Hf_{7-1}、2410.00m 高程发育的 Hf_7 缓倾角断层影响。高程 2340.00～2410.00m，松弛带厚度 1.2～2.0m，松弛带波速范围 2700～5190m/s，平均 3500m/s。高程 2260.00～2340.00m，松弛带厚度 1.6～2.5m，局部可达 6.4m，松弛带波速范围 1710～4620m/s，平均 3000m/s，分析认为主要受构造影响，高程 2233.00～2305.00m 发育 Hf_3 缓倾角断层，高程 2260.00～2290.00m 发育 F_{211} 断层组。高程 2240.00～2260.00m，松弛带厚度 1.0～2.4m，高程 2240.00m 可达 3.5m，松弛带波速范围 3570～4500m/s，平均 4000m/s；主要受坡脚应力集中影响大，与此处开挖后建基岩体表部出现片状剥离和葱皮状剥落的现象相对应。

综合表面地震波、跨孔声波、单孔声波测试(主要依据单孔声波)，右岸拱肩槽边坡可分为几段。高程 2370.00m～2460.00m，松弛带厚度 1.4～1.8m，松弛带波速范围 3080～5030m/s，平均 4000m/s，分析认为主要受早期风化卸荷影响。高程 2340.00～2370.00m，松弛带厚度 2.4～4.8m，松弛带波速范围 1910～5200m/s，平均 3300m/s，分析认为主要受构造影响，高程 2345.00～2360.00m 发育 HL_{32} 组，高程 2330.00～2340.00m 发育 Hf_8 缓倾角断层。高程 2280.00～2340.00m，松弛带厚度约 1.4m，松弛带波速范围 3920～4950m/s，平均 4000m/s。高程 2265.00～2280.00m，松弛带厚度 1.8～2.4m，松弛带波速范围 1460～4880m/s，平均 3500m/s。高程 2240.00～2265.00m，松弛带厚度 3.0～7.0m，松弛带波速范围 1550～4160m/s，平均 2500m/s，分析认为此段拱肩槽边坡结构面发育，尤其发育与开挖边坡相平行及夹角较小的 NE～NEE 组裂隙。

松弛带波速跨度较大，范围在 2000～4000m/s，即松弛岩体波速并不均一，而是与原岩波速、早期岸坡风化卸荷、结构面发育程度和地应力条件等密切相关。其中，左岸高程 2410.00～2460.00m 地段最低，平均为 2000m/s，主要受原岩波速、早期岸坡风化卸荷影响；右岸高程 2240.00～2265.00m 松弛带波速较低，平均为 2500m/s，主要受构造发育影响。左岸高程 2240.00～2260.00m 地段松弛带波速较高，平均为 4000m/s，与坡脚原岩应力集中和岩体完整有关；右岸高程 2370.00~2460.00m、高程 2280.00~2340.00m 地段松弛带波速也较高，平均为 4000m/s，与断裂不甚发育和岩体完整有关。

建基岩体松弛带厚度上部高程反而不大，分析主要原因：岸坡越靠近上部高程，岩体应力释放越充分，岩体内储存的应变能越少，岩体风化卸荷程度越大，开挖后地质环境与开挖前差别越小；剥离岩体位于岸坡浅表部风化卸荷带内，岩体在早期已经有一定程度的卸荷拉张。由于岩体埋深较浅，相对而言钻孔爆炸产生的冲击波将能量主要消耗在剥离体上，而建基面以下岩体消耗能量较少。

4. 坝基卸荷松弛度

取拉西瓦水电站坝址区花岗岩新鲜完整岩石波速 5700m/s，并取 I 级岩体波速大于 5000m/s、II 级岩体波速为 4000~5000m/s、III 级岩体波速为 3000~4000m/s。对于松弛岩体按降一级、波速降低 1000m/s 考虑。据此，可按松弛度 J_s 大小对岩体松弛度进行分级。松弛度 J_s 计算公式如下：

$$J_s = \frac{V_y - V_{sc}}{V_y} \times 100\% \tag{4-2}$$

式中，J_s 为松弛度(%)；V_y 为原岩平均纵波速度(m/s)；V_{sc} 为松弛岩体平均纵波速度(m/s)。

对于式(4-2)，当 $J_s < 17\%$ 时，松弛轻微；当 $17\% \leqslant J_s < 33\%$ 时，松弛中等；当 $33\% \leqslant J_s < 67\%$ 时，松弛较强烈；当 $J_s \geqslant 67\%$ 时，松弛强烈。与松弛带厚度相对应，两岸拱肩槽边坡松弛度呈现分段特征，见表 4-19。左岸拱肩槽边坡松弛带岩体中，松弛轻微占 27%，松弛中等占 36.5%，松弛较强烈占 36.5%，无松弛强烈岩体，左岸拱肩槽边坡松弛带岩体以松弛中等~较强烈为主。右岸拱肩槽边坡松弛带岩体中，松弛轻微占 68%，松弛中等占 25%，松弛较强烈占 7%，无松弛强烈岩体，右岸拱肩槽边坡松弛带岩体以松弛轻微~中等为主。

表 4-19　两岸拱肩槽边坡松弛度呈现分段特征

部位	高程/m	平均波速/(m/s)		松弛度 J_s/%	松弛度判定
		松弛带	原岩		
左岸拱肩槽	2410.00~2460.00	2000	3000	26.3~39.2	中等
	2340.00~2410.00	3500	4700	9.1~23.4	轻微~中等
	2260.00~2340.00	3000	4800	39.2~46.0	较强烈
	2240.00~2260.00	4000	4900	9.2~22.0	轻微~中等
右岸拱肩槽	2370.00~2460.00	4000	4800	5.2~16.8	轻微
	2340.00~2370.00	3300	4300	19.8~27.3	中等

续表

部位	高程/m	平均波速/(m/s)		松弛度 J_s/%	松弛度判定
		松弛带	原岩		
右岸拱肩槽	2280.00~2340.00	4000	4900	8.2~19.7	轻微
	2265.00~2280.00	3500	4700	24.2~28.8	中等
	2240.00~2265.00	2500	4000	23.5~49.6	中等~较强烈

综上所述，松弛度最大 49.6%、最小 5.2%，左岸平均松弛度 28.2%，右岸平均松弛度 16.6%，两岸平均松弛度 22.4%。左岸高程 2410.00~2460.00m 的原岩平均波速为 3000m/s，偏低；其余部位原岩的平均波速大于 4200m/s。两岸原岩波速接近，两岸拱肩槽边坡松弛带岩体以松弛轻微~较强烈为主，无强烈松弛岩体。

4.2　高拱坝边坡天然和施工期变形破坏特征

4.2.1　天然条件边坡变形破坏特征

现场调查表明，拉西瓦水电站坝址区两岸岸坡岩体变形破坏不仅具有明显的垂直分带特征，而且显著受断裂、裂隙的空间组合及后期浅表生改造作用等影响。高程 2400.00m 以下为陡立岸坡，以发育规模较小的危石、危岩为主；高程 2400.00m 以上为宽谷带，原有的第四系覆盖层总体保存完好，但是受沟谷发育的影响，沟谷两侧崩滑堆积、崩坡积物较发育，大型滑坡和变形体大多分布在该高程以上。此外，坝址区岸坡岩体的变形破坏还受断裂结构面切割的影响，尤其是两岸坝肩部位缓倾结构面(Hf 类)较发育，系列缓倾断裂在出露高程上表现出一定的成层特征，对变形破坏起重要的控制作用，使岸坡岩体变形破坏的分布总体上具有一定的成层特征。

拉西瓦水电站坝址花岗岩体中除连续性较好、延伸长的缓倾角断裂(Hf 类)以外，其他方向的断裂和裂隙也十分发育。有的断裂和裂隙在某些部位可呈带状密集产出，经浅表生改造后，在特定的结构面组合、有利的坡度和外部环境条件下，发生变形破裂。

1. 主要类型与成因机理

现场调查表明，拉西瓦水电站坝址区天然岸坡主要变形类型与成因机理有滑移拉裂、滑移压致拉裂、倾倒拉裂、滑移弯曲、楔形块体滑动和变形体。

滑移拉裂在拉西瓦水电站坝址区较发育，主要受缓倾坡外与陡倾结构面组合控制。例如，拉西瓦水电站厂房进水口左侧边坡顶，一组缓倾坡外的裂隙密集，坡体沿裂隙面发生了滑移拉裂变形破坏(图 4-17 和图 4-18)。

图 4-17　进水口后边坡顶的滑移拉裂

图 4-18　沿缓倾坡外裂隙的滑移拉裂

　　滑移压致拉裂出现在拉西瓦水电站坝址区陡缓两组结构面组合的岸坡。沿缓倾结构面滑移，在陡缓交界处表现为向坡体上部的追踪拉裂，逐渐向上扩展，在变形过程中可出现多级台阶状压裂或压碎带，一旦贯通则发生失稳破坏。图 4-19 为石门沟下游坡体的滑移压致拉裂及前缘局部倾倒拉裂变形破坏特征。

　　倾倒拉裂(弯曲变形)出现在拉西瓦水电站坝址区陡峻、临空条件好的岸坡表部岩体中。该类变形发育产生直立或陡倾坡内的断裂或裂隙，岩体被切割，易于发生倾倒拉裂变形破坏(图 4-20)。

图 4-19　边坡滑移压致拉裂和倾倒拉裂

图 4-20　边坡表部岩体倾倒拉裂

　　滑移弯曲常发生在中倾外的层状或板状结构体边坡中。拉西瓦水电站坝址区在巧干沟(F_3 断层沟)右侧沟坡上可见这种变形现象。此外，坝址区 PD$_{20}$ 平洞口上游侧边坡上部顺坡向一组断裂较发育，并有滑移错动现象，其表部已有滑落迹象；下部相对发育的是陡倾裂隙，近表部有拉张松动迹象。上、下两部分变形迹象联系起来，表现为滑移弯曲变形破坏(图 4-21)。

　　楔形块体滑动在拉西瓦水电站坝址区可按体积分为两种。一种是由断裂或长大裂隙交汇切割形成确定性的块体；另一种是由节理裂隙相交切形成的随机性块体。图 4-22 是楔形块体滑落后的空腔。

图 4-21 边坡岩体的滑移弯曲

图 4-22 楔形块体滑落后的空腔

2. 左岸边坡发育的松动岩体特征

先分析左岸缆机平台区不稳定块体。缆机平台高程 2510.00m，长 190m，宽 18m。缆机平台岸坡上游段被滑坡堆积物覆盖，仅下游约 80m 范围内有基岩出露。表层松动岩体较多。上游宽 140m 段缆机平台高程以下岸坡为 70°陡壁，发育有 HL_{10}、HL_{25} 缓倾裂隙，这些缓倾裂隙影响或控制该部位岩体的稳定性。在左岸缆机平台后边坡桩号左缆 0km+130m～0km+140m、高程 2640.00～2647.00m 花岗岩中，发育有两组对边坡稳定不利的裂隙结构面，形成不稳定结构块体(图 4-23)，结构面产状(用走向、倾向∠倾角表示)分别为 NE54°、SE∠45°和 SN、E∠85°。左岸缆机平台存在倾坡外的缓倾角裂隙，岩体抗滑稳定条件较差。根据平台部位的岩体稳定性条件，缆机平台各段基本地质条件及存在的边坡问题如表 4-20 和图 4-24 所示。

图 4-23 左岸缆机平台后边坡不稳定结构块体

表 4-20　缆机平台附近岩体工程地质条件及存在问题

分区	高程/m	桩号/(km+m)	工程地质条件	存在问题
I	2475~2640	0+50~0+120	岩体风化强烈，卸荷拉裂严重，呈块状结构，局部表层呈散体状	2640.00m 高程、0km+70m~0km+90m 处，顺河向发育 1 条卸荷拉裂缝，张开宽度约 15cm，连通率好，易发生塌滑
II	2560~2580	0+240~0+270	风化强烈，岩体呈块状，天然条件下稳定性较差	上部 2580.00m 高程平台连续出现 3 条拉裂缝，间距 1.5~3.0m，缝宽 5~8cm，弧形，锯齿状，连通率较好
III	2640~2648	0+130~0+160	存在不稳定结构块体，卸荷拉裂严重，岩体呈块状结构，局部表层呈散体状	发育两组对边坡稳定不利的裂隙结构面，一组缓倾坡外，一组陡倾坡外，易发生塌滑变形

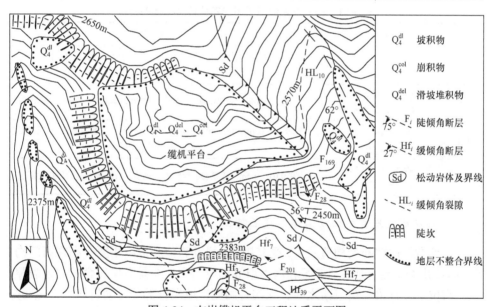

图 4-24　左岸缆机平台工程地质平面图

左岸一期在扎巧梁上游的 4 区边坡位于高程 2640.00m 以上，主要由松动岩体与第四系崩坡积物组成，坡体整体稳定性较好，但是存在浅表层松动危石和不稳定变形体的威胁。扎巧梁上游的 4 区边坡全貌如图 4-25 所示。

对于左岸泄洪消能区不稳定块体，分布在左岸消能区坝下 0km+350m~坝下 0km+540m、高程 2340.00~2400.00m 地段，为 1 号尾水出口正对面的花岗岩与变质砂岩接触部位，发育的断裂、长大的裂隙如 F_{35}、F_{205}、F_{327}、Hf_1、L_{367}、花岗岩和变质岩中的随机裂隙，以及变质岩中的片理面(层面)。该处岩体底部控制面为 F_{35}、顶部控制面为 Hf_1，F_{35} 上盘岩体主要发育断裂见图 4-26。其中，Hf_1 上部为 $III^\#$ 结构体，F_{35} 断层下盘为光面。构成左岸消能区不稳定块体结构面的特征见表 4-21。

图 4-25　扎巧梁上游的 4 区边坡全貌及分区　　　　图 4-26　F₃₅ 上盘岩体主要发育断裂

表 4-21　构成左岸消能区不稳定块体结构面的特征

断裂	结构面产状	基本特征
F_{35}	NE15°～35°、SE∠26°～35°	宽 0.1～0.5m，充填压碎岩、角砾岩、糜棱岩、方解石脉及断层泥，胶结差，影响带宽 0.3～3m，为压扭性断层
Hf_1	SW260°～NW280°、SE～SW∠15°～20°	宽 0.2～0.4m，充填碎块岩、钙质、断层泥、糜棱岩、角砾岩，胶结差
F_{327}	NW314°～N0°、NE～E∠50°～80°	宽 0.05～0.4m，碎块状岩、角砾岩、糜棱岩、方解石脉及泥，胶结较差，为压扭性断层
F_{205}	NW300°～NE24°、NE～SE∠31°～56°	宽 0.03～0.4m，碎裂岩、糜棱岩、钙质，胶结较差，为压扭性断层

3. 右岸边坡发育的松动岩体和危石特征

坝址右岸边坡断裂构造发育，受其影响，松动岩体和危石主要分布在石门沟、青石梁、出线平台、泄洪消能区和消力塘等部位。图 4-27 是右岸发育的主要裂隙。石门沟位于青石梁与鸡冠梁之间，除沟谷两侧岸坡发育部分松动岩体外，主要是沟床内堆积物大孤石和松散块石等危石，块石以花岗岩为主，钻孔揭露孤石粒径最大可达 6.5m。石门沟附近松动岩体分布如图 4-28 所示。

青石梁上部危岩体见图 4-29，所在高程约 2730.00m，形态呈四面棱柱体，坡度约 70°，长、宽均约 20m，高约 50m，体积约 $2.0×10^4m^3$，潜在的底部边界受顺坡向结构面控制，结构面产状为 NE75°、NW∠70°，两侧边界受 NW350° 近直立的长大结构面控制。该危岩体松动变形明显，上部发育 3～4 条长约 10m 的顺坡向拉裂缝，根部有明显的压裂现象，表部有局部块体塌落，在暴雨或振动条件下存在整体失稳的可能。青石梁下部变形体见图 4-30，分布在高程 2480.00～2577.00m，平面形态呈倒"梨"状，底部宽约 85m，长 160m，总体积约 $1.76×10^5m^3$，变形体底部边界受控于 F_{418}、Hf_{18} 断层，下游侧边界为 HX_1，后缘受倾坡内张性

图 4-27　右岸发育的主要裂隙

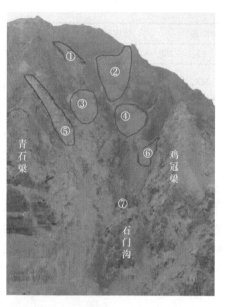

图 4-28　石门沟附近松动岩体分布

结构面 QLF$_1$ 控制,下游侧在高程 2498.00～2570.00m 段清晰可见的拉裂缝成组发育。青石梁下部变形体边界结构面特征见表 4-22。

图 4-29　青石梁上部危岩体

图 4-30　青石梁下部变形体

表 4-22　青石梁下部变形体边界结构面特征

断裂	结构面产状	基本特征
Hf$_{18}$	NW295°～310°、SW∠10°～13°	宽 3～30cm,充填糜棱岩、角砾岩、方解石,面平直,胶结较好
Hf$_{11}$	NW280～305°、SW∠11°～18°	宽 20～50cm,充填碎块岩、糜棱岩、角砾岩、方解石,面舒缓波状,胶结好,影响带宽 0.50～2.0m

断裂	结构面产状	基本特征
F_{418}	N0°~NE19°、W~NW∠75°~78°	宽15~40cm，充填碎块岩、糜棱岩、角砾岩，面较平直
HX_1	NE35°、NW∠50°	位于2515.00m高程，拉裂宽10~30cm，充填挤压片状岩、岩块，胶结较好；裂面较平直、较粗糙；下盘影响带宽1.0m
QLF_1组	NW283°~287°、SW∠84°~88°	张开宽度1~5cm，无充填或充填少量泥质、岩屑，面平直、较光滑，可见延伸长度8~10m，间距一般2~4m

青石梁下部边坡岩体总体呈弱风化，裂隙密集带及断层破碎带呈强风化。在进水口边坡起坡线至2540.00m高程，岩体受近SN向L_3组结构面、NE向中陡倾角L_1组与L_4组结构面，以及受近EW向QLF_1组、L_5组高陡倾角结构面的控制，岩体结构以块状~次块状为主，含少量碎裂结构，该段边坡破坏表现为底部沿缓倾结构面发生滑移，后缘沿陡倾结构面拉裂的滑移拉裂破坏特征。图4-31是青石梁变形体上游侧边坡局部滑塌，表4-23给出了青石梁变形体下部边坡裂隙特征。

图4-31　青石梁变形体上游侧边坡局部滑塌

表4-23　青石梁变形体下部边坡裂隙特征

断裂	结构面产状	基本特征
L_3组	SN、E∠61°	裂面宽1~3cm，充填岩屑、岩粉，面平直光滑，可见延伸8~10m，间距0.5~1.5m
L_1组	NE40°~58°、NW∠39°~50°	裂面宽0.3~0.6cm，无充填或少充填，面平直光滑，可见延伸3~5m，间距1~2m
L_4组	NE40°~50°、NW∠45°~47°	裂面部分张开宽0.1cm、部分闭合，充填钙膜，面平直较光滑，可见延伸6~9m，间距0.5~1.0m
L_5组	NW275°、NE∠71°~84°	裂面宽3~8cm，无充填或少充填，面平直较光滑，可见延伸5~10m，间距2~4m

对于右岸出线平台后边坡至青草沟下游侧边坡潜在不稳定块体，出线平台后边坡为F_{72}断层沟上游侧~青草沟下游侧边坡山梁，高程2560.00~2650.00m，总

体为弱风化花岗岩，局部呈强风化，岩体中裂隙较发育。表 4-24 给出了右岸出线平台后边坡～青草沟下游边坡岩体裂隙发育特征。

表 4-24　右岸出线平台后边坡～青草沟下游边坡岩体裂隙发育特征

组别	结构面产状	基本特征
NNW 组	NW320°、SW∠60°	裂宽 0.1～0.5cm，表部 1～5cm，充填屑、岩粉、钙质，胶结一般，面平直较光滑，延伸长度 8～10m，间距 0.7～2.0m
NNE 组倾 NW	NE5°～10°、NW∠75°	裂宽 0.2～0.6cm，表部 5～10cm，充填岩屑、岩粉、次生泥质，胶结差，面较平直光滑，延伸长>10m，较连续，间距 0.7～2.0m
近 EW 向组倾岸外	NW280°、NE∠55°～75°	裂宽 5～7cm，表部 10～15cm，充填岩块、碎石、粉土，胶结差，面较平光，延伸长度 3～10m，间距 3～6m 一条间断出现
缓倾裂隙组	NW290°、SW∠18°～23°	宽 0.3～0.5cm，充填岩屑、岩粉、钙质，胶结一般，面平直较光滑，延伸长度一般 10m，间距 2～3m

受岩体中裂隙发育影响，岩体表面拉裂、张开现象严重，局部张开度达 20cm，充填碎块、次生泥质，局部呈架空状。2008 年 3 月 19 日对该部位边坡的调查发现，边坡发育的潜在危险块体或危石见图 4-32，主要集中在④、⑤两区。受 NNE 倾 NW、近 EW 倾岸外两组裂隙组合，切割在山梁表部形成大小不等的多个不稳定块体，块体滑移面深度一般 3～5m、个别可达 8m。图 4-33 是向岸外卸荷张开裂缝特征，图 4-34 是山梁表部松动岩体。

图 4-32　边坡发育的潜在危险块体或危石

右岸消力塘 SD$_6$ 松动拉裂岩体如图 4-35 所示，位于右岸 2 号吊桥下游 120～215m 段(桩号坝下 0km+130m～0km+225m)、高程 2245.00～2360.00m 处，平面呈

图 4-33　向岸外卸荷张开裂缝特征

图 4-34　山梁表部松动岩体

不规则形状，外观上呈接近直立岸坡，发育有 1~2 级台坎，平均坡度约 60°。上游侧界为 F_{166} 断层，下游侧界受高程 2300m 以下 F_{73} 断层控制，高程 2300m 以上受 F_{72} 断层控制，顶部边界为 Hf_8；后部以一组与岸坡平行的高陡倾角卸荷拉裂面为界，高程 2282.00m 以下受 F_{227} 断层控制，高程 2300.00m 以上受 F_{206} 断层控制，体积约 $2.0×10^5 m^3$。据 PD_{36} 平洞揭露，右岸消力塘 Sd_6 变形体发育的主要裂隙特征如表 4-25 所示。桩号 0km+12m~0km+22m 段为滑移拉裂带；0km+22m 处洞顶可见一缓倾滑移结构面，结构面产状为 NW280°、NE∠15°~20°，充填泥质、岩屑与岩块；主拉裂面位于 12.5m 处，产状为 NE45°、NW∠44°，破碎带宽度大于 1m，充填泥质、岩屑与岩块，有明显拉裂滑移现象，整体处于基本稳定状态。但是，表部部分松动岩体稳定性差，如右岸 YW_{6-1} 结构体(图 4-36)，构成底部滑移结构面(HL_{11})的上游侧、下游侧、顶部和外侧四面临空，后缘已出现明显卸荷拉裂缝(LF_1)，该结构块体的稳定性较差，考虑局部清除表部松动块体再进行支护处理；对 YW_{6-2}、YW_{6-3} 和 YW_{6-4} 等危岩体，采用表部清除措施。

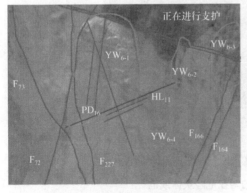

图 4-35　右岸消力塘 Sd_6 变形体

图 4-36　右岸 YW_{6-1} 结构体

表 4-25　右岸消力塘 Sd₆ 变形体发育的主要裂隙特征

编号	结构面产状	基本特征
F_{166}	NW350°～NE34°、NE/NW∠48°～81°	宽 0.05～0.3m，充填糜棱岩、方解石、石英脉、片状岩，胶结较好
F_{164}	NW345°～360°、NE/E∠65°～76°	宽 0.2～0.4m，充填角砾岩、方解石、碎块岩，胶结较好，影响带宽 0.6～1.0m
F_{227}	NE20°、NW∠40°	宽 0.05～0.10m，碎裂岩，胶结好，影响带宽 5m
F_{72}	NW352°～NE31°、NE/SE∠36°～77°	宽 0.05～1.0m，碎裂岩、角砾岩、方解石，胶结较好，影响带宽 3～4m
F_{73}	NE8°～58°、NW∠46°～86°	宽 0.2～1.0m，块状岩、糜棱岩、碎屑岩、角砾岩，胶结较好，影响带宽 0.6m
HL_{11}	NW292°～325°、NE∠14°～24°	宽 0.01m，碎块岩，胶结差，影响带宽 4～5m
LF_1	E0°、N∠78°～80°	宽 0.50～5.50cm，局部张开充填碎屑岩、岩片、钙质等，面平直光滑，局部弯曲
F_{198}	NE62°、NW∠78°～79°	宽 5～13cm，充填片状岩、糜棱岩、碎屑岩，胶结差，起伏波状，压扭性断层

对于消能区高程 2270.00m 以上的现场调查表明，该部位发育有 1～3 号变形体。图 4-37 给出了消能区高程 2270.00m 以上变形体分布情况。

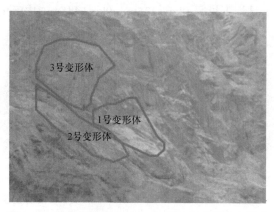

图 4-37　消能区高程 2270.00m 以上变形体分布情况

1 号变形体(图 4-37)，位于坝下桩号 0km+390m～0km+425m、高程 2273.00～2305.00m，顺河向宽度 50m，垂河向长度 12m，高差 30m，坡度 55°～65°。上游侧界为 F_{182} 断层，上、下游侧均已临空，后缘拉裂面为 L_{15}，产状为 NE50°、NW∠80°，上游侧滑移段控制性结构面为 L_{14}。1 号变形体中部为 NW 向 L_{13} 裂隙切割，上游侧底滑面总体为弧形，具有前缘缓、后缘陡的特征。前缘底滑面 Q_1 产状为 NE75°、NW∠25°，该弱带宽 3～8cm，充填岩块、岩屑及泥质物，面较平直、较光滑，胶结差，延伸约 15m；下游部位底滑面 Q_2 产状为 NE15°、NW∠45°、宽 5～10cm，充填岩块、岩屑及泥质物，面较平直、较光滑，胶结差，延伸大于 10m。1 号变形体上游侧面裂隙组合见图 4-38，1 号变形体前缘潜在剪出口见图 4-39。

图 4-38　1 号变形体上游侧面裂隙组合　　　图 4-39　1 号变形体前缘潜在剪出口

2 号变形体(图 4-37)，位于坝下桩号 0km+425m～0km+445m、高程 2284.00～2301.00m，顺河流方向宽 23m，垂直河流方向长 8m，高差 17m，坡度 55°～65°，底滑面产状 NE75°、NW∠25°、宽 3～8cm，充填挤压片状岩、岩屑及泥质物，面较平直、较光滑，胶结差，延伸约 15m。图 4-40 是高程 2284.00～2301.00m 的边坡岩体，图 4-41 是坝下桩号 0km+425m～0km+445m 的松动破碎岩体。

　　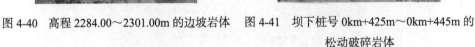

图 4-40　高程 2284.00～2301.00m 的边坡岩体　图 4-41　坝下桩号 0km+425m～0km+445m 的
松动破碎岩体

2 号变形体上部的 3 号变形体(图 4-42)，发育高程约 2320.00～2350.00m，顺河向宽 30m。发育两组高倾角结构面，一组走向 NNE、倾向 SE，另一组走向 NW、倾向 NE，这两组结构面致使高陡边坡岩体发生拉裂，局部产生倾倒变形破坏。图 4-43 是高程 2300.00m 的 LF_1 拉裂缝。

右岸泄洪消能区危岩体发育分布见图 4-44。对部分危岩体的特征作一简单介绍：WY_1 危岩体位于右岸 F_{166} 断层至 PD_{J-2} 下游 60m，高程 2400.00m 以下至 Hf_8 缓裂带范围内发育多条陡倾裂隙，将岩体切割成多个近直立的块体，可见多处已

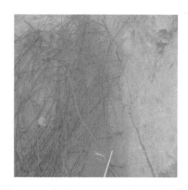

图 4-42　2 号变形体上部的 3 号变形体　　　图 4-43　高程 2300.00m 的 LF$_1$ 拉裂缝

崩落的楔形体空腔。WY$_2$ 危岩体发育于 PD$_{J-2}$ 下游 70m、高程 2370.00m 处，呈一近水平的长条形突出的孤立块体，该块体受 Hf$_8$ 缓裂面的影响，且边坡发育一组与河流方向接近平行的陡倾结构面，其与 Hf$_8$ 的缓裂面组合易发生崩塌。高程 2280.00m 平台以上至 Hf$_8$ 缓裂带部位，该部位发育有 F$_{210}$、F$_{212}$、F$_{166}$、F$_{168}$、F$_{227}$、F$_{72}$、F$_{73}$、HL$_{11}$ 等断层、长大裂隙，易切割形成一定块度的块体。断层 F$_{212}$、F$_{168}$ 的组合作用下，部分块体塌滑形成一空腔。此外，断层 F$_{168}$ 与一组倾下游裂隙组合而成的块体，有滑动的可能。

图 4-44　右岸泄洪消能区危岩体发育分布

接下来分析拉西瓦水电站坝址区两岸上部高程部位边坡岩体的变形破坏特征。对坝址区两岸边坡开口线以上至坡顶一带边坡变形破坏的调查发现，整个边坡区未见规模较大的潜在不稳定块体。但是岸坡高陡、岩体风化、卸荷较强烈，局部地带尤其是临空条件好的部位存在小规模的危岩块石和松动岩体，坡面发育的这些危岩块石和松动岩体已进行了系统的清危，或采用随机锚杆、锚索、主动网等护坡措施进行综合处理。各部位的总体防护见图 4-45～图 4-48。

图 4-45　左岸边坡总体防护

图 4-46　左岸坝坝顶高程以上总体防护

图 4-47　右岸边坡总体防护

图 4-48　右岸出线平台以上总体防护

4.2.2　施工期边坡变形破坏特征

1. 施工期两岸边坡变形破坏特征

坝址两岸高边坡 2003 年 3 月开始开挖清坡,施工过程中采用分步开挖并逐级锚固的方案对局部潜在的不稳定块体进行了加固和支护。据施工资料,分析两岸高边坡的施工变形破坏并不一致。左岸开挖量较大,规模较大的断层及缓倾坡外的裂隙较为发育,空间上表现为随施工开挖发生局部块体的崩塌、拉裂变形,或沿控制性结构面的剪切滑移;右岸边坡除上述类型外,还存在倾倒变形、滑移压致类型。

崩塌型变形分布较广,左岸 F_{29} 沟上盘岩体近直立,岩体结构面较发育,尤其是顺坡向高倾角裂隙组、NW 倾 SW 高倾角裂隙组,以及 NW330°、SW∠30° 缓倾裂隙组,易形成危岩块体而发生崩塌失稳。图 4-49 是左岸 F_{29} 沟上盘岩体局部危岩体。

倾倒变形出现在坝址右岸出线平台后边坡,陡倾坡内的板状岩体开挖卸荷导致倾倒变形。图 4-50 是右岸出线楼上部倾倒变形。滑移拉裂出现在右岸 6# 钢管施工支洞进口段下游侧边坡。图 4-51 是 6# 钢管施工支洞进口楔形体塌滑。该部位岩体中发育 f_1 断层和 L_1 裂隙组这两组断裂结构面。f_1 断层产状为 NE44°、SE∠56°,宽 10～20cm,充填细晶岩脉、岩屑及次生泥,面平直光滑,胶结差;L_1

图 4-49　左岸 F_{29} 沟上盘岩体局部危岩体

裂隙组产状 NE10°～20°、NW∠40°～45°、张开宽 0.1～10cm，局部 20cm，充填岩块、岩屑、钙质及次生泥质，面平直光滑，胶结差。受这两组断裂构造相互切割，岩体破碎，开挖临空条件下沿 L_1 组裂隙与 f_1 断层组合形成的楔形块体发生塌滑。

图 4-50　右岸出线楼上部倾倒变形　　图 4-51　6#钢管施工支洞进口楔形体塌滑

　　剪切滑移出现在左岸缆机平台边坡桩号 0km+180m～0km+280m，开挖至 2531.00m 高程边坡揭露 F_{29} 断层，上盘岩体易沿断层面发生剪切滑移。图 4-52 是左岸缆机平台边坡桩号 0km+180m～0km+280m、F_{29} 上盘岩体局部剪切滑移变形。

图 4-52　左岸缆机平台边坡桩号 0km+180m～0km+280m、F_{29} 上盘岩体局部剪切滑移变形

2. 施工期高边坡典型变形体特征

对于左岸缆机平台开挖边坡的潜在不稳定块体,开挖边坡除桩号 0km+180m～0km+280m 沿 F_{29} 断层上盘岩体发生剪切滑移错动外,其余部位也有潜在的不稳定块体分布。左岸缆机平台桩号 0km+245m～0km+260m、高程 2560.00～2575.00m 后边坡在开挖过程中,上部高程 2580.00m 平台连续出现三条拉裂缝,其间距 1.5～3.0m,缝宽 5～8cm 不等,弧线型,锯齿状,连通率较好。图 4-53 是左岸缆机平台桩号 0km+245m～0km+260m 不稳定块体特征。

图 4-53　左岸缆机平台桩号 0km+245m～0km+260m 不稳定块体特征

左缆机平台桩号 0km+65m～0km+120m 段、高程 2590.00m 以上锚喷支护处理完成,然后开挖至 2575.00m 高程部位。岩体中主要发育几组裂隙:①NE20°、NW∠70°;②NW310°、SW∠65°～75°;③NW330°、NE∠66°;④HL₁ 缓倾裂隙组 NW315°、SW∠15°～20°。受这几组裂隙切割影响,岩体破碎、完整性差,多呈块状,边坡稳定条件较差。图 4-54 是左岸缆机平台Ⅰ区后边坡桩号 0km+65m～0km+120m 的破碎岩体。

图 4-54　左岸缆机平台Ⅰ区后边坡桩号 0km+65m～0km+120m 的破碎岩体

对于Ⅱ#变形体开挖形成的不稳定块体,在削坡开挖过程中,F_{29} 与 F_{223} 等断层及顺坡向结构、下部缓倾角断层带(Hf_{13}、Hf_{15}、Hf_{57})等组合,易向临空方向发生卸荷和蠕滑。图 4-55 是Ⅱ#变形体下游侧发育结构面,图 4-56 是Ⅱ#变形体开挖面附近结构面。

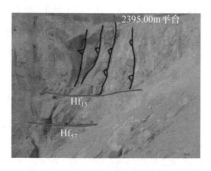 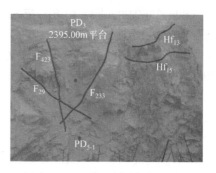

图 4-55　Ⅱ#变形体下游侧发育结构面　　　图 4-56　Ⅱ#变形体开挖面附近结构面

对于左岸拌和站上游侧边坡松动岩体(图 4-57)，岩性为三叠系下统变质砂板岩，层状结构，岩层层面产状为 NE28°～35°、SE∠25°～35°。在高程 2470.00m 以上为强风化，在高程 2470.00m 以下为弱风化。开挖后边坡因结构面组合，出现局部块体塌落和失稳。

图 4-57　左岸拌和站上游边坡松动岩体分布

对于泄洪消能区发育的潜在不稳定块体，坝下桩号 0km+160m～0km+300m 段边坡因开挖岩体位于强卸荷带内，开挖后受局部卸荷拉裂明显及支护相对滞后的影响，在断层、裂隙等结构面发育的密集部位存在局部小体积掉块或塌落的可能。泄洪消能区断层及其组合形成的松动破碎岩体较发育。坝下桩号 0km+170m～0km+195m、高程 2325.00～2355.00m 段，受 F_{29}、F_{29-1}、F_{423}、F_{223} 等断层影响；坝下桩号 0km+210m～0km+245m、高程 2295.00～2330.00m 段，受 F_{29}、L_{45} 组、L_{65} 组、F_{147}、F_{227} 等断层、裂隙的切割，岩体破碎，局部稳定性较差；坝下桩号 0km+160m～0km+185m、高程 2298.00～2325.00m 段，受 F_{223} 断层及发育的缓倾角裂隙 HL_6 组，形成松动破碎岩体；坝下桩号 0km+250m～0km+270m、高程

2345.00～2360.00m 段，由 F_{227} 与 F_{147} 断层及其影响带组合，表部卸荷拉裂严重，浅表层岩体稳定性较差。如图 4-58 所示的 F_{227} 与 F_{147} 断层组合及其影响带位于坝下桩号 0km+250m～0km+270m、高程 2345.00～2360.00m 段。图 4-59 所示的 F_{223} 断层影响带松动岩体位于坝下 0km+160m～0km+185m、高程 2298.00～2325.00m 段。

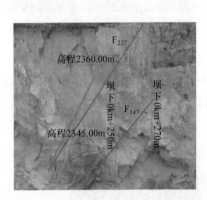

图 4-58 F_{227} 与 F_{147} 断层组合及其影响带

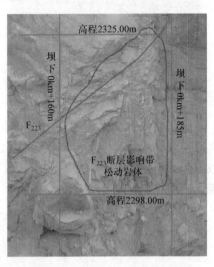

图 4-59 F_{223} 断层影响带松动岩体

部分长大裂隙及其组合也形成一定规模的结构体，如坝下桩号 0km+225m～0km+245m、高程 2340.00～2355.00m 边坡发育顺坡向 L_{69} 及上游侧垂直岸坡的 L_{67} 组高倾角裂隙组，使得该部位形成一板状的结构体。高程 2340.00m 以下，局部沿 L_{69} 裂隙滑塌，使得该块体下部临空。坝下桩号 0km+200m～0km+220m、高程 2300.00～2315.00m 边坡，在 2300.00m 高程处发育 L_{79} 顺坡向中缓倾角裂隙、上部被 L_{65} 组裂隙切割，上游侧发育有与边坡呈大夹角切割的 L_{78} 高倾角裂隙，下游侧有宽 3～5cm、长约 15m 的拉裂缝。

位于坝址下游左岸 F_{29} 上盘岩体部位，开挖出现的大型楔形体破坏(图 4-60)，边界条件是以 F_{29} 为底滑面，以 F_{423} 为下游侧界，以高程 2395.00m 平台上顺坡向拉裂缝为后缘拉裂面。此外，缆机平台部位 F_{29} 断层上盘部分岩体于 2007 年 7 月 20 日凌晨 1:17 突然发生塌方，塌方体一部分停留原地，一部分沿 F_{29} 沟滚落，经左岸缆机平台、左岸坝顶入左岸拱肩槽边坡。现场调查表明，该部位边坡岩体卸荷裂隙较发育、局部拉裂变形显著，规模较大的拉裂有 L_{55}、LX_1、LX_2、LX_3 等。图 4-61 是 L_{55} 裂隙拉裂情况。

左岸坝肩高程 2407.00～2460.00m 的潜在不稳定块体，开挖后岩体总体呈弱风化，边坡岩体中主要发育有产状为 NE5°～10°、NW∠60°、NW280°、SW∠47° 的结构面，与底部缓倾角结构面 Hf_7 组合，形成该部位局部块体的稳定性较差。

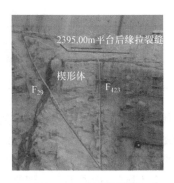

图 4-60　大型楔形体

图 4-61　L_{55} 裂隙拉裂情况

图 4-62 所示的左岸坝肩不稳定块体位于高程 2407.00～2428.00m 段。左岸坝肩高程 2430.00～2460.00m 下游侧坡为弱风化花岗岩，岩体中主要发育三组裂隙，受三组结构面影响，此段岩体多呈次块状结构，卸荷严重，并沿第 1 组裂隙拉开。左岸坝肩高程 2407.00～2460.00m 潜在不稳定块体裂隙发育情况见表 4-26。

对于地下厂房进水口内侧青石梁附近的潜在不稳定块体，位于地下厂房进水口青石山梁附近高程 2470.00～2498.00m 段主要发育有 Hf_{11} 缓倾角断层(组)、近 EW 向 L_1、近 SN 向 L_2 和近 EW 向 L_3 裂隙形成的楔形块体。因该部位边坡临空条件好，边坡面临潜在的块体稳定性问题较突出。图 4-63 是厂房进水口青石梁边坡特征。

图 4-62　左岸坝肩不稳定块体

图 4-63　厂房进水口青石梁边坡特征

表 4-26　左岸坝肩高程 2407.00～2460.00m 潜在不稳定块体裂隙发育情况

序号	组别	结构面产状	基本特征
1	SW组	NW310°、SW∠80°	裂宽 5～8mm，裂隙中充填岩屑、岩粉，胶结差，裂面平直光滑，且延伸较长
2	S组	E0°、S∠55°	裂宽 2～3mm，裂隙中充填方解石、钙片、岩粉等，胶结一般，裂面较平直，间距 1.2～2.0m

序号	组别	结构面产状	基本特征
3	SE组	NE40°、SE∠50°~55°	裂宽 3mm 左右，裂隙中充填岩屑、岩粉等，胶结一般，裂面较平直

石门沟鼻梁部位卸荷松动岩体岩性为中生代印支期花岗岩，按岩体中发育的结构面走向及对边坡稳定性的影响，可将其大致分为三组。NEE 及 NW 向结构面包括 L_1 组、L_2 组、L_3 组、L_4 组、L_5 组高倾角裂隙组，这些结构面是控制与形成一定规模块体的后缘或侧向边界面；其中，L_1 组结构面与边坡平行，切割边坡呈层状结构，易导致边坡产生顺坡向剪切滑移，L_4 结构面实际为一宽约 3cm 的卸荷拉裂缝，将山梁沿垂河方向明显切割为两部分，因此成为控制边坡稳定的后缘拉裂面或侧向边界。近 SN 向高倾角结构面包括 L_6 组高倾角裂隙组及 F_{26}、F_1 高倾角断层，该组结构面与山梁走向平行且倾向下游，将岩体切割成板裂结构，致使临石门沟一侧坡体倒悬。NWW 向缓倾角结构面包括 HL_1、Hf_{10} 组缓倾结构面，该组结构面缓倾岸内，成组发育，其中 HL_1 上盘岩体主要为块状或板裂状岩体结构，HL_1~Hf_{10} 受断层及其影响带影响，岩体结构较差，呈强风化碎裂状。

对于右岸出线平台右边坡潜在的不稳定块体，开挖后边坡岩体一般呈弱风化，断裂发育，主要发育 f_{10}、F_{73}、F_{71}、F_{72}、F_{370}、F_{222} 断层及 L_{57} 组、L_{51} 组、L_{33} 组、L_{54} 组、L_{36} 组、L_{49} 组等裂隙。这些断层、裂隙等组合成规模不等的块体，威胁工程的施工及未来的正常运行。表 4-27 给出了右岸出线平台边坡主要结构块体发育特征。

表 4-27　右岸出线平台边坡主要结构块体发育特征

编号	发育高程/m	发育桩号/(km+m)	发育边界与破坏模式
K1	2500.00~2550.00	0+125 下游	上游侧界 F_{380}、下游侧界 F_{73}、顶部为 Hf_{12}，沿结构面组合的交线双面滑动型失稳
K2	2480.00~2520.00	0+142~0+157	上游侧界 F_{380}、下游侧界 F_4、顶部 F_{73}，沿交线双面滑动失稳
K3	2485.00~2515.00	0+98~0+140	下游侧界 F_{380}、顶面 F_{372}、底滑面 L_{23} 裂隙、侧滑面 F_{73}，总体为沿交线的双面滑动，但中部被与边坡呈大夹角的 L_{13} 组、L_{14} 组高倾角裂隙组切割
K4	2465.00~2485.00	0+100~0+125	上游侧界 f_9 及 L_{57} 组、下游侧界 F_{73}、后缘拉裂面 L_{39} 组，以滑移方式失稳
K5	2468.00~2518.00	0+67~0+92	上游侧界 $F_{71}{}'$、下游侧界 F_{376}、顶部 Hf_{12}，沿交线双面滑动，为剪切滑移型失稳，中间被缓倾角结构面 L_8 裂隙切割分为上下两部分
K6	2465.00~2485.00	0+55~0+85	以 $F_{71}{}'$ 为下游侧界及 L_{36} 组为后部拉裂面及性状较为接近的 L_{33} 组、L_{53} 组、L_{54} 组等裂隙组合的塌滑破坏

对于右岸出线平台后边坡潜在不稳定块体和危石，在 F_{72} 断层上游侧～青草沟下游侧、高程 2560.00～2650.00m 地段。2008 年 3 月 19 日调查掌握出线楼后边坡分布的潜在不稳定块体和危石见图 4-64。部分块体、危石、危岩临空条件在降水和振动荷载作用下存在失稳的可能，给下部出线楼的安全带来威胁，需对①、②、③、④、⑤号部位进行锚固支护处理，其余部位进行清坡处理。

图 4-64　出线楼后边坡分布的潜在不稳定块体和危石

右岸泄洪消能区出现的变形破裂，延伸至坝下桩号 0km+120m～0km+125m，导致近 SN 向下游的高陡结构面开裂，形成宽度约 4cm 的长大拉裂缝 LF_1，具体分布高程为 2360.00～2440.00m。图 4-65 是右岸泄洪消能区的岩体拉裂变形。同时，在高程 2422.00m、2410.00m 附近、坝下桩号 0km+120m～0km+125m 处，沿 NEE 向高陡倾岸外结构面产生浅表开裂，形成 LF_2、LF_3 两条顺坡向拉裂缝。表 4-28 给出了右岸坝肩下游泄洪性能区高程 2370.00～2440.00m 发育的拉裂特征。

在高程 2330.00m 平台处还发育一顺坡向上游较窄(10～15cm)、下游较宽(30～40cm)的卸荷拉裂缝 Yf_1(图 4-66)，可见深度 1.5～2.0m，近直立，此裂缝为原始卸

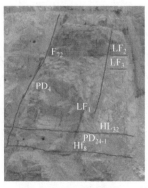

图 4-65　岩体拉裂变形　　　　　　　　　图 4-66　卸荷拉裂缝 Yf_1

荷拉裂缝。由于后期爆破影响，裂缝有所发展。后期增大张开 3～5cm，在下部高程 2310.00m 处发育 HL_{11}(产状 NW292°～325°、NE∠14°～24°)与上述拉裂缝及靠下游一组高倾角裂隙 L_1(产状 NE10°、NW∠70°)形成一潜在块体，底滑面为 HL_{11}。

表 4-28　右岸坝肩下游泄洪性能区高程 2370.00～2440.00m 发育的拉裂特征

编号	产状	基本特征
LF_1	NE10°、SE∠75°～80°	宽度 3～5cm，充填岩屑、岩块，延伸 8～10m
LF_2	NE37°、NW∠86°	宽度 2～3cm，由上至下逐渐变窄，充填岩屑、岩粉、小岩块
LF_3	NE37°、NW∠86°	宽度 0.5～1.5cm，充填岩屑、岩粉

图 4-67　封闭圈区域的塌方

对于右岸进水口边坡发育的拉裂松动，位于高程 2427.00～2447.00m 段，岩体总体呈弱风化，断裂构造不发育。在进行高程 2407.00～2427.00m 段爆破开挖时，3#、4#机与 5#、6#机后部边坡相衔接部位的表部岩体有卸荷拉裂现象：在高程 2427.00～2435.00m、2440.00～2447.00m 附近，拉裂岩体体积约 20m³。

此外，在 6#机上游高程 2447.00～2467.00m、桩号 0km+138m～0+150m 部位，岩体发生局部塌滑，塌方体沿高陡开挖边坡坠落后到达高程 2407.00m 平台，在上游鼻梁和后边坡转折部位堆积，形成一底面斜长为 20～25m、底高约 10m、高程 2407.00～2422.00m 的较规则四面体，图 4-67 所示封闭圈区域的塌方体积为 500～800m³。

4.3　高拱坝边坡变形监测结果分析

4.3.1　监测布置方案

坝址高边坡自 2003 年开挖并布置监测仪器，至 2012 年两岸边坡施工处理完成，布置了大量的监测仪器。左岸开挖量、处理量较大，变形体发育规模较大，因此在缆机平台及上部边坡区、F_{29} 上部等边坡区布置的测点较多。右岸监测仪器主要布置在缆机平台及上部、坝肩上下游、坝顶以上等边坡区。

4.3.2　左岸边坡监测结果分析

1. 缆机平台边坡区

缆机平台边坡区位于 F_{29} 下盘至扎卡沟，高程为 2475.00～2648.00m，该部位开挖量大，开挖后变形控制要求高。坡体表面布置了外观监测点、多点位移计、锚杆应力计。表 4-29 是左岸缆机平台外观监测点布置情况，共 11 处监测点。由于各监测点布置在坡体浅表部，受施工的影响严重，表 4-29 测点监测数据不能完全真实地反映坡体的变形情况，结合监测数据及定期人工巡视可见，该部位边坡未出现变形异常情况。因此，重点依据多点位移计、锚杆应力计结果来分析。下面选取各断面的监测结果进行分析。

表 4-29　左岸缆机平台外观监测点布置情况

测点位置	仪器编号	高程/m	埋设日期
Ⅰ断面	TP01-ZL1	2514.00	2006-6-8
Ⅱ断面	TP01-ZL2	2590.40	2006-9-4
	TP02-ZL2	2560.00	2004-10-13
	TP03-ZL2	2512.00	2006-6-7
Ⅲ断面	TP01-ZL3	2591.20	2004-10-9
	TP02-ZL3	2561.30	2004-10-9
	TP03-ZL3	2512.50	2006-6-10
Ⅳ断面	TP01-ZL4	2561.10	2004-10-9
	TP02-ZL4	2512.50	2006-6-10
Ⅴ断面	TP01-ZL5	2560.00	2004-10-9
	TP02-ZL5	2511.00	2006-6-12

1) Ⅰ断面

左岸缆机平台区Ⅰ断面共布置 4 处多点位移计。表 4-30 是各监测点累计位移。由表 4-30 可知，上部高程部位 M401-ZL1 的累计位移为负值(表示向坡内)，其余监测部位显示受开挖后坡体卸荷影响程度较小，累计位移总体较小且多数在 1.0mm 左右，累计位移最大值为 1.59mm。绘出各监测点测得累计位移随时间的变化见图 4-68～图 4-71。由图 4-68～图 4-71 可知，各监测点累计位移总体较小，但逐渐增大，最终围绕一相对稳定的值呈波浪式起伏变化，如 M403-ZL1 和 M404-ZL1 在 1.0mm 上下波动，M402-ZL1 在 0.6mm 上下波动。

表 4-30　左岸缆机平台区Ⅰ断面各监测点累计位移

仪器编号	高程/m	埋设日期	首次观测日期	末次观测日期	测点编号	埋深/m	累计位移/mm
M401-ZL1	2514.50	2005-7-3	2005-8-23	2011-7-19	1	5	−0.04
					2	10	−0.11

续表

仪器 编号	高程 /m	埋设 日期	首次观测 日期	末次观测 日期	测点 编号	埋深 /m	累计位移 /mm
M401-ZL1	2514.50	2005-7-3	2005-8-23	2011-7-19	3	20	−3.62
					4	30	−0.32
M402-ZL1	2489.50	2005-7-1	2005-9-22	2011-7-19	1	5	0.13
					2	10	0.56
					3	20	0.46
					4	30	0.37
M403-ZL1	2427.50	2005-6-28	2005-9-22	2011-7-19	1	5	0.74
					2	10	1.59
					3	20	1.00
					4	30	0.81
M404-ZL1	2459.00	2005-7-10	2006-3-2	2011-7-19	1	5	0.52
					2	10	0.82
					3	20	0.54
					4	30	1.19

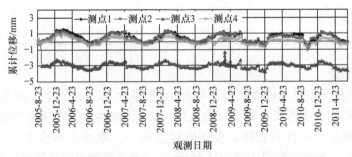

图 4-68　左岸缆机平台区 I 断面 M401-ZL1 累计位移随时间的变化

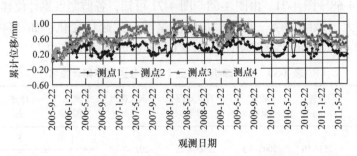

图 4-69　左岸缆机平台区 I 断面 M402-ZL1 累计位移随时间的变化

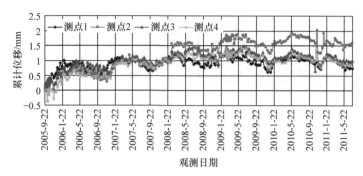

图 4-70　左岸缆机平台区 I 断面 M403-ZL1 累计位移随时间的变化

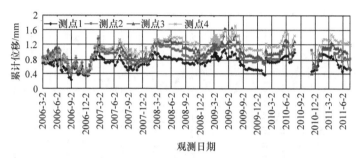

图 4-71　左岸缆机平台区 I 断面 M404-ZL1 累计位移随时间的变化

左岸缆机平台区 I 断面共布置 4 套锚杆应力计。表 4-31 是左岸缆机平台区 I 断面各锚杆应力计监测结果，图 4-72～图 4-75 为各锚杆的实测应力变化。由表 4-31、图 4-72～图 4-75 可知，低高程部位 R202-ZL1 及 R204-ZL1 的实测应力较大，且各测点锚杆实测应力呈波动上升趋势，最后应力在 1.35～49.92MPa。

表 4-31　左岸缆机平台区 I 断面各锚杆应力计监测结果

仪器编号	高程/m	埋设日期	首次观测日期	末次观测日期	测点编号	初始应力/MPa	最后应力/MPa	应力增量/MPa
R201-ZL1	2525.00	2005-7-3	2005-8-15	2011-7-19	1	−0.41	9.42	9.83
					2	−0.74	1.35	2.09
R202-ZL1	2504.50	2005-7-3	2005-10-10	2011-7-19	1	−0.78	21.11	21.89
					2	−1.68	36.83	38.51
R203-ZL1	2489.50	2005-6-28	2005-10-14	2011-7-19	1	0.76	7.20	6.44
					2	0	1.47	1.47
R204-ZL1	2474.50	2005-7-10	2005-10-11	2011-7-19	1	1.70	49.92	48.22
					2	−0.77	20.75	21.52

注：锚杆的实测应力中规定拉应力为正，压应力为负，本节同。

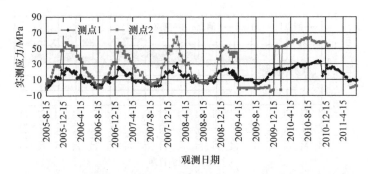

图 4-72　左岸缆机平台区 I 断面 R201-ZL1 锚杆的实测应力变化

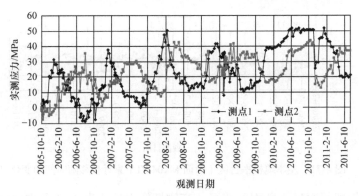

图 4-73　左岸缆机平台区 I 断面 R202-ZL1 锚杆的实测应力变化

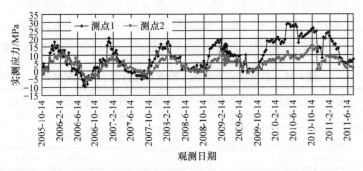

图 4-74　左岸缆机平台区 I 断面 R203-ZL1 锚杆的实测应力变化

2) II 断面

左岸缆机平台区 II 断面共布置 6 处多点位移计。表 4-32 是左岸缆机平台区 II 断面各监测点累计位移，图 4-76～图 4-81 为各多点位移计测得累计位移随时间的变化。由表 4-32、图 4-76～图 4-81 可知，除个别监测点累计位移为负值外，多数测点在 2005～2007 年累计位移不大，随时间呈波动式变化，监测点累计位移最大的是 M405-ZL2 的 3.73mm，这反映了边坡支护措施对坡体变形有较好的控制作用。

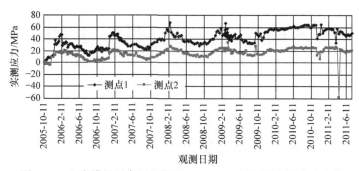

图 4-75 左岸缆机平台区 I 断面 R204-ZL1 锚杆的实测应力变化

表 4-32 左岸缆机平台区 II 断面各监测点累计位移

仪器编号	高程/m	埋设日期	首次观测日期	末次观测日期	测点编号	埋深/m	累计位移/mm
M401-ZL2	2590.00	2005-8-21	2005-10-9	2011-7-19	1	5	−0.25
					2	10	−0.20
					3	20	0.11
					4	30	−0.18
M402-ZL2	2575.00	2005-7-24	2005-10-9	2011-7-19	1	5	0.02
					2	10	0.34
					3	20	0.85
					4	30	1.69
M403-ZL2	2545.00	2005-7-20	2005-10-9	2011-7-19	1	5	0.20
					2	10	0.77
					3	20	1.46
					4	30	1.99
M404-ZL2	2512.00	2005-5-23	2005-8-24	2011-7-19	1	5	−0.58
					2	10	—
					3	20	−0.67
					4	30	0.74
M405-ZL2	2490.00	2005-5-26	2005-8-9	2011-7-19	1	5	2.31
					2	10	—
					3	20	3.00
					4	30	3.73
M406-ZL2	2475.00	2005-5-23	2005-8-9	2011-7-19	1	5	0.06
					2	10	0.15
					3	20	0.31
					4	30	0.68

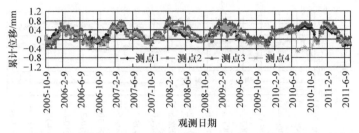

图 4-76　左岸缆机平台区Ⅱ断面 M401-ZL2 累计位移随时间的变化

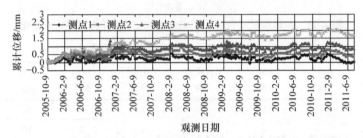

图 4-77　左岸缆机平台区Ⅱ断面 M402-ZL2 累计位移随时间的变化

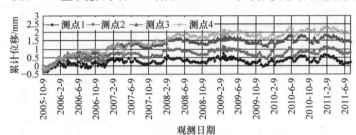

图 4-78　左岸缆机平台区Ⅱ断面 M403-ZL2 累计位移随时间的变化

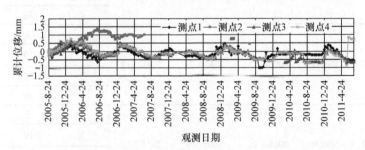

图 4-79　左岸缆机平台区Ⅱ断面 M404-ZL2 累计位移随时间的变化

　　左岸缆机平台区Ⅱ断面布置了 8 套锚杆应力计。表 4-33 是左岸缆机平台区Ⅱ断面各锚杆应力计监测结果,图 4-82～图 4-89 是各锚杆实测应力变化。从表 4-33、图 4-82～图 4-89 可见,各监测点锚杆实测应力总体呈波动稍有上升的趋势。除 R207-ZL2 的实测应力及应力增量较大外,其余监测点应力增量为–4.80～50.84MPa,这反映了边坡支护对岸坡变形的控制作用。

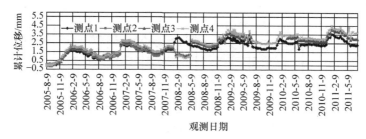

图 4-80　左岸缆机平台区 II 断面 M405-ZL2 累计位移随时间的变化

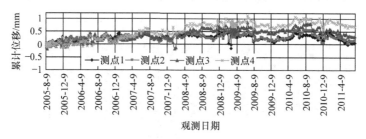

图 4-81　左岸缆机平台区 II 断面 M406-ZL2 累计位移随时间的变化

表 4-33　左岸缆机平台区 II 断面各锚杆应力计监测结果

仪器 编号	高程 /m	埋设 日期	首次观测 日期	末次观测 日期	测点 编号	埋深 /m	初始应力 /MPa	最后应力 /MPa	应力增量 /MPa
R201-ZL2	2588.00	2005-8-21	2005-10-9	2011-7-19	1	1.0	4.75	21.50	16.75
					2	2.5	8.54	3.74	-4.80
R202-ZL2	2575.00	2005-8-30	2005-10-9	2011-7-19	1	1.0	-1.57	15.98	17.55
					2	2.5	-1.61	7.90	9.51
R203-ZL2	2560.00	2005-7-18	2005-10-9	2011-7-19	1	1.0	0.79	10.11	9.32
					2	2.5	0.09	10.98	10.89
R204-ZL2	2545.00	2005-7-10	2005-10-9	2011-7-19	1	1.0	-1.46	17.10	18.56
					2	2.5	0.79	39.29	38.50
R205-ZL2	2512.00	2005-5-4	2005-8-14	2011-7-19	1	1.0	3.92	9.38	5.46
					2	2.5	-0.79	0.68	1.47
R206-ZL2	2504.50	2005-5-26	2005-8-9	2011-7-19	1	1.0	0.03	50.87	50.84
					2	2.5	0.79	13.29	12.50
R207-ZL2	2489.50	2005-5-23	2005-8-9	2011-7-19	1	1.0	-2.43	137.36	139.79
					2	2.5	0.00	90.12	90.12
R208-ZL2	2474.50	2005-8-14	2005-8-17	2011-7-19	1	1.0	-1.62	1.40	3.02
					2	2.5	2.47	3.99	1.52

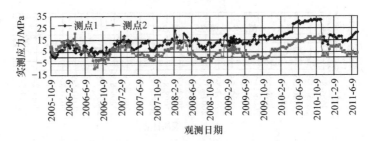

图 4-82　左岸缆机平台区 II 断面 R201-ZL2 锚杆实测应力变化

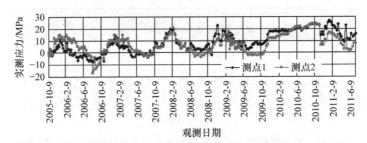

图 4-83　左岸缆机平台区 II 断面 R202-ZL2 锚杆实测应力变化

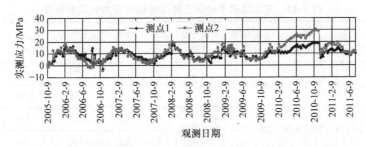

图 4-84　左岸缆机平台区 II 断面 R203-ZL2 锚杆实测应力变化

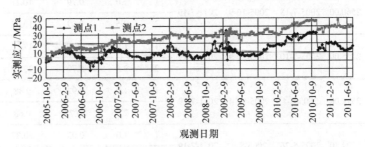

图 4-85　左岸缆机平台区 II 断面 R204-ZL2 锚杆实测应力变化

3) III断面

左岸缆机平台区III断面布置了 7 套多点位移计。表 4-34 是左岸缆机平台区III断面各监测点累计位移,图 4-90~图 4-96 为各多点位移计测得累计位移随时间的变化。由表 4-34、图 4-90~图 4-96 可知,各监测点累计位移总体呈波动变化趋势,

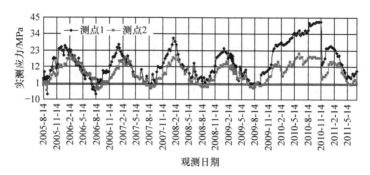

图 4-86　左岸缆机平台区Ⅱ断面 R205-ZL2 锚杆实测应力变化

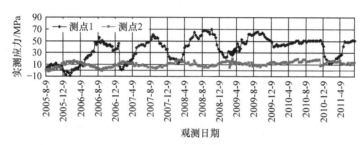

图 4-87　左岸缆机平台区Ⅱ断面 R206-ZL2 锚杆实测应力变化

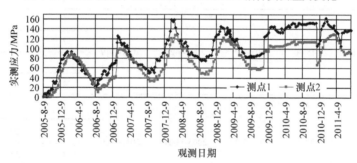

图 4-88　左岸缆机平台区Ⅱ断面 R207-ZL2 锚杆实测应力变化

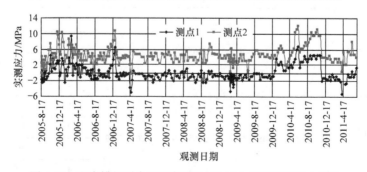

图 4-89　左岸缆机平台区Ⅱ断面 R208-ZL2 锚杆实测应力变化

后期基本趋于稳定，累计位移较小，最大值仅在 3mm 左右。

表 4-34　左岸缆机平台区Ⅲ断面各监测点累计位移

仪器编号	高程/m	埋设日期	首次观测日期	末次观测日期	测点编号	埋深/m	累计位移/mm
M401-ZL3	2605.00	2004-11-29	2004-12-18	2011-7-19	1	5	−0.24
					2	10	1.41
					3	20	1.49
					4	30	1.95
M402-ZL3	2575.00	2004-11-16	2004-11-27	2011-7-19	1	5	1.33
					2	10	1.68
					3	20	2.22
					4	30	3.13
M403-ZL3	2546.00	2004-11-11	2004-11-27	2011-7-19	1	5	−0.14
					2	10	0.39
					3	20	1.24
					4	30	0.63
M404-ZL3	2515.00	2005-4-9	2005-5-28	2011-7-19	1	5	−0.40
					2	10	0.09
					3	20	0.81
					4	30	0.72
M405-ZL3 (补)	2490.00	2005-9-2	2005-11-12	2011-7-19	1	5	—
					2	10	—
					3	20	0.71
					4	30	—
M406-ZL3	2475.00	2005-3-29	2005-8-9	2011-7-19	1	5	—
					2	10	1.04
					3	20	1.53
					4	30	1.73
M407-ZL3 (补)	2460.00	2005-7-15	2005-8-9	2011-7-19	1	5	2.19
					2	10	2.15
					3	20	−3.22
					4	30	2.15

注：(补)表示该编号处监测失效后重新补充监测装置，本章同。

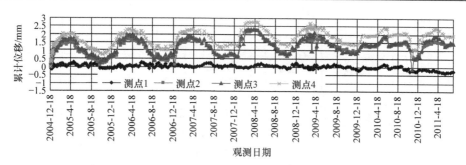

图 4-90　左岸缆机平台区Ⅲ断面 M401-ZL3 累计位移随时间的变化

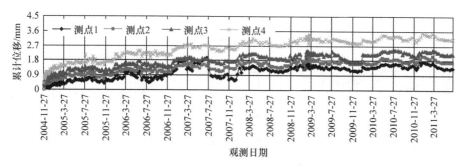

图 4-91　左岸缆机平台区Ⅲ断面 M402-ZL3 累计位移随时间的变化

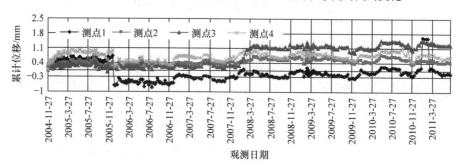

图 4-92　左岸缆机平台区Ⅲ断面 M403-ZL3 累计位移随时间的变化

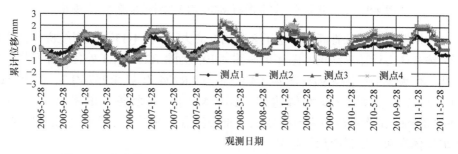

图 4-93　左岸缆机平台区Ⅲ断面 M404-ZL3 累计位移随时间的变化

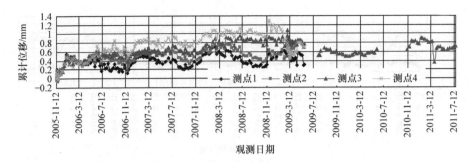

图 4-94　左岸缆机平台区Ⅲ断面 M405-ZL3 累计位移随时间的变化

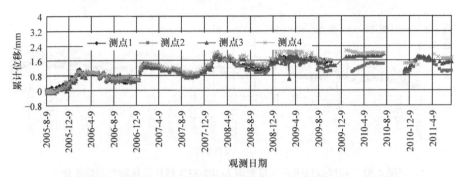

图 4-95　左岸缆机平台区Ⅲ断面 M406-ZL3 累计位移随时间的变化

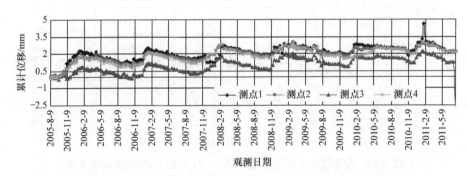

图 4-96　左岸缆机平台区Ⅲ断面 M407-ZL3 累计位移随时间的变化

　　左岸缆机平台区Ⅲ断面布置了 8 套锚杆应力计。表 4-35 是左岸缆机平台区Ⅲ断面锚杆应力计监测结果，图 4-97～图 4-103 为除 R207-ZL3 外各锚杆实测应力变化。由表 4-35、图 4-97～图 4-103 可知，除 R204-ZL3、R207-ZL3、R208-ZL3 的实测应力较大外(最大值达到−126.77MPa)，其余各点的最大压应力为−26.08MPa，最大拉应力为 50.56MPa。部分测点出现压应力特征，这表明开挖后边坡岩体有卸荷回弹变形的趋势。

表 4-35　左岸缆机平台区Ⅲ断面锚杆应力计监测结果

仪器编号	高程/m	埋设日期	首次观测日期	末次观测日期	测点编号	埋深/m	初始应力/MPa	最后应力/MPa	应力增量/MPa
R201-ZL3	2590.00	2004-12-3	2004-12-18	2011-7-19	1	1.0	1.45	5.07	3.62
					2	2.5	2.12	7.86	5.74
R202-ZL3	2570.00	2004-11-16	2004-11-27	2011-7-19	1	1.0	3.83	42.11	38.28
					2	2.5	2.66	21.03	18.37
R203-ZL3	2556.00	2004-11-12	2004-11-27	2011-7-19	1	1.0	1.45	2.15	0.70
					2	2.5	3.68	42.13	38.45
R204-ZL3	2541.00	2004-11-3	2004-11-27	2011-7-19	1	1.0	3.03	123.41	120.38
					2	2.5	1.32	47.63	46.31
R205-ZL3	2510.00	2005-4-9	2005-5-29	2011-7-19	1	1.0	7.99	−11.10	−19.09
					2	2.5	−1.66	−26.08	−24.42
R206-ZL3 (补)	2505.00	2005-9-3	2005-10-31	2011-7-19	1	1.0	6.26	1.75	−4.51
					2	2.5	−1.62	50.56	52.18
R207-ZL3	2490.00	2005-4-5	2005-8-9	2011-7-19	1	1.0	0.84	−126.77	−127.61
					2	2.5	1.65	48.21	46.56
R208-ZL3	2465.00	2005-3-22	2005-8-17	2011-7-19	1	1.0	−0.81	36.43	37.21
					2	2.5	0.01	107.25	107.24

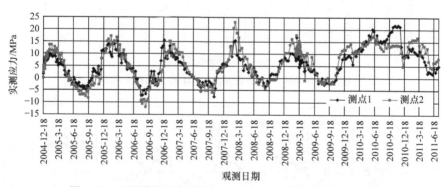

图 4-97　左岸缆机平台区Ⅲ断面 R201-ZL3 锚杆实测应力变化

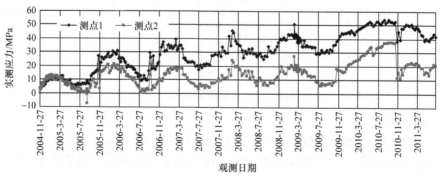

图 4-98　左岸缆机平台区Ⅲ断面 R202-ZL3 锚杆实测应力变化

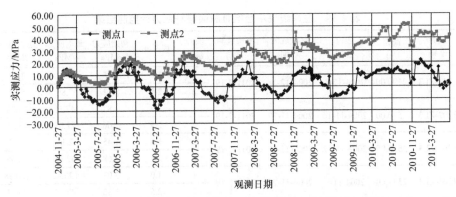

图 4-99 左岸缆机平台区Ⅲ断面 R203-ZL3 锚杆实测应力变化

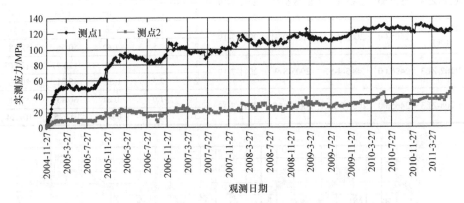

图 4-100 左岸缆机平台区Ⅲ断面 R204-ZL3 锚杆实测应力变化

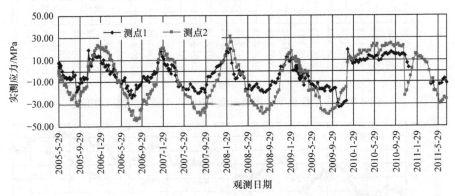

图 4-101 左岸缆机平台区Ⅲ断面 R205-ZL3 锚杆实测应力变化

4) Ⅳ断面

左岸缆机平台区Ⅳ断面共布设多点位移计 5 套。表 4-36 为左岸缆机平台区Ⅳ断面各监测点累计位移,图 4-104～图 4-108 为各多点位移计测得累计位移随时间的变化。由表 4-36、图 4-104～图 4-108 知,Ⅳ断面各监测点累计位移总体呈波

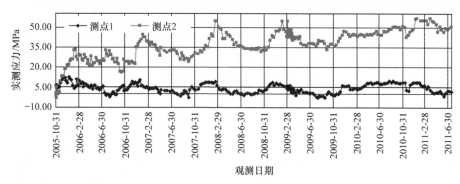

图 4-102　左岸缆机平台区Ⅲ断面 R206-ZL3 锚杆实测应力变化

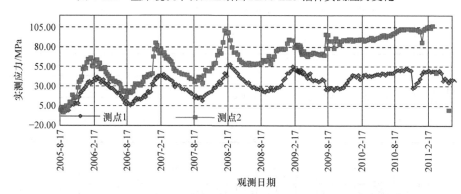

图 4-103　左岸缆机平台区Ⅲ断面 R208-ZL3 锚杆实测应力变化

动式上升，开挖初期累计位移增大较快，然后变缓，2009 年后变形基本趋于稳定；同时，高程从上到下累计位移呈逐渐增加趋势，高程 2475.00~2490.00m 段累计位移为 0.36~6.51mm，高程 2460.00m 累计位移在 10mm 以上，即中、下部边坡变形受开挖卸荷影响较大。

表 4-36　左岸缆机平台区Ⅳ断面各监测点累计位移

仪器编号	高程/m	埋设日期	首次观测日期	末次观测日期	测点编号	埋深/m	累计位移/mm
M401-ZL4	2546.20	2004-10-6	2004-10-11	2011-7-19	1	5	−0.61
					2	10	−0.57
					3	20	−0.55
					4	30	—
M402-ZL4	2515.00	2005-4-9	2005-6-2	2007-7-18	1	5	−0.51
					2	10	−0.13
					3	20	−0.77
					4	30	−1.03

续表

仪器编号	高程/m	埋设日期	首次观测日期	末次观测日期	测点编号	埋深/m	累计位移/mm
M403-ZL4	2490.00	2005-2-12	2005-3-19	2011-7-19	1	5	0.36
					2	10	0.72
					3	20	1.00
					4	30	1.44
M404-ZL4	2475.00	2005-2-7	2005-3-19	2011-7-19	1	5	1.85
					2	10	4.89
					3	20	6.13
					4	30	6.51
M405-ZL4 (补)	2460.00	2005-2-1	2005-8-9	2011-7-19	1	5	15.75
					2	10	11.31
					3	20	12.49
					4	30	14.55

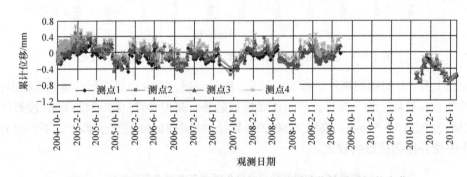

图 4-104　左岸缆机平台区Ⅳ断面 M401-ZL4 累计位移随时间的变化

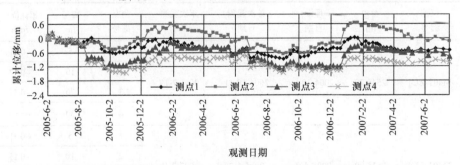

图 4-105　左岸缆机平台区Ⅳ断面 M402-ZL4 累计位移随时间的变化

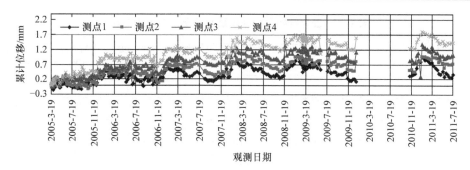

图 4-106 左岸缆机平台区Ⅳ断面 M403-ZL4 累计位移随时间的变化

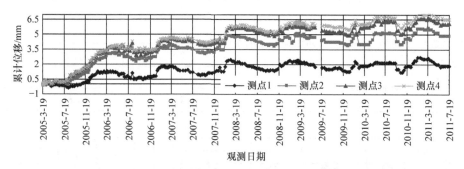

图 4-107 左岸缆机平台区Ⅳ断面 M404-ZL4 累计位移随时间的变化

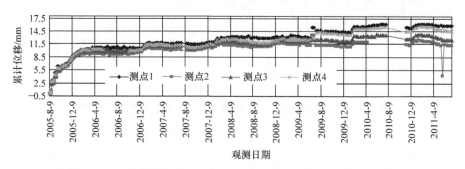

图 4-108 左岸缆机平台区Ⅳ断面 M405-ZL4 累计位移随时间的变化

左岸缆机平台区Ⅳ断面布置了 5 套锚杆应力计。表 4-37 是左岸缆机平台区Ⅳ断面锚杆应力计监测结果，图 4-109～图 4-113 为各锚杆实测应力变化。由表 4-37、图 4-109～图 4-113 可知，低高程 2460.00m 处 R205-ZL4 实测应力较大，最大达 240.83MPa，其余各点多在 11.18～104.51MPa，多数监测点浅表部应力较大。此外，实测应力总体呈波动上升或围绕一定值上下波动趋势，在 2009 年以后趋于稳定，即边坡加固后坡体整体处于稳定状态。

表 4-37　左岸缆机平台区Ⅳ断面锚杆应力计监测结果

仪器编号	高程/m	埋设日期	首次观测日期	末次观测日期	测点编号	埋深/m	初始应力/MPa	最后应力/MPa	应力增量/MPa
R201-ZL4	2561.38	2004-10-6	2004-10-11	2011-7-19	1	1.0	−1.07	40.78	41.85
					2	2.5	2.72	31.97	29.25
R202-ZL4	2544.40	2004-10-6	2004-10-11	2011-7-19	1	1.0	1.60	30.52	28.92
					2	2.5	1.75	41.32	39.57
R203-ZL4	2505.00	2005-3-2	2005-3-19	2011-7-19	1	1.0	−1.49	86.93	88.42
					2	2.5	9.96	11.18	1.22
R204-ZL4	2490.00	2005-2-7	2005-3-19	2011-7-19	1	1.0	−0.09	104.51	104.60
					2	2.5	−2.58	44.62	47.20
R205-ZL4	2460.00	2005-2-1	2005-3-18	2011-7-18	1	1.0	0.09	140.33	140.42
					2	2.5	−0.79	240.83	241.62

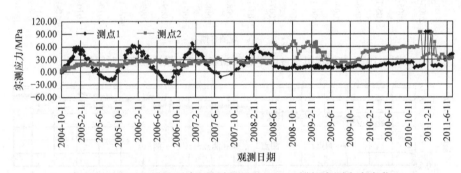

图 4-109　左岸缆机平台区Ⅳ断面 R201-ZL4 锚杆实测应力变化

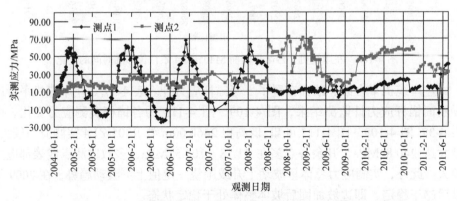

图 4-110　左岸缆机平台区Ⅳ断面 R202-ZL4 锚杆实测应力变化

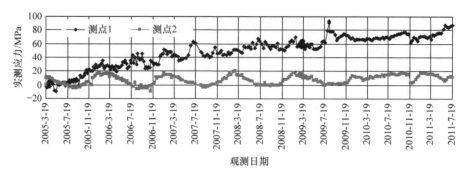

图 4-111　左岸缆机平台区Ⅳ断面 R203-ZL4 锚杆实测应力变化

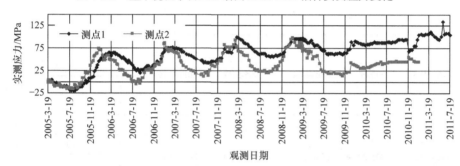

图 4-112　左岸缆机平台区Ⅳ断面 R204-ZL4 锚杆实测应力变化

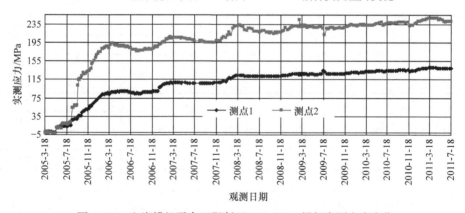

图 4-113　左岸缆机平台区Ⅳ断面 R205-ZL4 锚杆实测应力变化

5)　Ⅴ断面

左岸缆机平台区Ⅴ断面布置了 6 套多点位移计。表 4-38 是左岸缆机平台区Ⅴ断面各监测点累计位移，图 4-114～图 4-119 是各多点位移计测得累计位移随时间的变化。由表 4-38、图 4-114～图 4-119 可知，高程 2545.00m M402-ZL5 监测的累计位移较大，最大累计位移达 8.30mm，其余各点累计位移较小，在–3.86～3.13mm。2009 年以后，各测点的累计位移基本保持稳定。

表 4-38　左岸缆机平台区 V 断面各监测点累计位移

仪器编号	高程/m	埋设日期	首次观测日期	末次观测日期	测点编号	埋深/m	累计位移/mm
M401-ZL5	2564.30	2004-10-7	2004-10-14	2011-7-19	1	5	−0.56
					2	10	0.35
					3	20	−0.01
					4	30	2.59
M402-ZL5	2545.00	2004-10-7	2004-10-25	2011-7-19	1	5	3.94
					2	10	5.15
					3	20	8.30
					4	30	6.19
M403-ZL5	2512.00	2005-4-14	2005-5-27	2011-7-19	1	5	—
					2	10	2.22
					3	20	0.06
					4	30	−3.86
M404-ZL5	2475.00	2004-12-25	2005-2-24	2011-7-19	1	5	−0.63
					2	10	−1.89
					3	20	—
					4	30	—
M405-ZL5 (补)	2460.00	2004-12-26	2005-9-27	2011-7-19	1	5	−1.66
					2	10	1.46
					3	20	−1.67
					4	30	2.51
M406-ZL5	2490.00	2005-1-30	2005-3-23	2011-7-19	1	5	2.59
					2	10	3.10
					3	20	2.62
					4	30	3.13

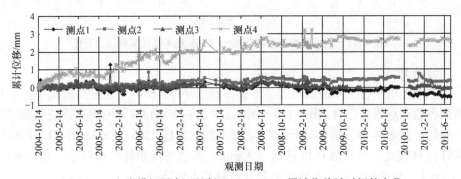

图 4-114　左岸缆机平台区 V 断面 M401-ZL5 累计位移随时间的变化

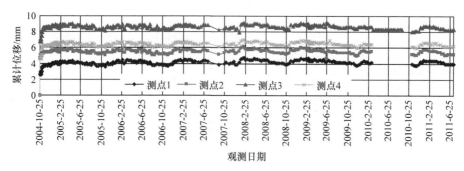

图 4-115　左岸缆机平台区 Ⅴ 断面 M402-ZL5 累计位移随时间的变化

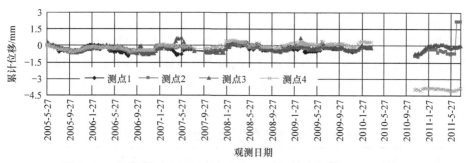

图 4-116　左岸缆机平台区 Ⅴ 断面 M403-ZL5 累计位移随时间的变化

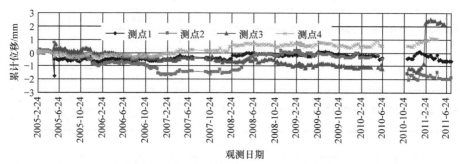

图 4-117　左岸缆机平台区 Ⅴ 断面 M404-ZL5 累计位移随时间的变化

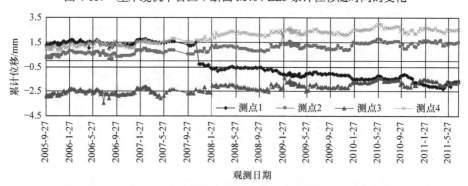

图 4-118　左岸缆机平台区 Ⅴ 断面 M405-ZL5 累计位移随时间的变化

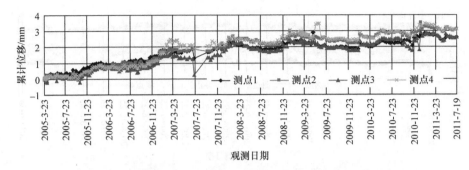

图 4-119　左岸缆机平台区 V 断面 M406-ZL5 累计位移随时间的变化

左岸缆机平台区 V 断面布置了 3 套锚杆应力计。表 4-39 是左岸缆机平台区 V 断面锚杆应力计监测结果,图 4-120~图 4-122 是各锚杆实测应力变化。由表 4-39、图 4-120~图 4-122 可知,各锚杆的实测应力呈明显波动变化,低高程 2546.95m 处 R202-ZL5 实测应力较大,最大达 36.76MPa;其余各点应力较小,为 1.72~10.11MPa。2009 年以后各监测点实测应力总体趋于稳定。

表 4-39　左岸缆机平台区 V 断面锚杆应力计监测结果

仪器编号	高程/m	埋设日期	首次观测日期	末次观测日期	测点编号	初始应力/MPa	最后应力/MPa	应力增量/MPa
R201-ZL5	2562.18	2004-10-7	2004-10-13	2011-7-19	1	0.67	−10.11	−10.78
					2	1.41	3.36	1.95
R202-ZL5	2546.95	2004-9-30	2004-10-11	2011-7-19	1	1.54	12.48	10.94
					2	−0.99	36.76	37.75
R203-ZL5	2475.00	2004-12-27	2005-2-24	2011-7-6	1	2.98	−1.72	−4.7
					2	0.82	−3.58	4.40

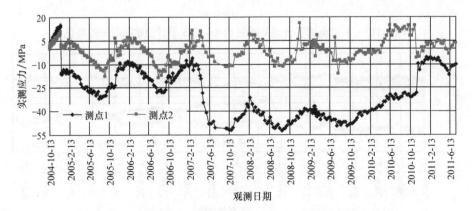

图 4-120　左岸缆机平台区 V 断面 R201-ZL5 锚杆实测应力变化

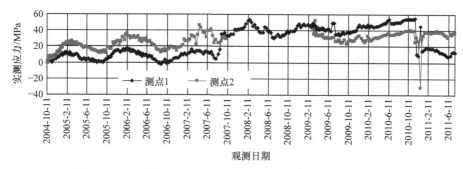

图 4-121　左岸缆机平台区 V 断面 R202-ZL5 锚杆实测应力变化

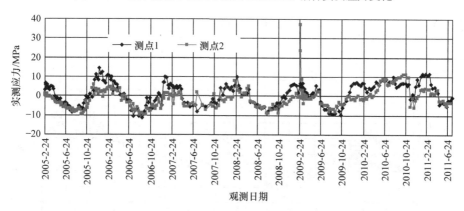

图 4-122　左岸缆机平台区 V 断面 R203-ZL5 锚杆实测应力变化

2. 左岸坝肩上、下游边坡区

左岸坝肩上、下游部位，尤其上游边坡区及 F_{29} 上盘、坝肩下游等边坡，工程施工过程中也布置了多个多点位移计、锚杆应力计等监测点。下面对监测结果进行分析。

1) F_{29} 上盘边坡

F_{29} 上盘边坡布置了 3 套多点位移计。表 4-40 是 F_{29} 滑塌区断面各监测点累计位移，图 4-123～图 4-125 是各多点位移计测得累计位移随时间的变化。由表 4-40、图 4-123～图 4-125 可知，该部位各监测点中除 M303-F_{29} 在 20m 埋深出现负值外，M301-F_{29}、M302-F_{29} 测点总体呈波动增大，累计位移小的特点，最大值为 0.96mm。

表 4-40　F_{29} 滑塌区断面各监测点累计位移

仪器编号	测点位置	高程/m	埋设日期	首次观测日期	末次观测日期	测点编号	埋深/m	累计位移/mm
M301-F_{29}	桩号0km+68m	2651.89	2008-11-4	2008-11-4	2011-7-15	1	10	0.38
						2	20	0.70

续表

仪器编号	测点位置	高程/m	埋设日期	首次观测日期	末次观测日期	测点编号	埋深/m	累计位移/mm
M301-F$_{29}$	桩号0km+68m	2651.89	2008-11-4	2008-11-4	2011-7-15	3	30	0.62
M302-F$_{29}$	桩号0km+49m	2634.96	2008-11-4	2008-11-4	2011-7-15	1	10	0.50
						2	20	0.80
						3	30	0.96
M303-F$_{29}$	桩号0km+92m	2618.79	2008-11-4	2008-11-4	2011-7-15	1	10	0.13
						2	20	−0.03
						3	30	0.09

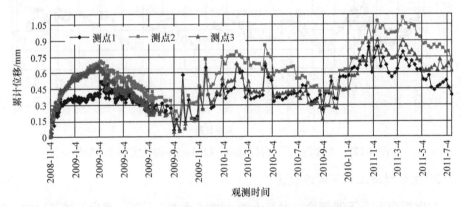

图 4-123　F$_{29}$滑塌区 M301-F$_{29}$累计位移随时间的变化

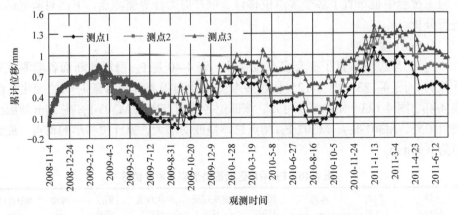

图 4-124　F$_{29}$滑塌区 M302-F$_{29}$累计位移随时间的变化

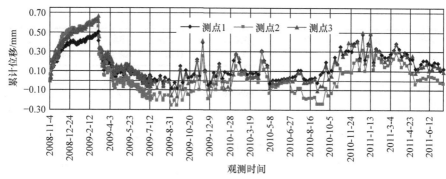

图 4-125　F_{29} 滑塌区 M303-F_{29} 累计位移随时间的变化

2) 左岸坝肩上游边坡

左岸坝肩上游边坡布置了 17 套多点位移计。表 4-41 是左岸坝肩上游边坡各监测点累计位移，图 4-126～图 4-142 是各多点位移计测得累计位移随时间的变化。由表 4-41、图 4-126～图 4-142 可知，左岸坝肩上游边坡各测点的累计位移基本随时间呈波动变化。M305-ZS 、M310-ZS、M311-ZS、M317-ZS 等测点累计位移有增大的趋势，其余测点累计位移变化不大。M316-ZS、M317-ZS 测点在埋深 15m 处的累计位移较大，分别为 2.09mm、2.18mm，其余多数监测点多在 1mm 左右或小于 1mm。这说明边坡开挖、支护后，未发生显著的变形松动特征。

表 4-41　左岸坝肩上游边坡各监测点累计位移

仪器编号	高程/m	埋设日期	首次观测日期	末次观测日期	测点编号	埋深/m	累计位移/mm
M301-ZS (补)	2430.00	2005-10-9	2005-12-10	2007-7-6	1	5	0.12
					2	15	0.28
					3	30	0.49
M302-ZS (补)	2430.00	2005-10-3	2005-12-10	2007-7-6	1	5	0.43
					2	15	0.29
					3	30	0.17
M303-ZS (补)	2400.00	2005-11-20	2005-12-10	2007-7-6	1	5	0.08
					2	15	0.04
					3	30	0.18
M304-ZS (补)	2400.00	2005-12-14	2005-12-15	2007-7-6	1	5	0.08
					2	15	−0.37
					3	30	0.5
M305-ZS (补)	2400.00	2005-12-14	2005-12-15	2007-7-6	1	5	1.06
					2	15	1.07
					3	30	1.22

续表

仪器 编号	高程 /m	埋设 日期	首次观测 日期	末次观测 日期	测点 编号	埋深 /m	累计位移 /mm
M306-ZS (补)	2370.00	2005-12-22	2006-1-6	2007-7-6	1	5	0.30
					2	15	0.32
					3	30	0.39
M307-ZS (补)	2370.00	2005-12-6	2005-12-10	2007-7-6	1	5	0.06
					2	15	0.47
					3	30	1.42
M308-ZS (补)	2340.00	2005-12-13	2005-12-18	2007-7-6	1	5	0.66
					2	15	1.14
					3	30	—
M309-ZS (补)	2340.00	2005-12-3	2005-12-10	2007-7-6	1	5	0.57
					2	15	0.49
					3	30	0.48
M310-ZS	2310.00	2005-12-23	2006-1-7	2007-7-6	1	5	0.32
					2	15	0.29
					3	30	0.77
M311-ZS	2310.00	2005-12-27	2006-1-7	2007-7-6	1	5	0.35
					2	15	0.54
					3	30	0.44
M312-ZS	2310.00	2005-12-27	2006-1-7	2007-7-6	1	5	0.14
					2	15	0.57
					3	30	0.14
M313-ZS	2295.00	2005-12-6	2006-1-7	2007-7-6	1	5	1.07
					2	15	0.21
					3	30	0.83
M314-ZS	2295.00	2006-2-2	2006-3-2	2007-7-6	1	5	−0.36
					2	15	−0.08
					3	30	−0.05
M315-ZS	2295.00	2006-2-19	2006-3-2	2007-7-6	1	5	−0.53
					2	15	−0.61
					3	30	0.24
M316-ZS	2265.00	2006-1-30	2006-3-2	2007-7-6	1	5	0.04
					2	15	2.09
					3	30	0.29
M317-ZS	2250.00	2005-12-3	2005-12-9	2007-7-6	1	5	—
					2	15	2.18
					3	30	1.90

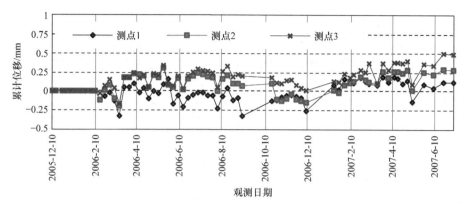

图 4-126　左岸坝肩上游边坡 M301-ZS 累计位移随时间的变化

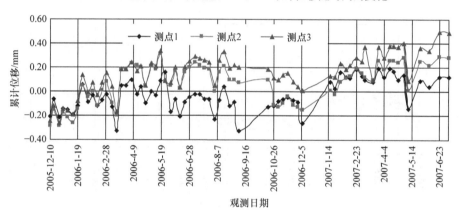

图 4-127　左岸坝肩上游边坡 M302-ZS 累计位移随时间的变化

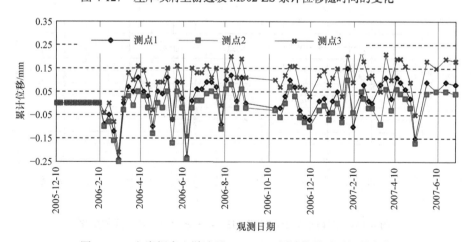

图 4-128　左岸坝肩上游边坡 M303-ZS 累计位移随时间的变化

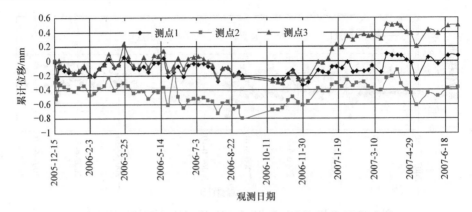

图 4-129　左岸坝肩上游边坡 M304-ZS 累计位移随时间的变化

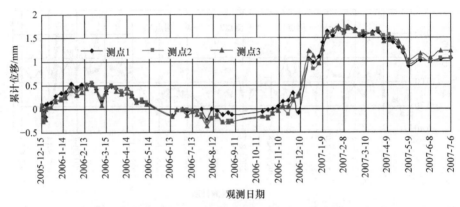

图 4-130　左岸坝肩上游边坡 M305-ZS 累计位移随时间的变化

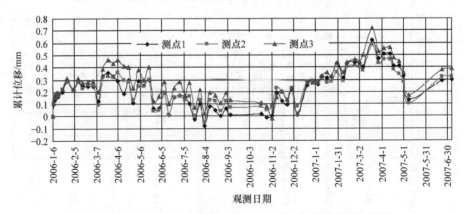

图 4-131　左岸坝肩上游边坡 M306-ZS 累计位移随时间的变化

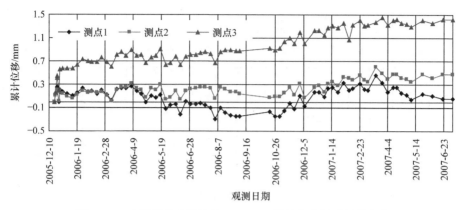

图 4-132　左岸坝肩上游边坡 M307-ZS 累计位移随时间的变化

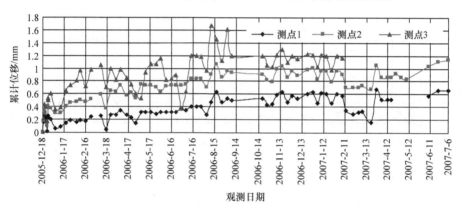

图 4-133　左岸坝肩上游边坡 M308-ZS 累计位移随时间的变化

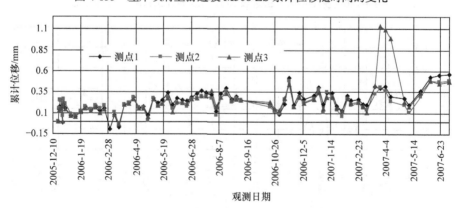

图 4-134　左岸坝肩上游边坡 M309-ZS 累计位移随时间的变化

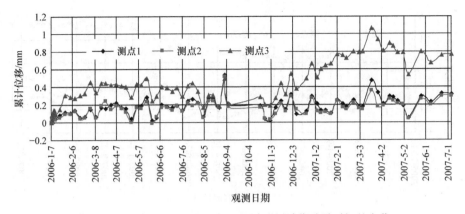

图 4-135　左岸坝肩上游边坡 M310-ZS 累计位移随时间的变化

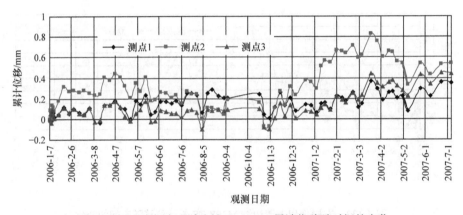

图 4-136　左岸坝肩上游边坡 M311-ZS 累计位移随时间的变化

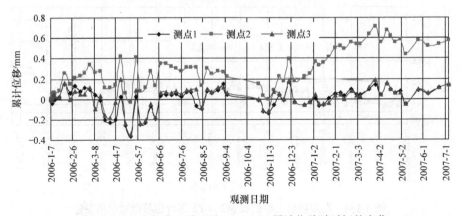

图 4-137　左岸坝肩上游边坡 M312-ZS 累计位移随时间的变化

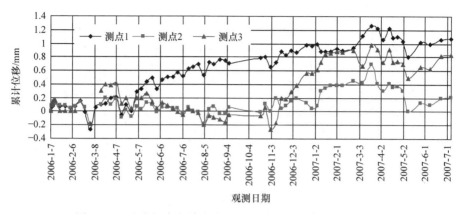

图 4-138　左岸坝肩上游边坡 M313-ZS 累计位移随时间的变化

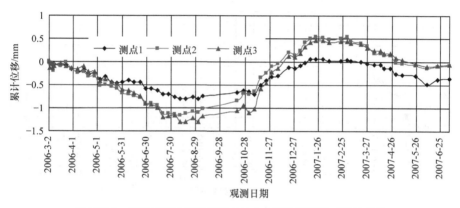

图 4-139　左岸坝肩上游边坡 M314-ZS 累计位移随时间的变化

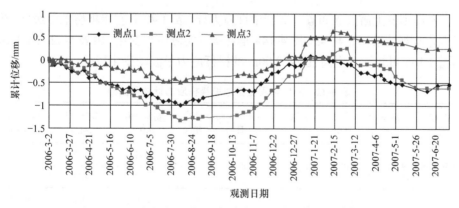

图 4-140　左岸坝肩上游边坡 M315-ZS 累计位移随时间的变化

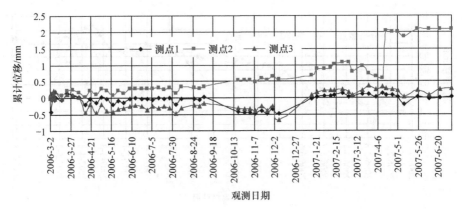

图 4-141　左岸坝肩上游边坡 M316-ZS 累计位移随时间的变化

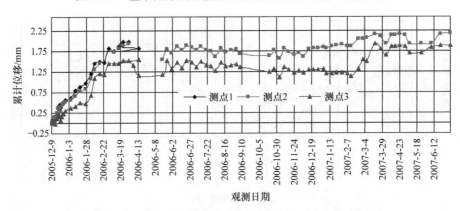

图 4-142　左岸坝肩上游边坡 M317-ZS 累计位移随时间的变化

左岸坝肩上游边坡布置了 2 套锚杆应力计。表 4-42 是左岸坝肩上游边坡锚杆应力计监测结果，图 4-143、图 4-144 是各锚杆实测应力变化。由表 4-42、图 4-143和图 4-144 可知，左岸高程 2430.00m 的锚杆应力呈波动变化特征。

表 4-42　左岸坝肩上游边坡锚杆应力计监测结果

仪器编号	高程/m	埋设日期	首次观测日期	末次观测日期	测点编号	初始应力/MPa	最后应力/MPa	应力增量/MPa
R201-ZS	2430.00	2005-3-1	2005-12-9	2007-6-8	1	6.94	0.87	-6.07
					2	3.18	4.55	1.37
R202-ZS	2430.00	2005-3-4	2005-12-9	2007-6-8	1	2.40	-4.03	-6.43
					2	1.56	-9.23	-10.79

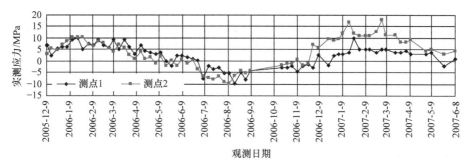

图 4-143　左岸坝肩上游边坡 R201-ZS 锚杆实测应力变化

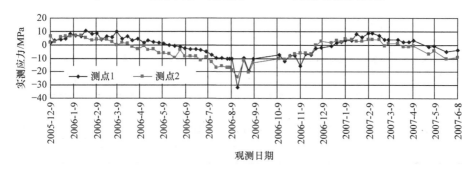

图 4-144　左岸坝肩上游边坡 R202-ZS 锚杆实测应力变化

3) 左岸坝肩下游边坡

左岸坝肩下游边坡布置的 9 套多点位移计。表 4-43 是左岸坝肩下游边坡各监测点累计位移，图 4-145～图 4-153 是各多点位移计测得累计位移随时间的变化。由表 4-43、图 4-145～图 4-153 可知，左岸坝肩下游边坡 M303-ZX、M305-ZX 监测点的累计位移随监测时间变化不明显；其余监测点累计位移均随时间呈波动性增大，并逐渐趋于稳定。就累计位移而言，M309-ZX、M307-ZX 的最大累计位移分别为 3.72mm、2.34mm；其余监测点均在 2.00mm 以下，甚至个别累计位移为负值。这表明该部位边坡开挖、支护后变形不明显。

表 4-43　左岸坝肩下游边坡各监测点累计位移

仪器编号	高程/m	埋设日期	首次观测日期	末次观测日期	测点编号	埋深/m	累计位移/mm
M301-ZX	2430.00	2005-11-30	2005-12-11	2007-7-6	1	5	0.18
					2	15	0.79
					3	30	1.64
M302-ZX	2400.00	2005-1-21	2005-12-26	2011-7-20	1	5	—
					2	15	1.71
					3	30	−1.30

续表

仪器编号	高程/m	埋设日期	首次观测日期	末次观测日期	测点编号	埋深/m	累计位移/mm
M303-ZX	2385.00	2005-3-11	2005-12-26	2011-7-20	1	5	0.06
					2	15	0.06
					3	30	−1.69
M304-ZX	2370.00	2006-1-5	2006-1-6	2011-7-20	1	5	
					2	15	—
					3	30	0.56
M305-ZX	2340.00	2005-8-12	2006-1-6	2011-7-20	1	5	−1.82
					2	15	—
					3	30	
M306-ZX	2325.00	2005-12-27	2006-1-6	2011-7-20	1	5	−0.22
					2	15	−0.05
					3	30	—
M307-ZX	2295.00	2005-9-10	2005-12-27	2011-7-20	1	5	−0.11
					2	15	0.13
					3	30	2.34
M308-ZX	2280.00	2005-11-28	2005-12-4	2011-7-20	1	5	−0.02
					2	15	—
					3	30	0.29
M309-ZX	2250.00	2005-12-3	2005-12-9	2007-3-10	1	5	2.84
					2	15	1.83
					3	30	3.72

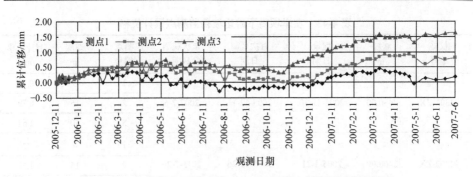

图 4-145　左岸坝肩下游边坡 M301-ZX 累计位移随时间的变化

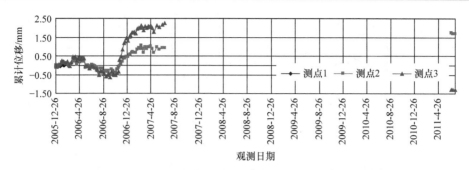

图 4-146　左岸坝肩下游边坡 M302-ZX 累计位移随时间的变化

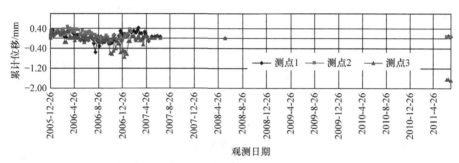

图 4-147　左岸坝肩下游边坡 M303-ZX 累计位移随时间的变化

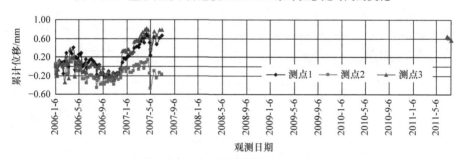

图 4-148　左岸坝肩下游边坡 M304-ZX 累计位移随时间的变化

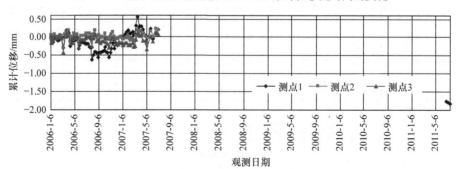

图 4-149　左岸坝肩下游边坡 M305-ZX 累计位移随时间的变化

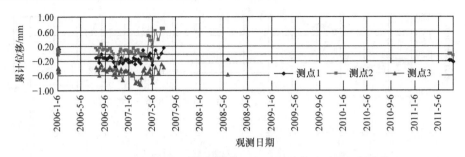

图 4-150　左岸坝肩下游边坡 M306-ZX 累计位移随时间的变化

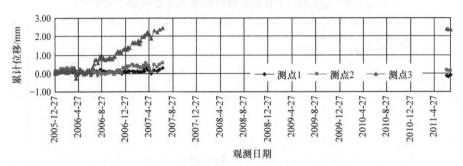

图 4-151　左岸坝肩下游边坡 M307-ZX 位移随时间的变化

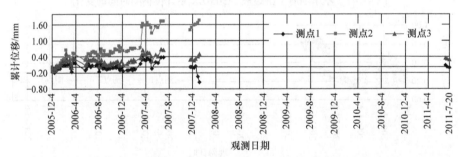

图 4-152　左岸坝肩下游边坡 M308-ZX 累计位移随时间的变化

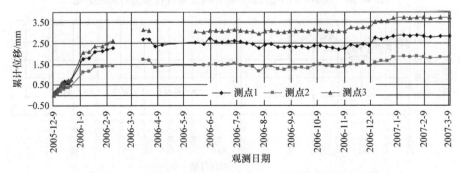

图 4-153　左岸坝肩下游边坡 M309-ZX 累计位移随时间的变化

左岸坝肩下游边坡布置了 8 套锚杆应力计。表 4-44 是左岸坝肩下游边坡锚杆应力计监测结果，图 4-154～图 4-161 是各锚杆实测应力变化。由表 4-44、图 4-154～图 4-161 可知，左岸坝肩下游锚杆的实测应力总体呈波动变化，个别稍有增大，该部位部分锚杆承受的压应力较明显。

表 4-44 左岸坝肩下游边坡锚杆应力计监测结果

仪器编号	高程/m	埋设日期	首次观测日期	末次观测日期	测点编号	初始应力/MPa	最后应力/MPa	应力增量/MPa
R201-ZX	2430.00	2005-1-3	2005-12-11	2011-7-15	1	−1.67	−88.91	−87.24
					2	−0.80	−183.43	−182.63
R202-ZX	2400.00	2005-1-12	2005-12-26	2011-7-15	1	−2.43	−25.24	−22.81
					2	0.78	3.37	2.59
R203-ZX	2385.00	2005-3-11	2005-12-26	2011-7-15	1	−0.01	−14.91	−14.90
					2	−0.01	−3.38	−3.37
					3	−0.01	5.12	5.11
R205-ZX	2340.00	2005-8-31	2006-1-5	2011-7-15	1	−0.87	—	—
					2	−2.43	−16.11	−13.68
R206-ZX	2395.00	2005-9-10	2006-1-6	2008-2-5	1	−0.03	50.43	50.46
					2	0	−19.43	−19.43
R207-ZX	2295.00	2005-9-10	2005-12-27	2007-9-18	1	−2.42	5.51	7.93
					2	−1.65	25.29	26.94
R208-ZX	2280.00	2005-11-25	2005-12-8	2011-7-15	1	−0.82	−6.99	−6.17
					2	−0.02	10.09	10.11
R209-ZX	2250.00	2005-11-30	2005-12-13	2011-7-15	1	0.79	12.68	11.89
					2	0.78	—	—

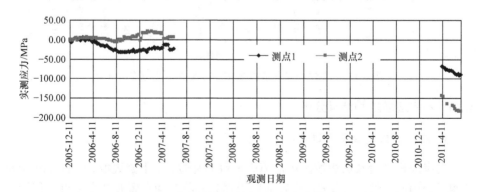

图 4-154 左岸坝肩下游边坡 R201-ZX 锚杆实测应力变化

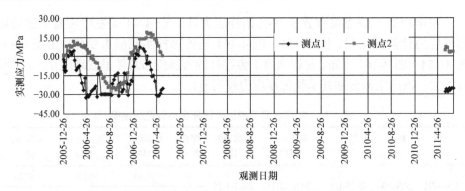

图 4-155 左岸坝肩下游边坡 R202-ZX 锚杆实测应力变化

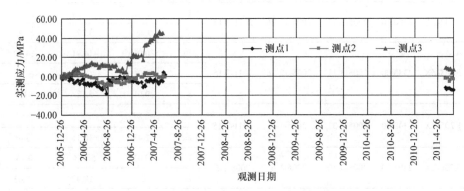

图 4-156 左岸坝肩下游边坡 R203-ZX 锚杆实测应力变化

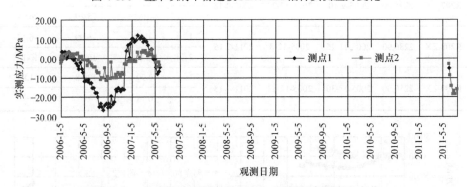

图 4-157 左岸坝肩下游边坡 R205-ZX 锚杆实测应力变化

4.3.3 右岸边坡监测结果分析

1. 右岸缆机平台及后边坡区

右岸缆机平台及后边坡区包括缆机平台上游边坡、下游边坡、高程 2498.00m 开挖平台内侧边坡。该边坡区在顺河向沿两条监测断面布置有 7 套多点位移计、7 套锚杆应力计及 1 套温度计。下面对监测结果进行分析。

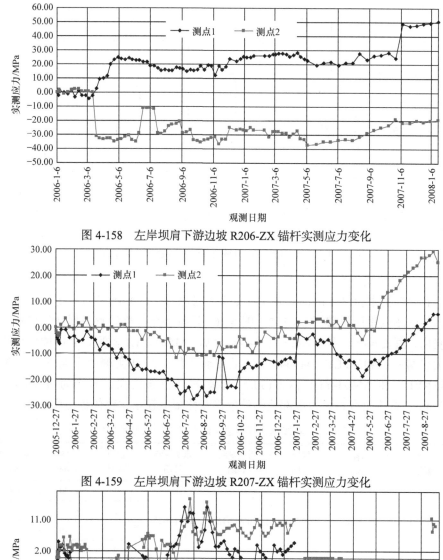

图 4-158 左岸坝肩下游边坡 R206-ZX 锚杆实测应力变化

图 4-159 左岸坝肩下游边坡 R207-ZX 锚杆实测应力变化

图 4-160 左岸坝肩下游边坡 R208-ZX 锚杆实测应力变化

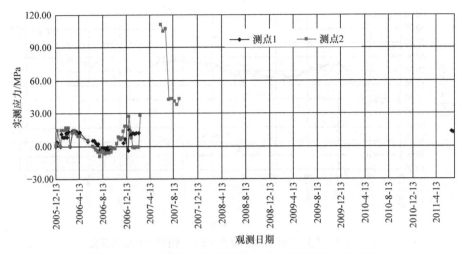

图 4-161　左岸坝肩下游边坡 R209-ZX 锚杆实测应力变化

1) 右岸缆机平台区 I 断面

右岸缆机平台区 I 断面布置了 3 处多点位移计。表 4-45 是右岸缆机平台区 I 断面各监测点累计位移,图 4-162~图 4-164 是各多点位移计测得累计位移随时间的变化。由表 4-45、图 4-162~图 4-164 可知,M402-YL1 监测点累计位移总体呈增大趋势;M403-YL1、M404-YL1 呈波动变化,且其实测值不明显;监测点M402-YL1 和 M403-YL1 深部(30m 埋深)累计位移较大,分别为 1.81mm 和2.67mm。总体而言,该边坡部位累计位移变化幅度较小,整体稳定性好。

表 4-45　右岸缆机平台区 I 断面各监测点累计位移

仪器编号	高程/m	埋设日期	首次观测日期	末次观测日期	测点编号	埋深/m	累计位移/mm
M402-YL1	2568.88	2009-7-15	2009-7-15	2011-7-23	1	30	1.81
					2	20	0.68
					3	10	1.21
					4	5	0.76
M403-YL1	2550.49	2004-10-3	2004-10-8	2011-7-23	1	30	2.67
					2	20	0.17
					3	10	1.23
					4	5	1.85
M404-YL1	2590.8	2004-10-2	2004-10-8	2011-7-23	1	30	断线
					2	20	断线
					3	10	断线
					4	5	断线

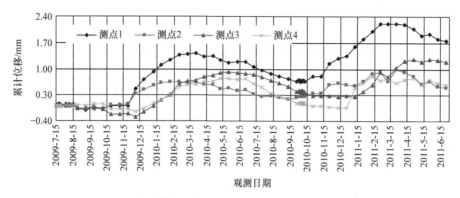

图 4-162　右岸缆机平台区 I 断面 M402-YL1 累计位移变化

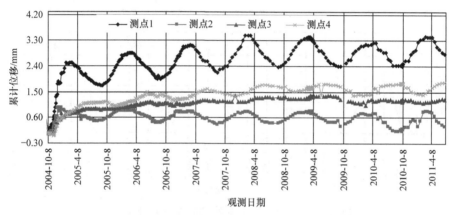

图 4-163　右岸缆机平台区 I 断面 M403-YL1 累计位移变化

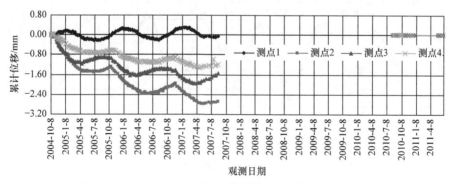

图 4-164　右岸缆机平台区 I 断面 M404-YL1 累计位移变化

右岸缆机平台区 I 断面布置了 3 套锚杆应力计。表 4-46 是右岸缆机平台区 I 断面各监测点锚杆实测应力，图 4-165～图 4-167 是各锚杆实测应力变化。由表 4-46、图 4-165～图 4-167 可知，除 R204-YL1 的测点 1 表现为压应力 (−4.72MPa)外，其余各监测点的应力均表现为拉应力，为 1.33～24.56MPa；此外，各测点的实测应力呈波动变化特征。

表 4-46　右岸缆机平台区 I 断面各监测点锚杆实测应力

仪器 编号	高程 /m	埋设 日期	首次观测 日期	末次观测 日期	测点 编号	埋深 /m	初始应力 /MPa	最后应力 /MPa	应力增量 /MPa
R203-YL1	2568.20	2024-9-2	2004-9-29	2011-7-23	1	2.5	0	断线	—
					2	1.0	0.83	10.90	10.07
R204-YL1	2549.44	2024-9-3	2004-9-29	2011-7-23	1	2.5	0	−4.72	−4.72
					2	1.0	0	11.06	11.06
R205-YL1	2544.30	2024-9-9	2004-10-10	2007-8-20	1	2.5	0	24.56	24.56
					2	1.0	0	1.33	1.33

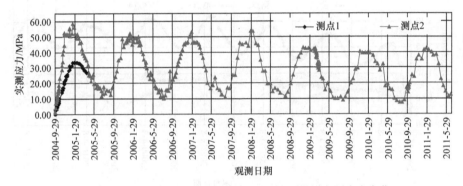

图 4-165　右岸缆机平台区 I 断面 R203-YL1 锚杆实测应力变化

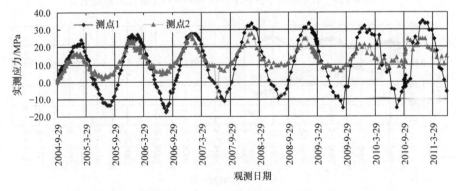

图 4-166　右岸缆机平台区 I 断面 R204-YL1 锚杆实测应力变化

2) 右岸缆机平台区 II 断面

右岸缆机平台区 II 断面布置了 4 套多点位移计。表 4-47 是右岸缆机平台区 II 断面各监测点测得的累计位移，图 4-168～图 4-171 是各多点位移计测得累计位移随时间的变化。由表 4-47、图 4-168～图 4-171 可知，高程 2569.31m 布置的

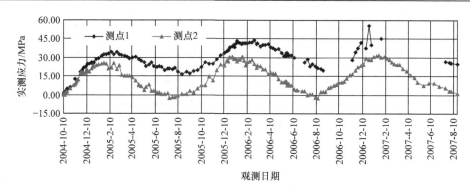

图 4-167　右岸缆机平台区 Ⅰ 断面 R205-YL1 锚杆实测应力变化

M401-YL2 监测点的累计位移较小，不同埋深测得的累计位移均小于 1mm；高程 2568.88m 及以下布置的 3 个监测点，累计位移在埋深 30m 部位普遍偏大，分别为 9.79mm、9.08mm、5.91mm，且 3 个监测点的累计位移均表现为波动递增的趋势。

表 4-47　右岸缆机平台区 Ⅱ 断面各监测点累计位移

仪器编号	高程/m	埋设日期	首次观测日期	末次观测日期	测点编号	埋深/m	累计位移/mm
M401-YL2	2569.31	2009-7-15	2009-7-15	2011-7-23	1	30	0.70
					2	20	0.26
					3	10	0.15
					4	5	0.61
M402-YL2	2550.19	2004-10-1	2004-10-8	2011-7-23	1	30	9.79
					2	20	−1.92
					3	10	1.41
					4	5	2.15
M403-YL2	2530.88	2004-9-22	2004-9-29	2011-7-23	1	30	9.08
					2	20	断线
					3	10	0.57
					4	5	0.57
M404-YL2	2568.88	2004-9-30	2004-10-8	2011-7-23	1	30	5.91
					2	20	−0.49
					3	10	4.25
					4	5	断线

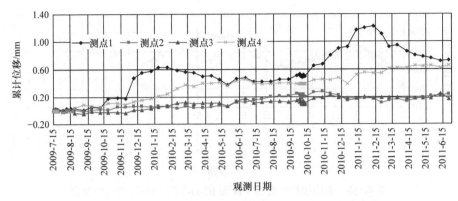

图 4-168　右岸缆机平台区 II 断面 M401-YL2 累计位移变化

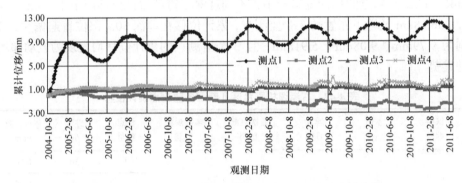

图 4-169　右岸缆机平台区 II 断面 M402-YL2 累计位移变化

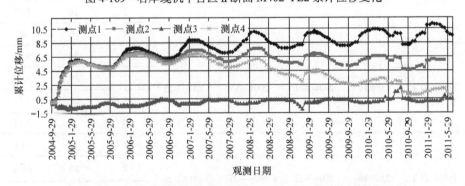

图 4-170　右岸缆机平台区 II 断面 M403-YL2 累计位移变化

　　右岸缆机平台区 II 断面布置了 4 套锚杆应力计。表 4-48 是右岸缆机平台区 II 断面各监测点锚杆实测应力,图 4-172~图 4-175 是各锚杆实测应力变化。由表 4-48、图 4-172~图 4-175 可知,右岸缆机平台区 II 断面上各监测点的实测应力大多表现为拉应力, 为 13.47~69.40MPa, 仅 R204-YL2 的测点 2 表现为压应力;此外,各监测点的应力波动变化,总体变化不大。

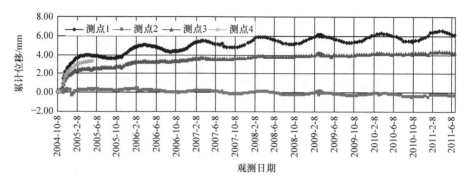

图 4-171　右岸缆机平台区 II 断面 M404-YL2 累计位移变化

表 4-48　右岸缆机平台区 II 断面各监测点锚杆实测应力

仪器编号	高程/m	埋设日期	首次观测日期	末次观测日期	测点编号	埋深/m	初始应力/MPa	最后应力/MPa	应力增量/MPa
R202-YL2	2568.20	2004-9-21	2004-9-29	2011-7-23	1	2.5	0	69.40	69.40
					2	1.0	0	39.11	39.11
R203-YL2	2549.49	2004-9-21	2004-9-29	2011-7-23	1	2.5	0	13.47	13.47
					2	1.0	0	17.66	17.66
R204-YL2	2529.49	2004-10-1	2004-10-8	2011-7-23	1	2.5	0	29.83	29.83
					2	1.0	0	−2.40	−2.40
R205-YL2	2527.27	2004-10-2	2004-10-10	2011-7-23	1	2.5	0	20.55	20.55
					2	1.0	0	66.12	66.12

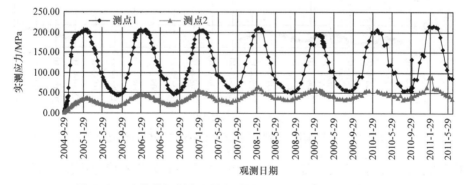

图 4-172　右岸缆机平台区 II 断面 R202-YL2 锚杆实测应力变化

3) 右岸缆机平台坝肩上游边坡区

右岸缆机平台坝肩上游边坡区布置了 17 处多点位移计。表 4-49 是右岸坝肩上游边坡区各监测点的累计位移, 图 4-176～图 4-192 是多点位移计测得累计位移随时间的变化。由表 4-49、图 4-176～图 4-192 可知, 坝肩上游边坡仅 M301-YS

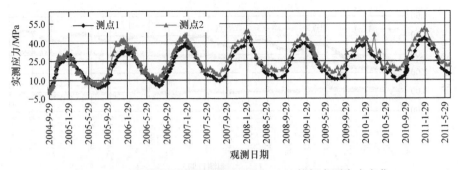

图 4-173　右岸缆机平台区 Ⅱ 断面 R203-YL2 锚杆实测应力变化

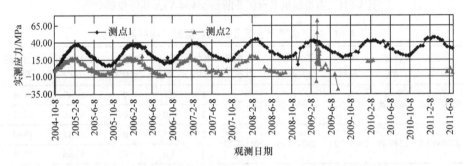

图 4-174　右岸缆机平台区 Ⅱ 断面 R204-YL2 锚杆实测应力变化

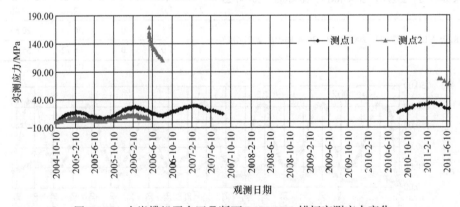

图 4-175　右岸缆机平台区 Ⅱ 断面 R205-YL2 锚杆实测应力变化

累计位移较大，埋深 30m 处为 20.33mm，埋深 5m 处呈不稳定状态；其他监测点有个别埋深(M302-YS 埋深 5m、M304-YS 埋深 30m、M305-YS 埋深 20m、M316-YS 埋深 30m)处呈不稳定状态，其余累计位移总体较小。该边坡局部监测点所在部位存在稳定性较差的块体，应结合边坡坡体结构，加强局部与整体稳定性分析。

表 4-49　右岸缆机平台坝肩上游边坡区各监测点累计位移

仪器编号	高程/m	埋设日期	首次观测日期	末次观测日期	测点编号	埋深/m	累计位移/mm
M301-YS	2430.00	2004-12-5	2005-1-27	2011-6-25	1	30	20.33
					2	20	11.36
					3	5	不稳定
M302-YS	2430.00	2004-12-7	2005-1-27	2011-6-25	1	30	5.78
					2	20	2.41
					3	5	不稳定
M303-YS	2400.00	2005-1-6	2005-1-27	2009-12-7	1	30	8.01
					2	20	−1.35
					3	5	−0.82
M304-YS	2400.00	2005-1-4	2006-3-17	2008-12-18	1	30	不稳定
					2	20	−0.64
					3	5	0.29
M305-YS	2400.00	2005-1-4	2006-6-27	2009-9-7	1	30	−2.42
					2	20	不稳定
					3	5	−3.31
M306-YS	2370.00	2006-1-19	2006-2-13	2009-4-11	1	30	0.19
					2	20	−1.03
					3	5	−0.03
M307-YS	2370.00	2006-1-20	2006-2-13	2009-4-11	1	30	1.88
					2	20	0.18
					3	5	−0.07
M308-YS	2340.00	2006-1-20	2006-2-13	2008-8-16	1	30	2.60
					2	20	2.49
					3	5	−1.42
M309-YS	2340.00	2006-4-29	2006-5-10	2008-8-16	1	30	1.43
					2	20	2.97
					3	5	1.75
M310-YS	2300.00	2006-4-29	2006-5-10	2008-6-11	1	30	0.33
					2	20	−0.84
					3	5	−0.93
M311-YS	2310.00	2006-8-26	2006-9-15	2008-6-11	1	30	2.29
					2	20	−0.33
					3	5	−0.25
M312-YS	2310.00	2006-8-26	2006-9-15	2008-6-11	1	30	0.26
					2	20	−1.80
					3	5	−0.12

续表

仪器编号	高程/m	埋设日期	首次观测日期	末次观测日期	测点编号	埋深/m	累计位移/mm
M313-YS	2295.00	2006-8-19	2006-9-15	2008-5-11	1	30	1.66
					2	20	0.14
					3	5	−0.27
M314-YS	2295.00	2006-8-19	2006-9-15	2008-4-26	1	30	0.47
					2	20	−1.96
					3	5	−0.19
M315-YS	2295.00	2006-8-19	2006-9-15	2008-4-26	1	30	2.01
					2	20	0.20
					3	5	1.50
M316-YS	2265.00	2006-8-18	2006-9-15	2008-6-11	1	30	不稳定
					2	20	−2.42
					3	5	−2.43
M317-YS	2265.00	2006-8-18	2006-9-15	2008-6-11	1	30	2.24
					2	20	线断
					3	5	线断

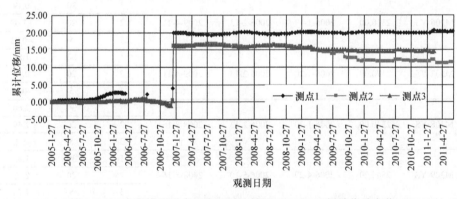

图 4-176 右岸缆机平台坝肩上游边坡区 M301-YS 累计位移变化

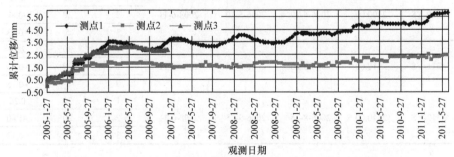

图 4-177 右岸缆机平台坝肩上游边坡区 M302-YS 累计位移变化

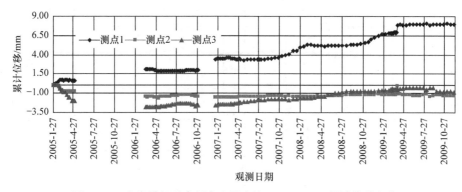

图 4-178　右岸缆机平台坝肩上游边坡区 M303-YS 累计位移变化

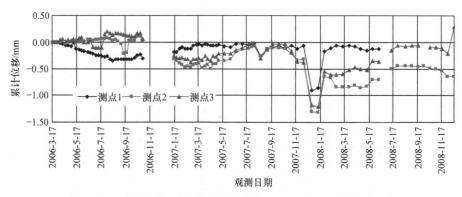

图 4-179　右岸缆机平台坝肩上游边坡区 M304-YS 累计位移变化

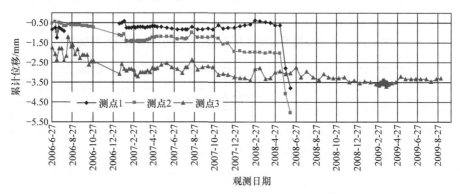

图 4-180　右岸缆机平台坝肩上游边坡区 M305-YS 累计位移变化

右岸坝肩上游边坡部位布置了 16 套锚杆应力计。表 4-50 是右岸坝肩上游边坡各监测点锚杆实测应力,图 4-193～图 4-208 是各锚杆实测应力变化。由表 4-50、图 4-193～图 4-208 可知,上部高程测点多呈波动上升并逐渐趋于稳定;除 R316-BR、R301-YS 测点外,低高程测点呈逐渐下降趋于稳定的特点。高程 2305.00m

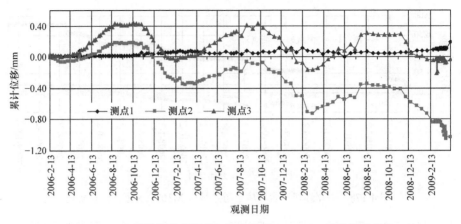

图 4-181 右岸缆机平台坝肩上游边坡区 M306-YS 累计位移变化

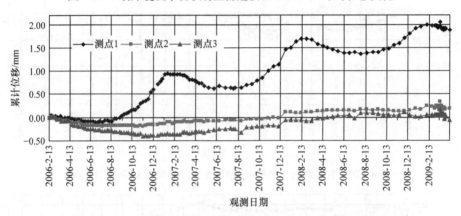

图 4-182 右岸缆机平台坝肩上游边坡区 M307-YS 累计位移变化

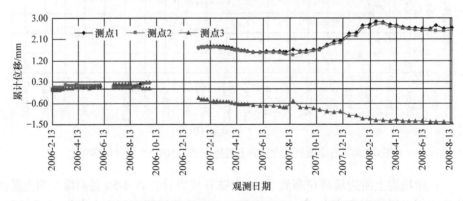

图 4-183 右岸缆机平台坝肩上游边坡区 M308-YS 累计位移变化

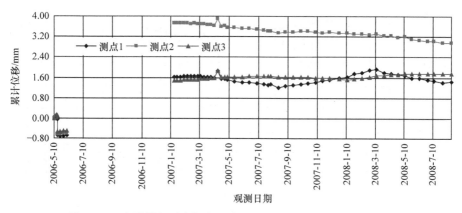

图 4-184　右岸缆机平台坝肩上游边坡区 M309-YS 累计位移变化

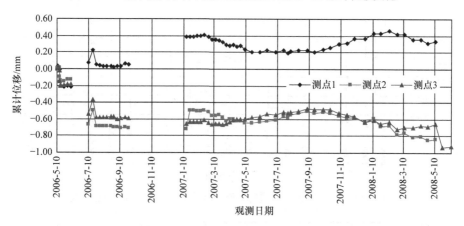

图 4-185　右岸缆机平台坝肩上游边坡区 M310-YS 累计位移变化

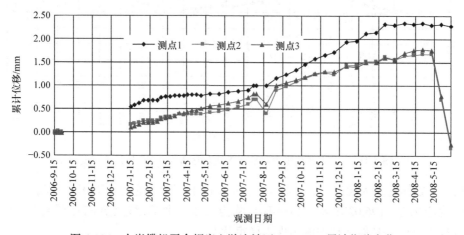

图 4-186　右岸缆机平台坝肩上游边坡区 M311-YS 累计位移变化

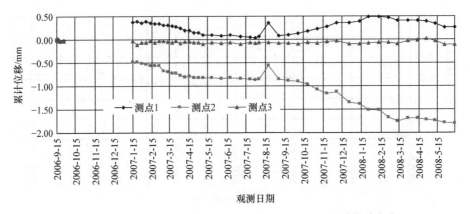

图 4-187　右岸缆机平台坝肩上游边坡区 M312-YS 累计位移变化

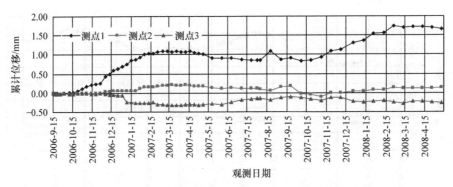

图 4-188　右岸缆机平台坝肩上游边坡区 M313-YS 累计位移变化

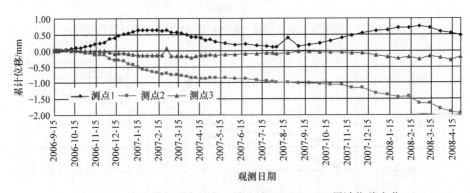

图 4-189　右岸缆机平台坝肩上游边坡区 M314-YS 累计位移变化

以上，岩体内多为拉应力，高程 2305.00m 以下多为压应力。R301-YS 测点 1 的最后应力达 196.02MPa。R314-BR 测点 3.5m 埋深部位监测点最后应力为 −127.03MPa，其他 2 种埋深呈现不稳定状态。

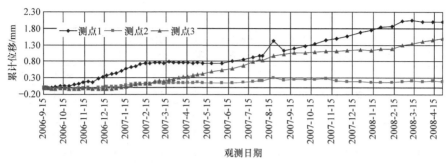

图 4-190　右岸缆机平台坝肩上游边坡区 M315-YS 累计位移变化

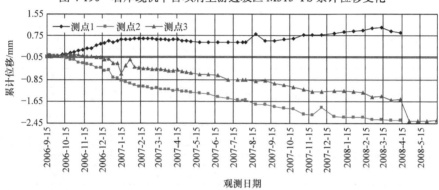

图 4-191　右岸缆机平台坝肩上游边坡区 M316-YS 累计位移变化

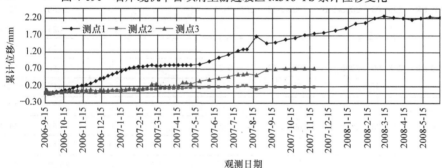

图 4-192　右岸缆机平台坝肩上游边坡区 M317-YS 累计位移变化

表 4-50　右岸坝肩上游边坡各监测点锚杆实测应力

仪器 编号	高程 /m	埋设 日期	首次观测 日期	末次观测 日期	测点 编号	埋深 /m	初始应力 /MPa	最后应力 /MPa	应力增量 MPa
R301-YS	2430.00	2005-1-7	2005-1-27	2011-6-25	1	5.5	0	196.02	196.02
					2	3.5	0	34.00	34.00
					3	1.5	0	80.98	80.98
R301-BR	2420.00	2005-3-17	2005-10-11	2011-7-24	1	5.5	0	39.21	39.21
					2	3.5	0	11.04	11.04
					3	1.5	0	断线	断线

续表

仪器编号	高程/m	埋设日期	首次观测日期	末次观测日期	测点编号	埋深/m	初始应力/MPa	最后应力/MPa	应力增量 MPa
R302-BR	2400.00	2005-1-12	2005-11-1	2011-7-24	1	5.5	0	39.35	39.35
					2	3.5	0	76.21	76.21
					3	1.5	0	−1.57	−1.57
R303-BR	2380.00	2005-3-29	2005-11-1	2011-7-24	1	5.5	0	−0.90	−0.90
					2	3.5	0	34.71	34.71
					3	1.5	0	24.41	24.41
R304-BR	2360.00	2005-4-16	2005-12-18	2011-7-24	1	5.5	0	89.67	89.67
					2	3.5	0	线断	线断
					3	1.5	0	−61.16	−61.16
R305-BR	2340.00	2005-8-12	2005-11-1	2011-7-24	1	5.5	0	134.61	134.61
					2	3.5	0	53.79	53.79
					3	1.5	0	91.94	91.94
R306-BR	2305.00	2005-8-28	2006-2-13	2011-7-24	1	5.5	−0.31	−14.20	−13.89
					2	3.5	0	−14.64	−14.64
					3	1.5	0.17	−26.97	−27.14
R307-BR	2305.00	2006-1-19	2006-2-13	2011-7-24	1	5.5	−0.32	−154.64	−154.32
					2	3.5	0.31	−25.60	−25.91
					3	1.5	−0.16	−74.24	−74.08
R309-BR	2280.00	2006-1-21	2006-2-13	2011-7-24	1	5.5	0	−10.14	−10.14
					2	3.5	0	−11.50	−11.50
					3	1.5	0	1.91	1.91
R310-BR	2280.00	2006-2-9	2006-2-13	2011-7-24	1	5.5	0	3.27	3.27
					2	3.5	0	−24.49	−24.49
					3	1.5	0	−11.13	−11.13
R311-BR	2266.40	2007-4-1	2007-4-6	2011-7-24	1	5.5	0	−86.28	−86.28
					2	3.5	0	−46.80	−46.80
					3	1.5	0	−52.94	−52.94
R312-BR	2260.00	2006-2-9	2006-2-13	2011-7-24	1	5.5	0	−66.51	−66.51
					2	3.5	0	−74.68	−74.68
					3	1.5	0	−51.67	−51.67
R313-BR	2260.00	2006-2-9	2006-2-13	2011-7-24	1	5.5	0	—	断线
					2	3.5	0	−27.47	−27.47
					3	1.5	0	−75.77	−75.77

续表

仪器 编号	高程 /m	埋设 日期	首次观测 日期	末次观测 日期	测点 编号	埋深 /m	初始应力 /MPa	最后应力 /MPa	应力增量 MPa
R314-BR	2240.00	2006-2-11	2007-1-16	2011-7-24	1	5.5	0	—	不稳定
					2	3.5	0	−127.03	−127.03
					3	1.5	0	—	不稳定
R315-BR	2240.00	2006-2-11	2007-1-1	2011-7-24	1	5.5	0	185.82	185.82
					2	3.5	0	−7.64	−7.64
					3	1.5	−0.77	−141.66	−140.89
R316-BR	2240.00	2006-2-11	2006-2-13	2006-5-3	1	5.5	0	118.20	118.20
					2	3.5	0	59.23	59.23
					3	1.5	0	37.35	37.35

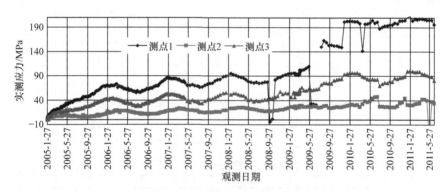

图 4-193　右岸坝肩上游边坡区 R301-YS 锚杆实测应力变化

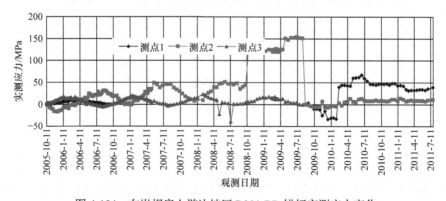

图 4-194　右岸坝肩上游边坡区 R301-BR 锚杆实测应力变化

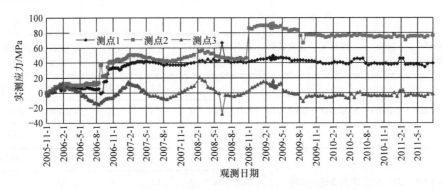

图 4-195　右岸坝肩上游边坡区 R302-BR 锚杆实测应力变化

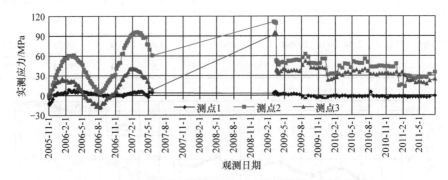

图 4-196　右岸坝肩上游边坡区 R303-BR 锚杆实测应力变化

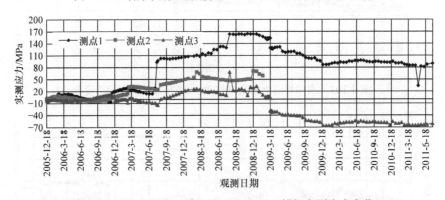

图 4-197　右岸坝肩上游边坡区 R304-BR 锚杆实测应力变化

2. 右岸坝肩下游边坡区

右岸坝肩下游边坡区布置了 9 套多点位移计。表 4-51 是右岸坝肩下游边坡区各监测点累计位移，图 4-209～图 4-217 是多点位移计测得累计位移随时间的变化。由表 4-51、图 4-209～图 4-217 可知，除 M308-YX 的测点 1 出现不稳定现象外，其他多数监测点开挖后坡体卸荷变形程度较小，最大累计位移为−3.37mm，总体趋于稳定。

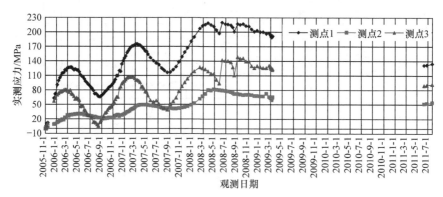

图 4-198　右岸坝肩上游边坡区 R305-BR 锚杆实测应力变化

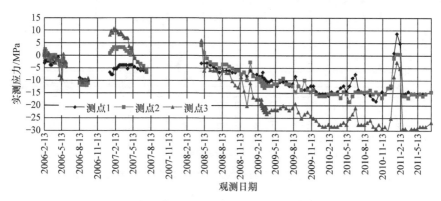

图 4-199　右岸坝肩上游边坡区 R306-BR 锚杆实测应力变化

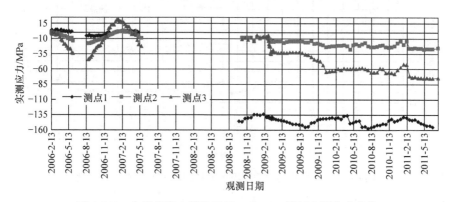

图 4-200　右岸坝肩上游边坡区 R307-BR 锚杆实测应力变化

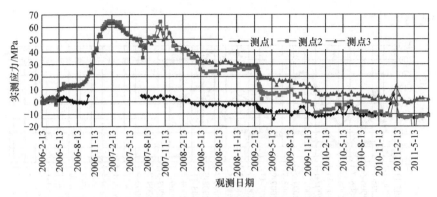

图 4-201　右岸坝肩上游边坡区 R309-BR 锚杆实测应力变化

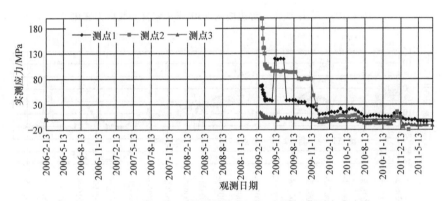

图 4-202　右岸坝肩上游边坡区 R310-BR 锚杆实测应力变化

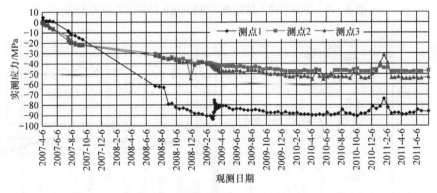

图 4-203　右岸坝肩上游边坡区 R311-BR 锚杆实测应力变化

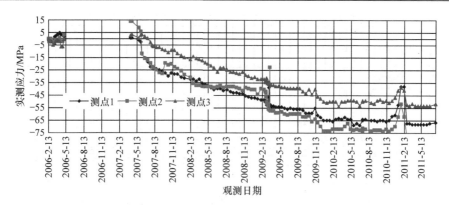

图 4-204　右岸坝肩上游边坡区 R312-BR 锚杆实测应力变化

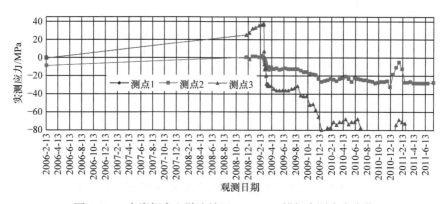

图 4-205　右岸坝肩上游边坡区 R313-BR 锚杆实测应力变化

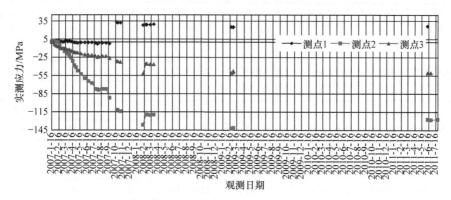

图 4-206　右岸坝肩上游边坡区 R314-BR 锚杆实测应力变化

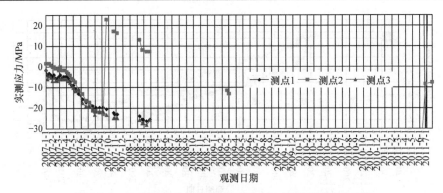

图 4-207　右岸坝肩上游边坡区 R315-BR 锚杆实测应力变化

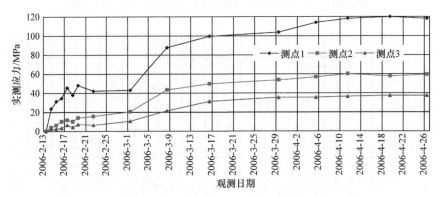

图 4-208　右岸坝肩上游边坡区 R316-BR 锚杆实测应力变化

表 4-51　右岸坝肩下游边坡区各监测点累计位移

仪器编号	高程/m	埋设日期	首次观测日期	末次观测日期	测点编号	埋深/m	累计位移/mm
M301-YX	2430.00	2004-12-9	2005-10-12	2011-7-24	1	30	0.09
					2	20	−0.46
					3	5	0.10
M302-YX	2400.00	2005-1-27	2006-10-23	2011-7-24	1	30	1.27
					2	20	0.65
					3	5	0.40
M303-YX	2385.00	2005-7-14	2005-12-18	2011-7-24	1	30	1.67
					2	20	0.70
					3	5	0.79
M304-YX	2370.00	2006-3-4	2006-3-16	2011-7-24	1	30	0.47
					2	20	0.52
					3	5	0.27

续表

仪器 编号	高程 /m	埋设 日期	首次观测 日期	末次观测 日期	测点 编号	埋深 /m	累计位移 /mm
M305-YX	2340.00	2006-5-14	2006-5-16	2011-7-24	1	30	−1.60
					2	20	−0.98
					3	5	1.44
M306-YX	2325.00	2006-5-14	2006-5-16	2009-1-19	1	30	0.14
					2	20	−0.31
					3	5	−3.37
M307-YX	2295.00	2006-5-14	2006-5-16	2011-7-24	1	30	0.12
					2	20	0.50
					3	5	0.22
M308-YX	2280.00	2006-2-11	2006-2-13	2011-7-24	1	30	不稳定
					2	20	1.89
					3	5	−3.31
M309-YX	2250.00	2006-5-14	2006-5-16	2008-3-27	1	30	2.46
					2	20	1.95
					3	5	0.03

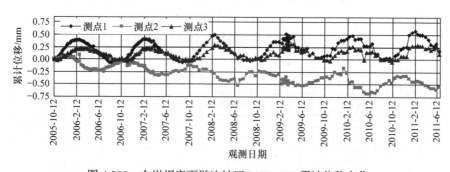

图 4-209　右岸坝肩下游边坡区 M301-YX 累计位移变化

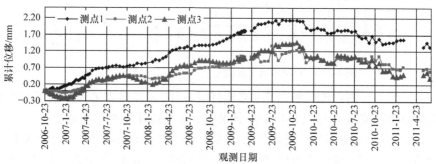

图 4-210　右岸坝肩下游边坡区 M302-YX 累计位移变化

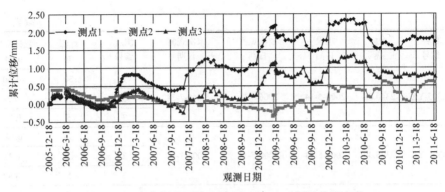

图 4-211　右岸坝肩下游边坡区 M303-YX 累计位移变化

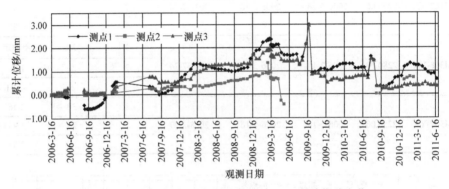

图 4-212　右岸坝肩下游边坡区 M304-YX 累计位移变化

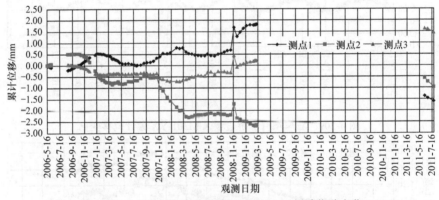

图 4-213　右岸坝肩下游边坡区 M305-YX 累计位移变化

　　右岸坝肩下游边坡区布置了 9 套锚杆应力计。表 4-52 是右岸坝肩下游边坡区各监测点锚杆实测应力，图 4-218～图 4-226 是各锚杆实测应力变化。由表 4-52、图 4-218～图 4-226 可知，低高程部位的 R306-YX、R308-YX、R309-YX 最后应力测值较大。实测锚杆应力呈现出波动上升的趋势，最后应力变化范围为 0.01～68.61MPa。

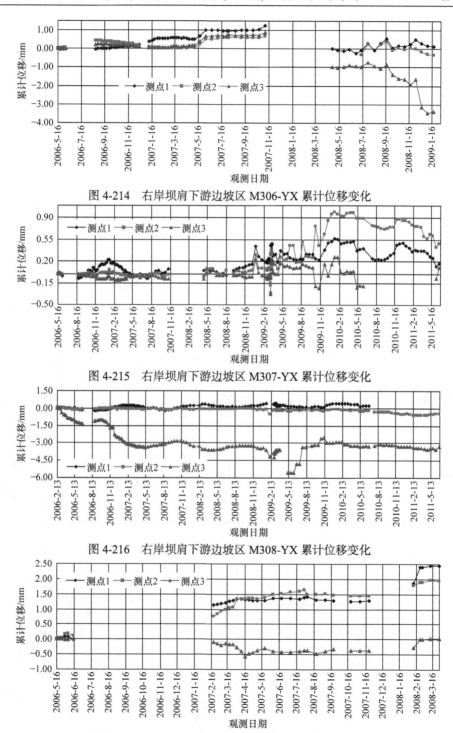

图 4-214　右岸坝肩下游边坡区 M306-YX 累计位移变化

图 4-215　右岸坝肩下游边坡区 M307-YX 累计位移变化

图 4-216　右岸坝肩下游边坡区 M308-YX 累计位移变化

图 4-217　右岸坝肩下游边坡区 M309-YX 累计位移变化

表 4-52　右岸坝肩下游边坡区各监测点锚杆实测应力

仪器编号	高程/m	埋设日期	首次观测日期	末次观测日期	测点编号	埋深/m	初始应力/MPa	最后应力/MPa	应力增量/MPa
R301-YX	2430.00	2005-1-19	2005-10-12	2011-7-24	1	5.5	0	7.20	7.20
					2	3.5	0	7.99	7.99
					3	1.5	0	4.06	4.06
R302-YX	2400.00	2005-10-16	2006-10-16	2011-7-24	1	5.5	0	−0.01	−0.01
					2	3.5	0	8.86	8.86
					3	1.5	0	14.20	14.20
R303-YX	2385.00	2005-7-23	2005-12-18	2011-7-24	1	5.5	−0.16	20.41	20.57
					2	3.5	0	26.10	26.10
					3	1.5	0.16	−1.48	−1.64
R304-YX	2370.00	2006-3-4	2006-3-16	2011-7-24	1	5.5	0	—	断线
					2	3.5	0	−15.05	−15.05
					3	1.5	0	−0.79	−0.79
R305-YX	2340.00	2006-5-14	2006-5-16	2011-7-24	1	5.5	0	−8.45	−8.45
					2	3.5	0	−1.32	−1.32
					3	1.5	0	4.30	4.30
R306-YX	2325.00	2006-5-14	2006-5-16	2009-2-6	1	5.5	0	66.81	66.81
					2	3.5	0	—	—
					3	1.5	0	68.61	68.61
R307-YX	2295.00	2006-5-14	2006-5-16	2011-7-24	1	5.5	0	−2.34	−2.34
					2	3.5	0	−8.68	−8.68
					3	1.5	0	−9.03	−9.03
R308-YX	2280.00	2005-12-4	2006-2-13	2011-7-24	1	5.5	0	35.65	35.65
					2	3.5	0	−7.93	−7.93
					3	1.5	0	—	断线
R309-YX	2250.00	2006-5-14	2006-5-16	2009-3-27	1	5.5	0	62.14	62.14
					2	3.5	0	13.79	13.79
					3	1.5	0	16.41	16.41

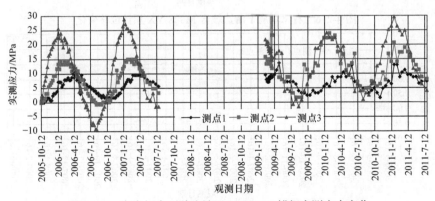

图 4-218　右岸坝肩下游边坡区 R301-YX 锚杆实测应力变化

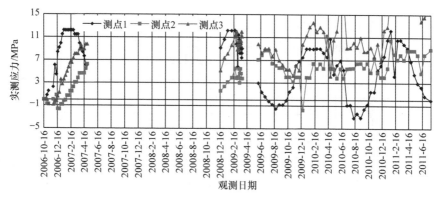

图 4-219　右岸坝肩下游边坡区 R302-YX 锚杆实测应力变化

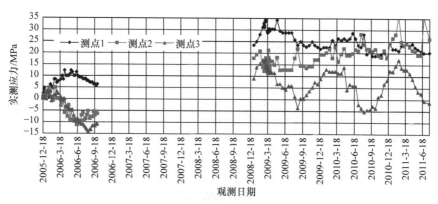

图 4-220　右岸坝肩下游边坡区 R303-YX 锚杆实测应力变化

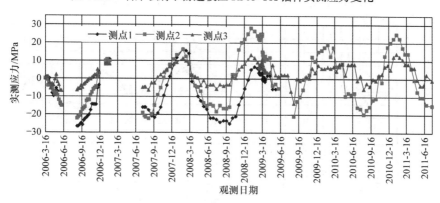

图 4-221　右岸坝肩下游边坡区 R304-YX 锚杆实测应力变化

3. 右岸坝顶以上边坡区

右岸坝顶以上边坡区主要指位于高程 2500.00m 以上，尤其是青石梁边坡部位。施工中布置了地表大地测量、多点位移计、锚杆应力计等。

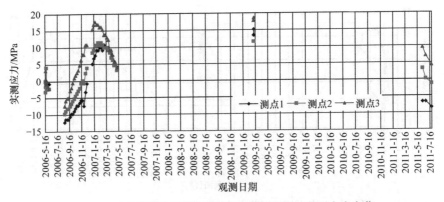

图 4-222　右岸坝肩下游边坡区 R305-YX 锚杆实测应力变化

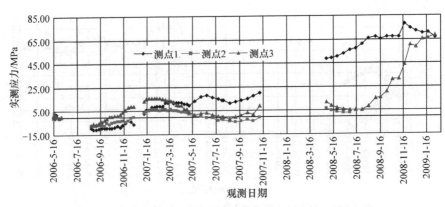

图 4-223　右岸坝肩下游边坡区 R306-YX 锚杆实测应力变化

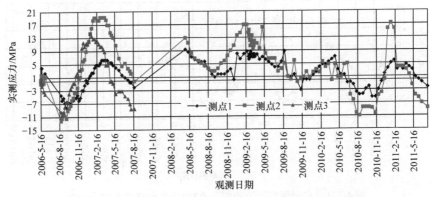

图 4-224　右岸坝肩下游边坡区 R307-YX 锚杆实测应力变化

右岸坝顶以上边坡区布置了 14 个大地监测点。表 4-53 是右岸坝顶以上边坡区地表大地监测点累计位移监测结果,图 4-227～图 4-240 为各监测点累计位移变化。由表 4-53、图 4-227～图 4-240 可知,虽然各监测点的累计位移有波动,但是

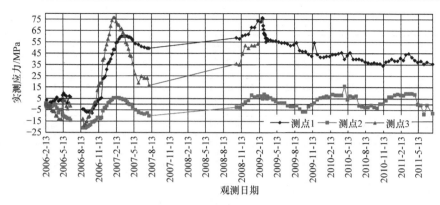

图 4-225　右岸坝肩下游边坡区 R308-YX 锚杆实测应力变化

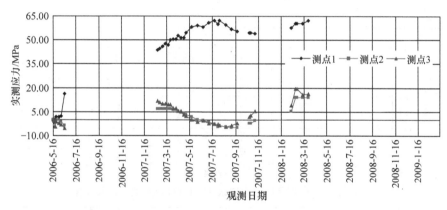

图 4-226　右岸坝肩下游边坡区 R309-YX 锚杆实测应力变化

总体呈逐渐增大后趋于稳定的状态。就各方向的累计位移变化而言，TP01-YG～TP03-YG 测得的 X 方向累计位移较小，最小为 0.20mm；Y 方向累计位移为 0.30～33.30mm。高程 2516.67m 以上 X 方向累计位移较大，为 12.70～32.40mm，最大值在 2560.07m 高程处；Y 方向累计位移–2.30～–26.20mm。除高程 2516.67m 处垂向 H 的累计位移为负值，其余为 9.60～96.60mm，最大值出现在高程 2585.94m 处。

表 4-53　右岸坝顶以上边坡区地表大地监测点累计位移

仪器编号	高程/m	埋设日期	初次观测日期	末次观测日期	累计位移/mm		
					X 方向	Y 方向	H 方向
TP01-YG	2600.93	2009-3-22	2009-7-3	2011-7-20	5.70	0.30	20.30
TP02-YG	2555.40	2009-3-23	2009-7-3	2011-7-20	1.50	2.60	9.60
TP03-YG	2516.67	2009-3-24	2009-7-3	2011-7-20	0.20	33.30	−25.60
TP04-YG	2610.63	2005-11-25	2005-12-12	2011-7-20	24.70	−11.00	61.20
TP05-YG	2555.27	2005-11-25	2005-12-12	2011-8-12	20.80	−12.50	57.90

续表

仪器 编号	高程 /m	埋设 日期	初次观测 日期	末次观测 日期	累计位移/mm		
					X方向	Y方向	H方向
TP06-YG	2605.62	2004-10-29	2004-11-24	2011-7-24	30.00	−16.90	70.00
TP07 YG	2560.07	2004-10-26	2004-11-30	2011-7-30	32.40	−2.30	74.80
TP08-YG	2503.90	2004-10-19	2006-12-28	2011-7-20	18.20	−4.80	78.10
TP09-YG	2611.89	2005-10-12	2005-12-12	2011-7-20	19.40	−17.00	85.10
TP10-YG	2562.53	2005-10-7	2005-12-12	2011-7-20	16.00	−18.50	94.60
TP11-YG	2613.09	2005-10-11	2005-12-12	2011-7-20	12.70	−19.50	77.60
TP12-YG	2564.13	2005-10-6	2005-12-12	2011-7-20	15.90	−16.40	86.90
TP13-YG	2585.94	2005-10-11	2005-12-12	2011-7-20	13.70	−16.80	96.60
TP14-YG	2613.69	2005-10-12	2005-12-12	2011-7-20	13.80	−26.20	68.40

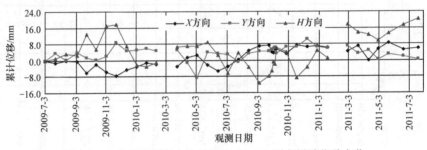

图 4-227　右岸坝顶以上边坡区 TP01-YG 测点累计位移变化

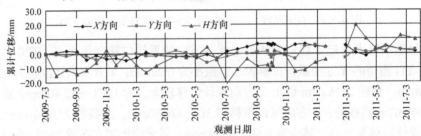

图 4-228　右岸坝顶以上边坡区 TP02-YG 测点累计位移变化

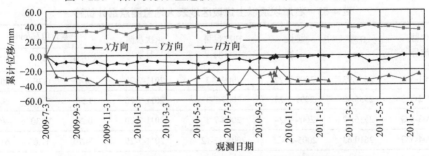

图 4-229　右岸坝顶以上边坡区 TP03-YG 测点累计位移变化

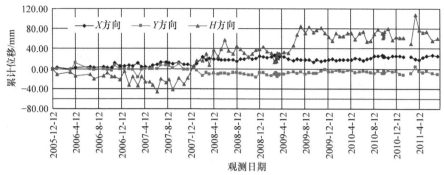

图 4-230　右岸坝顶以上边坡区 TP04-YG 测点累计位移变化

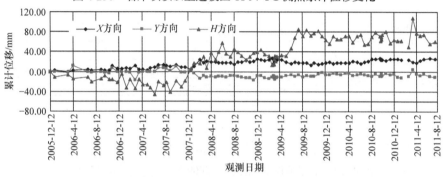

图 4-231　右岸坝顶以上边坡区 TP05-YG 测点累计位移变化

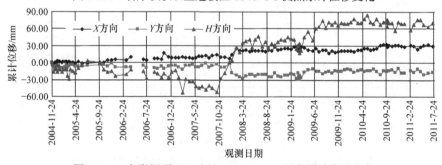

图 4-232　右岸坝顶以上边坡区 TP06-YG 测点累计位移变化

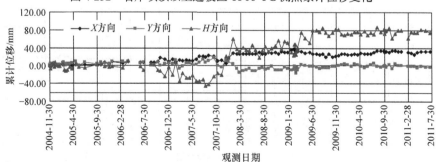

图 4-233　右岸坝顶以上边坡区 TP07-YG 测点累计位移变化

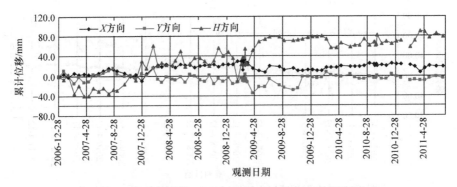

图 4-234　右岸坝顶以上边坡区 TP08-YG 测点累计位移变化

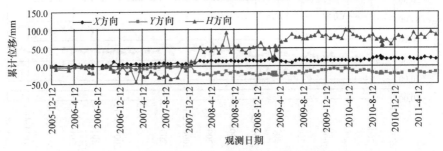

图 4-235　右岸坝顶以上边坡区 TP09-YG 测点累计位移变化

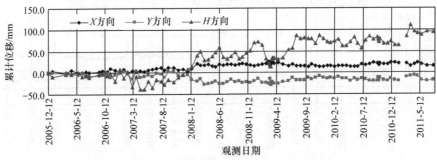

图 4-236　右岸坝顶以上边坡区 TP10-YG 测点累计位移变化

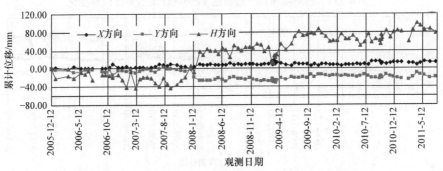

图 4-237　右岸坝顶以上边坡区 TP11-YG 测点累计位移变化

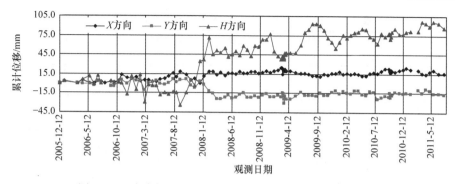

图 4-238　右岸坝顶以上边坡区 TP12-YG 测点累计位移变化

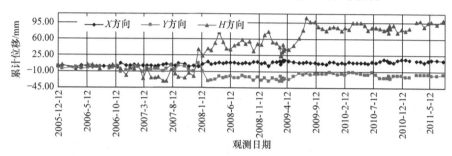

图 4-239　右岸坝顶以上边坡区 TP13-YG 测点累计位移变化

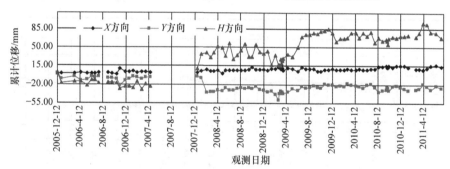

图 4-240　右岸坝顶以上边坡区 TP14-YG 测点累计位移变化

　　右岸坝顶以上边坡区布置了 5 套多点位移计。表 4-54 是右岸坝顶以上边坡区多点位移计监测点累计位移,图 4-241～图 4-245 是各多点位移计测点累计位移变化。由表 4-54、图 4-241～图 4-245 可知,该边坡部位各测点向坡外的最大累计位移为 1.99mm,出现在高程 2524.60m 处(仪器编号 M4G2-YG 的测点 1);向坡内的最大累计位移为 5.77mm,出现在高程 2513.00m 处(仪器编号 M401-YG 的测点 3);各测点在监测期间累计位移总体呈现波动变化并趋于稳定的特点,整体表现为累计位移小,监测部位边坡稳定性好。

表 4-54　右岸坝顶以上边坡区多点位移计监测点累计位移

仪器编号	高程/m	埋设日期	首次观测日期	末次观测日期	测点编号	埋深/m	累计位移/mm
M4G1-YG	2522.90	2004-7-30	2004-8-14	2011-7-23	1	40	1.65
					2	20	−3.57
					3	10	−3.19
					4	5	−2.61
M4G2-YG	2524.60	2004-10-1	2004-12-31	2011-7-23	1	40	1.99
					2	20	0.37
					3	10	0.96
					4	5	1.48
M401-YG	2513.00	2005-4-23	2005-6-30	2011-6-30	1	40	−4.76
					2	20	−5.73
					3	10	−5.77
					4	5	−5.29
M402-YG	2513.00	2005-3-24	2005-6-30	2011-6-30	1	40	1.65
					2	20	0.37
					3	10	0.65
					4	5	1.03
M403-YG	2513.00	2005-4-19	2005-6-30	2011-6-30	1	40	1.25
					2	20	1.03
					3	10	−0.05
					4	5	−1.58

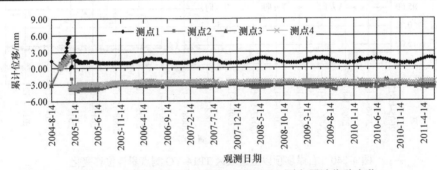

图 4-241　右岸坝顶以上边坡区 M4G1-YG 测点累计位移变化

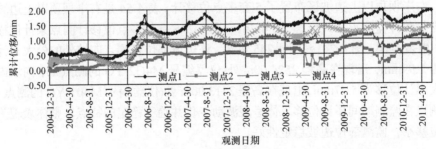

图 4-242　右岸坝顶以上边坡区 M4G2-YG 测点累计位移变化

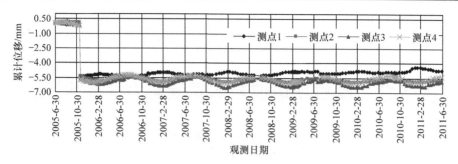

图 4-243　右岸坝顶以上边坡区 M401-YG 测点累计位移变化

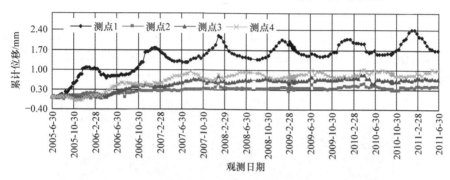

图 4-244　右岸坝顶以上边坡区 M402-YG 测点累计位移变化

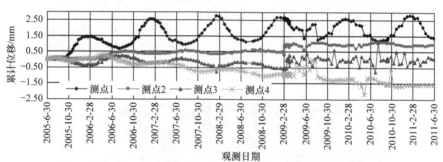

图 4-245　右岸坝顶以上边坡区 M403-YG 测点累计位移变化

第5章 高拱坝边坡岩体质量与力学参数评价

5.1 边坡坡体结构

5.1.1 结构面

拉西瓦水电站坝址区各级结构面较发育。拉西瓦水电站坝址区出现的Ⅰ级结构面仅有伊黑龙断层 F_1 和拉西瓦断层 F_2。图 5-1 是坝址左岸边坡部位岩体长大结构面分布，图 5-2 是坝址右岸边坡部位岩体长大结构面分布。

图 5-1　坝址左岸边坡部位岩体长大结构面分布

图 5-2　坝址右岸边坡部位岩体长大结构面分布

1. Ⅱ级结构面特征

拉西瓦水电站坝址区发育的Ⅱ级结构面，地表出露长度一般大于 400m，破碎带宽度一般大于 0.5m(局部最大达 1.5m)。Ⅱ级结构面多贯穿两岸，控制坝址高边坡的稳定性，充填物主要为糜棱岩、压碎岩、断层泥等，属软弱结构面，如 F_{26}、

F$_{172}$、Hf$_8$ 等。坝址区两岸发育的Ⅱ级结构面特征见表 5-1。由表 5-1 可以看出，拉西瓦水电站坝址区Ⅱ级级结构面以走向 NW 组断层为主，且多为压扭性逆断层。其中，缓倾角断层多倾向 SW，陡倾角断层多倾向 SE。

表 5-1　坝址区两岸发育的Ⅱ级结构面特征

断层编号	性质	产状			宽度/cm	长度/m	结构面性状
		走向/(°)	倾向	倾角/(°)			
F$_{26}$	逆断兼扭性	NW343～N0(左) NE2～5(右)	NE /SE	60～86	5～40	>400	逆冲兼扭性，面光滑，波状起伏，胶结差
F$_{29}$	逆断	NE10～46	SE	30～40	10～80	>450	宽 0.5m，充填角砾岩、糜棱岩、碎块岩、断层泥、钙质等，胶结差，上盘影响带宽 1.5m
F$_{172}$	扭性	NW353～NE2	NS～SE	65～71	2～50	433	面平直，扭性，胶结较差
Hf$_8$	逆断	NW270～295	SW	13～22	10～80	303～475	逆断，带擦痕，构造岩，强～弱风化，胶结较差
Hf$_{10}$	逆断	NW285～297	SW	13～22	12～25	300～470	为角砾岩、糜棱岩，胶结差，断面具绿色片状矿物，局部夹泥
Hf$_{12}$	逆断	W270～NW300	E～SW	17～34	10～150	300～470	为角砾岩、糜棱岩，胶结差，断面具绿色片状矿物，局部夹泥
HL$_{32}$	长大裂隙	W270～NW320	E～SW	10～20	5～20	235～395	平行于 Hf$_8$ 面，平直，光滑

2. Ⅲ级结构面特征

拉西瓦水电站坝址区发育的Ⅲ级结构面，出露长度一般小于 400m，破碎带宽度一般为 0.2～0.5m(局部可达 1m)。拉西瓦水电站坝址区Ⅲ级结构面贯穿局部岸坡，控制岸坡较大结构体的稳定性。充填物以碎裂岩、糜棱岩、泥质为主，属软弱结构面。表 5-2 是坝址区发育的Ⅲ级结构面特征。由表 5-2 可以看出，拉西瓦水电站坝址区Ⅲ级结构以走向 NNW 或 NNE 断层为主，且为陡倾断层。统计优势结构面方位主要有三组，分别为：①组产状为 NE19°～39°、NW∠65°～81°；②组产状为 N0°～NE11°、E～SE∠61°～88°；③组产状为 W0°～NW50°、S～SW∠7°～19°。其中，①组和②组结构面为陡倾结构面，③组为缓倾结构面。

表 5-2　坝址区发育的Ⅲ级结构面特征

断层编号	产状			宽度/cm	长度/m	结构面性状
	走向/(°)	倾向	倾角/(°)			
F$_{27}$	NE28～33	NW	71	5～40	180～215	正断层兼扭性，胶结较差

断层编号	产状			宽度/cm	长度/m	结构面性状
	走向/(°)	倾向	倾角/(°)			
F_{28}	NE10~35	SW/NW	13~82/42~54	10~80	231~250	高程2350.00m以下走向NNE,面多擦痕,胶结较好~较差
F_{33}	N0~NE32	W~NW	55~78	5~20	132~195	地表拉开0.1~0.5m,胶结较好~较差
F_{155}	NE38	NW	69~80	5~20	40~59	正断层,胶结较好
F_{159}	NW355~NE7	SW~NW	69~76	2~50	43	正断层兼扭性,平直光滑,胶结较差
F_{193}	NE8	SE	85~89	10~30	91~145	较平直,胶结较好
F_{201}	NW347~357	NE	85~89	1~5	137~168	较平直,胶结较好
F_{211}	NW348~NE13	SW~NW	60~63	5~30	180~200	逆断层,平直,构造岩,强风化,胶结较好~较差
F_{319}	NW345~NE31	SW~NW	58~74	4~70	72	正断层兼扭性,平直光滑,胶结较好
F_{419}	NE5	NW	85	5~10	55~88	面微弯曲,胶结较好
F_{184}	NW355~NE5	NE~SE	65~77	10~70	250~322	逆断层兼扭性,平直光滑,胶结较差~差
F_{166}	NW355~NE5	NE~SE	70~77	5~33	130~230	较平直,方解石泥化,胶结较好~较差
F_{178}	NE65~71	SW~NW	73~82	2~10	35~74	正断层兼扭性,较平直,胶结较好
F_{180}	NW355~NE5	NE~SE	62~80	8~40	130~150	逆断层,平直光滑,胶结较好~较差
F_{210}	NW348~N0	NE~E	63~68	20~71	180~190	较平直,胶结较好~较差
F_{330}	NW345~NE10	NE~SE	65~71	10~40	81~140	正断层,较平直,胶结较好
F_{366}	NW345~NE13	NE~SE	66~72	10~50	53~70	较平直光滑,由多条断层组成,胶结较好~较差
F_{368}	NW355~NE14	NW	57~67	15~30	40~64	较平直,胶结较好
F_{396}	NE10~15	SE	63~76	8~30	97~182	逆断层,微弯曲,胶结较好~较差
Hf_1	SW260~NW280	SE~SW	15	20~40	77~95	构成III#变形体底滑面,顺扭性,平直光滑,胶结较差
Hf_2	W270~NW285	S~SW	11~18	45~50	77~95	构成III#变形体底滑面,顺扭性,平直光滑,胶结较差
Hf_3	NW327~350	NE	19~20	10~40	145~234	构成III#变形体底滑面,顺扭性,平直光滑,胶结较差

续表

断层编号	产状			宽度/cm	长度/m	结构面性状
	走向/(°)	倾向	倾角/(°)			
Hf$_4$	NW280~294	SW	15~18:浅 6~13:深	10~50	160~85	构成Ⅱ#变形体底滑面，蠕滑迹象明显，胶结较差~差
Hf$_6$	NW280~300	SW	13~18	6~60	70~160	缓倾裂隙组，与Hf$_{15}$、Hf$_{157}$为同一组，胶结较差~差
Hf$_7$	NW272~290	SW	13~16	20~130	80~230	缓倾裂隙组，与Hf$_{15}$、Hf$_{157}$为同一组，胶结较差
Hf$_{13}$	W270~272NW	S~SW	8~17	10~35	45~90	缓倾裂隙组，与Hf$_{15}$、Hf$_{157}$为同一组，胶结较差~差
HL$_{10}$	NE87/NW310	SE/SW	14~26	2~5	128~225	缓倾裂隙组，与Hf$_{15}$、Hf$_{157}$为同一组，胶结较好
HL$_{13}$	W270~NW285	N~NE	6~12	1~20	60~80	发育5条，胶结较差~差
HL$_{148}$	NW287~298	NE	19~20	0.1~0.2（单条）	80~100	HL$_{145}$~HL$_{148}$成组出现，间距5~45cm，胶结较差~差

3. Ⅳ级结构面特征

拉西瓦水电站坝址区发育的Ⅳ级结构面为延伸长度小于 50m，破碎带宽度 0.1m~0.5m 的断层及长度较大的裂隙，除控制局部岸坡岩体稳定外，也影响坝肩、地下洞室围岩规模较小的块体稳定性，多为硬性结构面，少量为软弱结构面。表 5-3 是坝址区Ⅳ级结构面特征。从表 5-3 可见，拉西瓦水电站坝址区Ⅳ级结构面以中陡倾角为主。统计优势结构面方位，主要有五组，分别为：①组产状为 NE51°~66°、NW∠57°~73°；②组产状为 NW300°~329°、NE∠15°~31°；③组产状为 W~NW286°、SW∠61°~73°；④组产状为 N~NE20°、NW∠6°~81°；⑤组产状为 NW333°~352°、SW∠68°~71°。其中，②组结构面为缓倾角结构面，其余为中陡倾角结构面；走向以 NW 和 NE 两个方向为主。

表 5-3　坝址区Ⅳ级结构面特征

断层编号	产状			宽度/cm	长度/m	结构面性状
	走向/(°)	倾向	倾角/(°)			
f$_{25}$	NE15	NW	10	30	34.77	含5cm碎裂岩，胶结良好，断面粗糙
HL$_1$	NW282	SW	14	11	38.89	闭合裂隙，局部见岩石薄片
f$_4$	NW345	NE	22	40	35.67	方解石为主，局部夹泥
f$_{23}$	NW325	NE	24	10~25	33.11	充填角砾岩、碎屑岩，局部夹泥厚0.3cm

续表

断层编号	产状			宽度/cm	长度/m	结构面性状
	走向/(°)	倾向	倾角/(°)			
f_{10}	NW345	NW	25	2~10	29.89	充填石英、原岩碎块，面较平直
f_8	NW342	NE	27	15~20	33.11	碎裂岩为主，有角砾岩、糜棱岩，泥质物沿上、下界面不连续延伸
f_{15}	NE20	SE	27	25~100	37.08	角砾岩、断层泥、压碎岩、碎块岩，胶结差
f_{13}	NE10	SE	35	5.0~8.0	36.67	充填0.5~1cm左右的灰白、褐绿色钙质断层泥，3cm厚的糜棱岩
f_{8-2}	NW342	NE	30	3	27.85	角砾岩、糜棱岩及少量泥质，胶结较差
f_7	NE20	SE	30	1~3	26.68	充填钙质、岩脉，胶结好
f_{12}	NE20	SE	30	2~60	34.88	充填厚0.3~0.8cm的黄泥，以及压碎岩、断层泥、片岩、碎块岩
f_{20}	NE60	SE	30	5~30	33.11	充填透镜体石英、碎块岩、角砾岩、碎屑岩，含方解石
f_4	NE70	SE	30	10~15	32.09	角砾岩、碎屑岩、片状岩及少量红色泥质物，影响带宽110cm
f_6	NE27	SE	12	50~60	36.67	断层破碎带，局部宽50~60cm，充填厚0.5~1cm的钙质膜有蠕滑变形迹象
f_5	NW305	NE	30	30	34.77	破碎带宽度30cm，局部较窄，夹厚0.5cm的褐色泥膜
Hf_2	NW280	SW	15	60	36.95	糜棱岩为主，少量夹泥
Hf_8	NW286	SW	15	68~80	37.61	下断面灰白色断层泥，分布连续，具可塑性，上断面零星白色泥，中间有灰白色断层、岩石碎块泥及次生紫红色泥充填，间断状
f_9	NW298	NE	14	35	40.83	夹泥厚5mm
f_{21}	NE32	NW	32	1~65	35.07	充填片岩、碎块岩，方解石，断面有水平擦痕
f_3	NE50	NW	72	40	45	正断层，平直，胶结较好
f_{30}	NW350	NE	73	40~150	50~60	逆断层，平直，具擦痕，胶结较好
f_2	NE18~20(左) NE7(右)	NW(左) SE(右)	83(左) 60(右)	3~80	82~100	逆断层，平直，多组擦痕，胶结较好

4. Ⅴ级结构面特征

拉西瓦水电站坝址区发育的Ⅴ级结构面为延伸长度较小或断续延伸的裂隙。Ⅴ级结构面控制岩体完整性，影响岩体的强度和变形。大多数结构面充填较少，多为硬性结构面。通过对勘探平洞发育的节理裂隙的详细调查统计分析发现，Ⅴ级结构面多平直且粗糙，以中陡倾角为主。统计获得优势结构面方位主要有五组，分别如下：①组产状为 NE41°～78°、NW∠48°～83°；②组产状为 NW345°～358°、NE∠67°～88°；③组产状为 NW297°～NE75°、SW～SE∠47°～79°；④组产状为 NW352°～NE17°、SW～NW∠68°～87°；⑤组产状为 NW354°～N0°、NE～E∠0°～11°。其中，①组和③组为主要发育的优势结构面，②组、④组和⑤组为次要发育的优势结构面，⑤组结构面为缓倾角结构面，其余为中陡倾角结构面。

5.1.2　岩体结构

1. 分类依据

Ⅱ级、Ⅲ级结构面是控制边坡稳定性的重要边界条件，对其特征逐条进行研究；Ⅳ级、Ⅴ级结构面主要影响岩体的完整性，是构成岩体结构类型的主要结构面，多数在平洞内或地表露头通过节理裂隙统计获得。表 5-4 为《水力发电工程地质勘察规范》(GB 50287—2016)岩体结构分类，主要考虑了结构面间距；表 5-5 为《水力发电工程地质勘察规范》(GB 50287—2016)岩体完整程度分级，考虑了岩体完整程度。下面分别用拉西瓦水电站坝址区主要边坡代表性平洞结构面发育间距及岩体完整性进行评价，分析拉西瓦水电站坝址区工程边坡岩体的结构特征。

表 5-4　《水力发电工程地质勘察规范》(GB 50287—2016)中的岩体结构分类

类型	亚类	岩体结构特征
块状结构	整体状结构	岩体完整，呈巨块状，结构面不发育，间距大于 100cm
	块状结构	岩体较完整，呈块状，结构面轻度发育，间距一般 50～100cm
	次块状结构	岩体较完整，呈次块状，结构面中等发育，间距一般 30～50cm
层状结构	巨厚层状结构	岩体完整，呈巨厚层状，结构面不发育，间距大于 100cm
	厚层状结构	岩体较完整，呈厚层状，结构面轻度发育，间距一般 50～100cm
	中厚层状结构	岩体较完整，呈中厚层状，结构面中等发育，间距一般 30～50cm
	互层状结构	岩体较完整或完整性差，呈互层状，结构面较发育或发育，间距一般 10～30cm
	薄层状结构	岩体完整性差，呈薄层状，结构面发育，间距一般小于 10cm
镶嵌结构	镶嵌结构	岩体完整性差，岩块嵌合紧密～较紧密，结构面较发育到很发育，间距一般 10～30cm

类型	亚类	岩体结构特征
碎裂结构	块裂结构	岩体完整性差,岩块间有岩屑和泥质物充填,嵌合中等紧密~较松弛,结构面较发育~很发育,间距一般10~30cm
	碎裂结构	岩体较破碎,岩块间有岩屑和泥质物充填,嵌合较松弛~松弛,结构面很发育,间距一般小于10cm
散体结构	碎块状结构	岩体破碎,岩块夹岩屑或泥质物,嵌合松弛
	碎屑状结构	岩体极破碎,岩屑或泥质物夹岩块,嵌合松弛

表 5-5　《水力发电工程地质勘察规范》(GB 50287—2016)中的岩体完整程度分级

岩体完整程度	完整	较完整	完整性差	较破碎	破碎
岩体完整性系数 K_v	> 0.75	0.75~0.55	0.55~0.35	0.35~0.15	≤ 0.15

拉西瓦水电站坝址区岩体为花岗岩,结构面为断层、裂隙。研究中主要考虑Ⅳ级、Ⅴ级硬性结构面。岩体结构的划分以表 5-4 中的《水力发电工程地质勘察规范》(GB 50287—2016)中的岩体结构分类为依据。参考表 5-4 中的结构面间距 D 和表 5-5 中的岩体完整性系数 K_v,建立拉西瓦水电站坝址区工程边坡岩体结构分类标准见表 5-6。

表 5-6　拉西瓦水电站坝址区工程边坡岩体结构分类标准

结构类型	代号	岩体结构特征	结构面间距 D/cm	岩体完整性系数 K_v	RQD /%
整体状结构	I_A	岩体完整,巨块状,结构面稀疏且呈闭合状态或填充方解石,新鲜,微风化	>100	>0.75	> 90
块状结构	I_B	岩体较完整,块状,结构面轻度发育,闭合或填充方解石脉,局部锈染,新鲜或微风化岩体	50~100	0.55~0.75	75~90
次块状结构	I_C	岩体较完整,结构面中等发育,闭合,局部微张开,有风化及锈染,弱风化或微风化岩体	30~50	0.35~0.55	50~75
镶嵌结构	II_A	岩体完整性差,结构面发育,岩块嵌合紧密,弱风化岩或微风化岩体中的裂隙密集带	10~30	0.15~0.35	25~50
碎裂结构	II_B	岩体较破碎,结构面很发育,微张或张开,岩块接触不紧,强风化岩体或弱风化岩体中的密集带	≤10	≤0.15	≤ 25
散体结构	III	主要为断层破碎带,以碎裂岩块夹岩屑及少许泥质物质为主	—	—	—

2. 结构面间距特征

结构面间距是评价岩体结构最直接的要素，它反映了岩体的完整程度。实际运用中，结构面间距通常采用最发育一组裂隙的平均间距作为衡量标准。研究中以 5m 洞段为评价单元对边坡相关平洞内发育的节理裂隙进行较详细的统计，通过开发的裂隙切割程序，按 0.1m 的切割线在计算机上自动实现切割；可以获得每 5m 洞段各组裂隙的间距，然后选取最发育的一组裂隙间距均值作为该洞段结构面的间距，就可以得到每个平洞的结构面间距随洞深的变化规律，为岩体结构的划分提供必要的资料。图 5-3～图 5-16 为拉西瓦水电站坝址区部分平洞岩体结构面间距随洞深的变化特征。

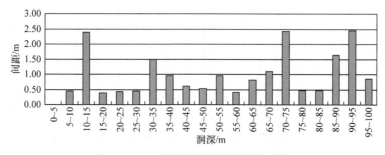

图 5-3　PD$_{7-2}$结构面间距随洞深的变化

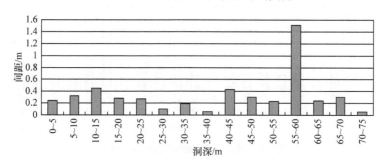

图 5-4　PD$_{19}$结构面间距随洞深的变化

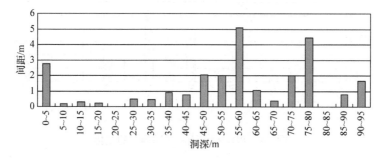

图 5-5　PD$_{35-1}$结构面间距随洞深的变化

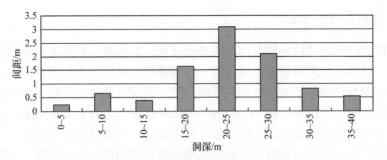

图 5-6　PD$_{35-2}$结构面间距随洞深的变化

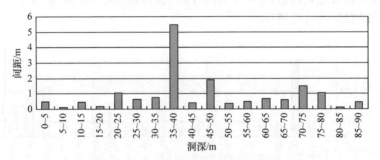

图 5-7　PD$_{27}$结构面间距随洞深的变化

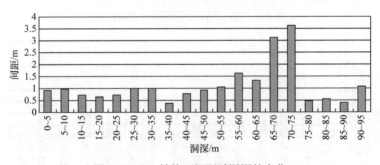

图 5-8　PD$_{11}$结构面间距随洞深的变化

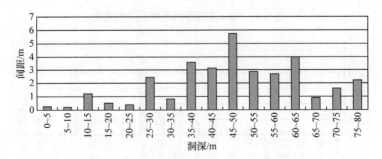

图 5-9　PD$_{31}$结构面间距随洞深的变化

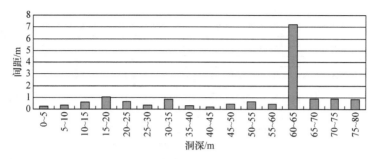

图 5-10　PD$_{28}$结构面间距随洞深的变化

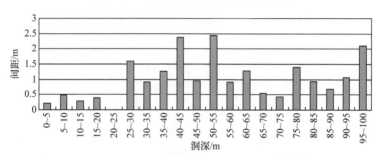

图 5-11　PD$_{4-1}$结构面间距随洞深的变化

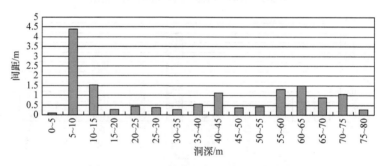

图 5-12　PD$_{24-2}$结构面间距随洞深的变化

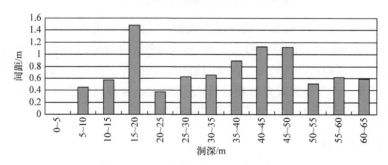

图 5-13　PD$_{8-3}$结构面间距随洞深的变化

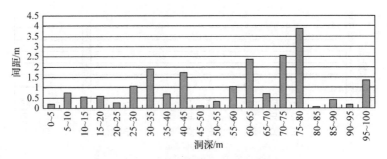

图 5-14　PD$_{14}$结构面间距随洞深的变化

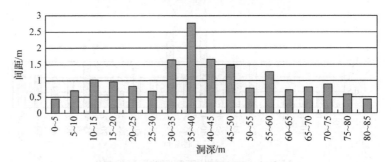

图 5-15　PD$_{32}$结构面间距随洞深的变化

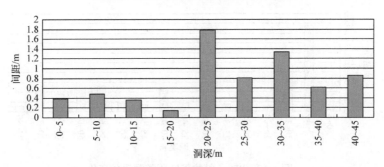

图 5-16　PD$_{36}$结构面间距随洞深的变化

由图 5-3～图 5-16 可知，拉西瓦水电站坝址区两岸主要勘探平洞结构面发育基本相似，优势结构面间距一般大于 50cm，最小结构面间距多分布于靠近坡面洞口处；洞口段结构面间距较小，岩体呈破碎～较破碎；随洞深的增大，结构面间距(除断层带、节理裂隙发育密集带外)逐渐增大，岩体完整性改善；此外，左右两岸总体表现为低高程比上部高程部位完整性较好。

3. 岩体完整性

岩体完整性是评价岩体结构的重要指标，一般采用岩体完整性系数来表征，即实测岩体纵波速度与新鲜岩石的纵波速度比的平方。根据现场大量洞壁波速测试结果，经统计及类比相关工程，拉西瓦水电站坝址区新鲜花岗岩波速选取 $V_{pr}=5600m/s$。岩体完整性系数用 $K_v=(V_P/V_{pr})^2$ 计算，V_P 为平洞测试波速，单位为 m/s。据此，坝址区两岸部分平洞岩体完整性评价结果见表 5-7～表 5-9，各平洞岩体完整性综合评价结果见表 5-10。

表 5-7　坝址区两岸坝肩上部高程 PD7-2、PD28 岩体完整性评价

左岸 PD7-2				右岸 PD28			
洞深/m	V_P/(m/s)	K_v	完整性	洞深/m	V_P/(m/s)	K_v	完整性
5～10	1400	0.06	破碎	5～10	1680	0.09	破碎
10～15	1400	0.06	破碎	10～15	1680	0.09	破碎
15～20	1400	0.06	破碎	15～20	2083	0.14	破碎
20～25	3100	0.31	较破碎	20～25	2352	0.18	较破碎
25～30	3100	0.31	较破碎	25～30	2284	0.17	较破碎
30～35	3100	0.31	较破碎	30～35	2240	0.16	较破碎
35～40	3100	0.31	较破碎	35～40	2441	0.19	较破碎
40～45	4500	0.65	较完整	40～45	2576	0.21	较破碎
45～50	4500	0.65	较完整	45～50	2844	0.26	较破碎
50～55	4500	0.65	较完整	50～55	3024	0.29	较破碎
55～60	4500	0.65	较完整	55～60	3696	0.44	完整性差
60～65	4500	0.65	较完整	60～65	4144	0.55	完整性差
65～70	4660	0.69	较完整	—	—	—	—
70～75	5300	0.90	完整	—	—	—	—

表 5-8　坝址区两岸坝肩中高程 PD35-1、PD8-3 岩体完整性评价

左岸 PD35-1				右岸 PD8-3			
洞深/m	V_P/(m/s)	K_v	完整性	洞深/m	V_P/(m/s)	K_v	完整性
5～10	2100	0.14	破碎	0～5	2240	0.16	较破碎
10～15	3700	0.44	完整性差	5～10	1848	0.11	破碎
15～20	3700	0.44	完整性差	10～15	1792	0.10	破碎
20～25	4000	0.51	完整性差	15～20	2408	0.18	较破碎
25～30	4000	0.51	完整性差	20～25	2688	0.23	较破碎
30～35	4400	0.62	较完整	25～30	3920	0.49	完整性差
35～40	4500	0.65	较完整	30～35	5152	0.85	完整
40～45	4500	0.65	较完整	35～40	4816	0.74	较完整
45～50	4740	0.72	较完整	40～45	4480	0.64	较完整
50～55	4780	0.73	较完整	45～50	4424	0.62	较完整

左岸 PD_{35-1}				右岸 PD_{8-3}			
洞深/m	V_P/(m/s)	K_v	完整性	洞深/m	V_P/(m/s)	K_v	完整性
55～60	4700	0.70	较完整	50～55	4368	0.61	较完整
60～65	4700	0.70	较完整	55～60	4424	0.62	较完整
65～70	5500	0.96	完整	60～65	4480	0.64	较完整
70～75	5600	1.00	完整	65～70	4480	0.64	较完整
75～80	4740	0.72	较完整	70～75	4480	0.64	较完整
—	—	—	—	75～80	5096	0.83	完整
—	—	—	—	80～85	5712	1.00	完整

表 5-9　坝址区两岸坝肩低高程 PD_{31}、PD_{32}、PD_{14} 岩体完整性评价

左岸 PD_{31}				右岸 PD_{32}			
洞深/m	V_P/(m/s)	K_v	完整性	洞深/m	V_P/(m/s)	K_v	完整性
0～5	2100	0.14	破碎	50～55	4950	0.78	完整
5～10	2259	0.16	较破碎	55～60	5264	0.88	完整
10～15	5500	0.96	完整	60～65	5667	1.00	完整
15～20	4928	0.77	较完整	65～70	5936	1.00	完整
20～25	4390	0.61	较完整	右岸 PD_{14}			
25～30	4032	0.52	完整性差	洞深/m	V_P/(m/s)	K_v	完整性
30～35	4252	0.58	较完整	0～5	2259	0.16	较破碎
35～40	4816	0.74	较完整	5～10	2357	0.18	较破碎
40～45	4816	0.74	较完整	10～15	3000	0.29	较破碎
45～50	4928	0.77	完整	15～20	4250	0.58	较完整
50～55	5600	1.00	完整	20～25	4205	0.56	较完整
55～60	3342	0.36	较破碎	25～30	4018	0.51	完整性差
60～65	5011	0.80	完整	30～35	4000	0.51	完整性差
右岸 PD_{32}				35～40	4679	0.70	较完整
洞深/m	V_P/(m/s)	K_v	完整性	40～45	5018	0.80	完整
15～20	3382	0.36	完整性较差	45～50	5089	0.83	完整
20～25	3046	0.30	较破碎	50～55	5241	0.88	完整
25～30	3584	0.41	完整性较差	55～60	4732	0.71	较完整
30～35	3763	0.45	完整性较差	60～65	5232	0.87	完整
35～40	4480	0.64	较完整	65～70	5536	0.98	完整
40～45	4480	0.64	较完整	70～75	5107	0.83	完整
45～50	4480	0.64	较完整	75～80	4643	0.69	较完整

表 5-10　坝址区工程边坡部位平洞岩体完整性综合评价

高程部位	平洞	岸坡	高程/m	岩体完整性对应各洞段位置/m			
				破碎	较破碎	完整性差	较完整～完整
上部高程	PD$_{7-2}$	左	>2380	0～20	20～40	—	40～75
	PD$_{28}$	右	>2380	0～20	20～55	55～65	—
中高程	PD$_{35-1}$	左	2310～2380	0～10	—	10～30	30～80
	PD$_{8-3}$	右	2310～2380	0～15	15～25	25～30	30～85
低高程	PD$_{31}$	左	<2310	0～5	5～10	25～30	10～25/30～65
	PD$_{32}$	右	<2310	—	20～25	15～20/25～35	35～70
	PD$_{14}$	右	<2310	—	0～15	25～35	15～25/35～80

由表 5-10 可知,拉西瓦水电站坝址区边坡岩体完整性从破碎、较破碎、完整性差、较完整～完整均发育。坝址区两岸平洞岩体以较完整～完整岩体为主,约占 57%;破碎、较破碎岩体较少,约占 32%,而且仅在洞口部位有分布;少量完整性差的岩体占 11%(图 5-17)。在高程上,一般低高程及中高程部位平洞岩体以较完整～完整岩体为主,分别占 77%和 66%,较破碎及破碎岩体所占比例较少,其中破碎岩体主要分布在洞口部位(图 5-18、图 5-19);上部高程部位较完整～完整岩体分布较少,占 27%,仅在平洞的洞深部位有分布,表明上部高程部位岩体卸荷程度较强,影响深度较大(图 5-20)。

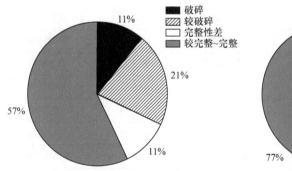

图 5-17　平洞岩体完整性特征

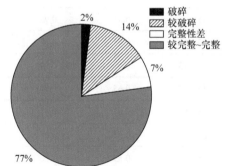

图 5-18　低高程岩体完整性特征

4. 坝址区边坡岩体结构类型

在上述裂隙间距及岩体完整性评价基础上,参照表 5-4 所示《水力发电工程地质勘察规范》(GB 50287—2016)中的岩体结构分类,对坝址区部分边坡代表性平洞岩体结构类型划分结果见表 5-11～表 5-17。

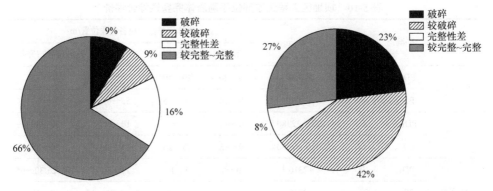

图 5-19　中高程岩体完整性特征　　　　　图 5-20　上部高程岩体完整性特征

表 5-11　坝址区上部高程平洞 PD$_{7-2}$ 岩体结构分类

洞深/m	岩体完整性系数	结构间距/m	岩体结构类型	完整性	综合给定岩体结构类型
5～10	0.06	0.45	次块状结构	破碎	次块状结构
10～15	0.06	2.38	整体状结构	破碎	次块状结构
15～20	0.06	0.38	次块状结构	破碎	次块状结构
20～25	0.31	0.42	次块状结构	较破碎	次块状结构
25～30	0.31	0.44	次块状结构	较破碎	次块状结构
30～35	0.31	1.49	整体状结构	较破碎	块状结构
35～40	0.31	0.95	块状结构	较破碎	块状结构
40～45	0.65	0.62	块状结构	较完整	块状结构
45～50	0.65	0.54	块状结构	较完整	块状结构
50～55	0.65	0.95	块状结构	较完整	块状结构
55～60	0.65	0.41	次块状结构	较完整	次块状结构
60～65	0.65	0.81	块状结构	较完整	块状结构
65～70	0.69	1.10	整体状结构	较完整	整体状结构
70～75	0.90	2.43	整体状结构	完整	整体状结构

表 5-12　坝址区上部高程平洞 PD$_{28}$ 岩体结构分类

洞深/m	岩体完整性系数	结构间距/m	岩体结构类型	完整性	综合给定岩体结构类型
5～10	0.09	0.25	镶嵌结构	破碎	镶嵌结构
10～15	0.09	0.34	次块状结构	破碎	次块状结构

洞深/m	岩体完整性系数	结构间距/m	岩体结构类型	完整性	综合给定岩体结构类型
15～20	0.14	0.60	块状结构	破碎	块状结构
20～25	0.18	1.04	整体状结构	较破碎	块状结构
25～30	0.17	0.65	块状结构	较破碎	块状结构
30～35	0.16	0.35	次块状结构	较破碎	块状结构
35～40	0.19	0.85	块状结构	较破碎	块状结构
40～45	0.21	0.30	镶嵌结构	较破碎	镶嵌结构
45～50	0.26	0.40	次块状结构	较破碎	次块状结构
50～55	0.29	0.67	块状结构	较破碎	块状结构
55～60	0.44	0.45	次块状结构	完整性差	次块状结构
60～65	0.55	7.23	整体状结构	完整性差	整体状结构

表 5-13　坝址区中高程平洞 PD$_{35-1}$ 岩体结构分类

洞深/m	岩体完整性系数	结构间距/m	岩体结构类型	完整性	综合给定岩体结构类型
5～10	0.14	0.18	镶嵌结构	破碎	镶嵌结构
10～15	0.44	0.30	次块状结构	完整性差	次块状结构
15～20	0.44	0.23	镶嵌结构	完整性差	次块状结构
20～25	0.51	0.50	块状结构	完整性差	块状结构
25～30	0.51	0.50	块状结构	完整性差	块状结构
30～35	0.62	0.45	次块状结构	较完整	块状结构
35～40	0.65	0.90	块状结构	较完整	块状结构
40～45	0.65	0.77	块状结构	较完整	块状结构
45～50	0.72	2.03	整体状结构	较完整	整体状结构
50～55	0.73	1.99	整体状结构	较完整	整体状结构
55～60	0.70	5.09	整体状结构	较完整	整体状结构
60～65	0.70	1.07	整体状结构	较完整	整体状结构
65～70	0.96	0.39	次块状结构	完整	整体状结构
70～75	1.00	1.99	整体状结构	完整	整体状结构
75～80	0.72	4.46	整体状结构	较完整	整体状结构

表 5-14 坝址区中高程平洞 PD₈₋₃ 岩体结构分类

洞深/m	岩体完整性系数	结构间距/m	岩体结构类型	完整性	综合给定岩体结构类型
0～5	0.16	0.24	镶嵌结构	较破碎	镶嵌结构
5～10	0.11	0.45	次块状结构	破碎	次块状结构
10～15	0.10	0.57	块状结构	破碎	次块状结构
15～20	0.18	1.48	整体状结构	较破碎	块状结构
20～25	0.23	0.37	次块状结构	较破碎	次块状结构
25～30	0.49	0.63	块状结构	完整性差	块状结构
30～35	0.85	0.66	块状结构	完整性差	块状结构
35～40	0.74	0.89	块状结构	较完整	块状结构
40～45	0.64	1.13	整体状结构	较完整	整体状结构
45～50	0.62	1.12	整体状结构	较完整	整体状结构
50～55	0.61	0.51	块状结构	较完整	块状结构
55～60	0.62	0.62	块状结构	较完整	块状结构

表 5-15 坝址区低高程平洞 PD₃₁ 岩体结构分类

洞深/m	岩体完整性系数	结构间距/m	岩体结构类型	完整性	综合给定岩体结构类型
0～5	0.14	0.26	镶嵌结构	破碎	镶嵌结构
5～10	0.31	0.20	镶嵌结构	较破碎	镶嵌结构
10～15	0.77	1.21	整体状结构	完整	整体状结构
15～20	0.77	0.54	块状结构	完整	块状结构
20～25	0.61	0.40	次块状结构	较完整	块状结构
25～30	0.52	2.46	整体状结构	完整性差	块状结构
30～35	0.58	0.83	块状结构	较完整	块状结构
35～40	0.74	3.60	整体状结构	较完整	整体状结构
40～45	0.74	3.16	整体状结构	较完整	整体状结构
45～50	0.77	5.72	整体状结构	完整	整体状结构
50～55	1.00	2.90	整体状结构	完整	整体状结构
55～60	0.36	2.70	整体状结构	较破碎	整体状结构
60～65	0.80	3.98	整体状结构	完整	整体状结构

表 5-16　坝址区低高程平洞 PD₃₂ 岩体结构分类

洞深/m	岩体完整性系数	结构间距/m	岩体结构类型	完整性	综合给定岩体结构类型
15～20	0.36	0.96	块状结构	完整性差	块状结构
20～25	0.30	0.81	块状结构	较破碎	块状结构
25～30	0.41	0.67	块状结构	完整性差	块状结构
30～35	0.45	1.64	整体状结构	完整性差	块状结构
35～40	0.64	2.77	整体状结构	较完整	整体状结构
40～45	0.64	1.65	整体状结构	较完整	整体状结构
45～50	0.64	1.47	整体状结构	较完整	整体状结构
50～55	0.78	0.77	块状结构	完整	整体状结构
55～60	0.88	1.28	整体状结构	完整	整体状结构
60～65	1.00	0.71	块状结构	完整	整体状结构
65～70	1.00	0.80	块状结构	完整	整体状结构

表 5-17　坝址区低高程平洞 PD₁₄ 岩体结构分类

洞深/m	岩体完整性系数	结构间距/m	岩体结构类型	完整性	综合给定岩体结构类型
0～5	0.16	0.20	镶嵌结构	较破碎	镶嵌结构
5～10	0.18	0.75	块状结构	较破碎	块状结构
10～15	0.29	0.56	块状结构	较破碎	块状结构
15～20	0.58	0.59	块状结构	较完整	块状结构
20～25	0.56	0.25	镶嵌结构	较完整	次块状结构
25～30	0.51	1.08	整体状结构	完整性差	整体状结构
30～35	0.51	1.91	整体状结构	完整性差	整体状结构
35～40	0.70	0.68	块状结构	较完整	块状结构
40～45	0.80	1.72	整体状结构	完整	整体状结构
45～50	0.83	0.12	镶嵌结构	完整	镶嵌结构
50～55	0.88	0.31	次块状结构	完整	次块状结构
55～60	0.71	1.05	整体状结构	较完整	整体状结构
60～65	0.87	2.37	整体状结构	完整	整体状结构
65～70	0.98	0.70	块状结构	完整	块状结构
70～75	0.83	2.57	整体状结构	完整	整体状结构
75～80	0.69	3.86	整体状结构	较完整	整体状结构

统计分析表 5-11～表 5-17 的岩体结构特征,获得坝址区工程边坡部位相关平

洞岩体结构类型划分结果见表 5-18。

表 5-18 坝址区工程边坡部位相关平洞岩体结构类型划分结果

工程部位	平洞	岸别	高程/m	岩体结构类型对应各洞段位置/m			
				镶嵌结构	次块状结构	块状结构	整体状结构
上部高程	PD$_{7-2}$	左	>2380	—	5～30/55～60	30～55/60～65	65～75
	PD$_{28}$	右	>2380	5～10/40～45	10～15/45～50/55～60	15～40/50～55	60～65
中高程	PD$_{35-1}$	左	2310～2380	5～10/15～20	10～15	20～45	45～80
	PD$_{8-3}$	右	2310～2380	0～5	5～15/20～25	15～20/25～40/50～60	40～50
低高程	PD$_{31}$	左	<2310	0～10	—	15～35	10～15/35～65
	PD$_{32}$	右	<2310	—	—	5～35	35～70
	PD$_{14}$	右	<2310	0～5/45～50	20～25/50～55	5～20/35～40/70～75	25～35/40～45/55～65/70～80

由表 5-18 可见，拉西瓦水电站坝址区岩体结构类型以块状结构～整体状结构为主，镶嵌结构、次块状结构、块状结构均有发育，岩体结构在垂直及水平方向呈规律性变化。从坡外向坡内完整性呈破碎—较破碎—完整性差—较完整—完整的渐变特征，岩体结构按碎裂结构—镶嵌结构—次块状结构—块状结构—整体状结构过渡，呈块状结构～整体状结构的岩体在左右两岸坝肩同高程部位分布深度较接近，在上部高程基本分布在 60m 以内，在中上部高程一带在 35～40m 深洞段。这种分布深度基本与岸坡坡面平行。此外，同一边坡段在相同条件下，同一深度部位低高程岩体结构总体较上部高程岩体结构好。这说明岩体完整性、岩体结构变化是河谷岸坡形成后岩体风化卸荷造成的。

统计拉西瓦水电站坝肩平洞及钻孔资料划分的岩体结构类型，获得拉西瓦水电站高拱坝坝轴线剖面岩体结构分布特征见图 5-21～图 5-24。

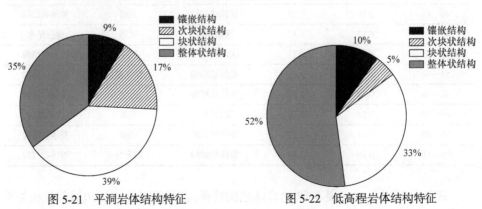

图 5-21 平洞岩体结构特征   图 5-22 低高程岩体结构特征

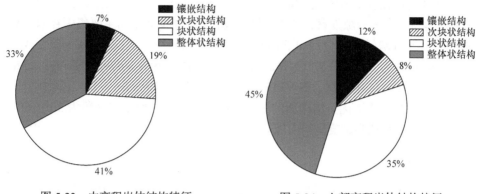

图 5-23 中高程岩体结构特征　　　　图 5-24 上部高程岩体结构特征

5.1.3 坡体结构

拉西瓦水电站坝址区边坡包括坝址上游、下游各 700m 范围内的两岸边坡。根据块状结构岩体和发育的优势结构面特征、地形条件,对拉西瓦水电站坝址区坡体分区,共划分为 4 个区:左岸扎卡滑坡下部边坡和右岸 1 号梁至石门沟为Ⅰ区;左岸扎卡沟下游边坡至扎巧梁山脊、右岸石门沟下游边坡为Ⅱ区;扎巧梁至巧干沟上游边坡为Ⅲ区;扎卡滑坡和扎巧梁上部松散堆积体为Ⅳ区。

1. Ⅰ区

Ⅰ区位于左岸扎卡滑坡下部边坡和右岸 1 号梁至石门沟区域,岩性为印支期花岗岩(γ_5),优势结构面以 NNW 向为主,岩体被结构面切割呈板状,受板状切割影响呈斜向坡。由于坡体的位置和地质构造差异,将其分为 2 个亚区,分别为Ⅰ-1区和Ⅰ-2 区。

Ⅰ-1 区位于扎卡滑坡下部,高程 2600.00m 以下,区内河流流向为 NE45°,下游以扎卡沟为界,坡体东、南两侧临空。坡体由低到高呈台阶状形态,以高程 2460.00~2490.00m 的缓坡为界,上、下坡度均在 60°左右,中部缓坡坡度在 30°左右。边坡基岩为中生代印支期花岗岩,局部为松散堆积体,堆积体分布在高程 2350.00m 以下。构造裂隙主要发育在坡体中部和下游扎卡沟附近。该段坡体优势结构面走向集中在 NNW 向,与坡体临空面走向(NE45°)交角集中在 30°~60°,该部位坡体受板状切割影响呈斜向坡。

Ⅰ-2 区位于坝址区右岸 1 号梁至石门沟,边坡走向大致为 NE45°,与河流流向平行,在鸡冠梁附近发生偏转,坡面较平整。除石门沟外,主要发育有 4 条小冲沟。高程 2350.00m 以下坡体较平缓,坡度约 30°;2350.00m 高程以上,坡度为 45°~55°。岩性为花岗岩,仅在坡脚、坡顶和石门沟附近分布有少量的松散堆积物。该区鸡冠梁表层岩体风化卸荷较强烈，NE 向卸荷裂隙导致该处坡体局部形成松动岩体。岩体裂隙发育，统计获得Ⅳ级、Ⅴ级结构面走向主要集中在 NNW～NE 向，4 组优势结构面分别如下：①组产状为 NW332°～NE8°、NE～SE∠47°～74°；②组产状为 NE45°～67°、NW∠62°～87°；③组产状为 NE79°～NW279°、SE～SW∠66°～82°；④组产状为 NW345°～NE12°、SW～NW∠61°～83°。其中，①组结构面最发育，该组优势结构面的平均走向与坡体临空面走向交角为 30°～60°，该段边坡受板状切割影响呈斜向坡。

2. Ⅱ区

Ⅱ区位于坝址左右两岸坝肩部位。该部位河流流向发生偏转，由 NE 向变为 EW 向。岩性主要为印支期花岗岩，少量为砂板岩。花岗岩被多组结构面切割呈碎裂结构。根据优势结构面走向与临空面的关系，该区总体为顺向坡，可分为 4 个亚区，分别为Ⅱ-1 区、Ⅱ-2 区、Ⅱ-3 区和Ⅱ-4 区。

Ⅱ-1 区位于左岸坝肩扎卡沟-扎巧梁上游侧高程 2650.00m 以下的缆机平台边坡部位。岸坡从谷底至平台后边坡，呈陡缓相间的台阶状。其中，高程 2310.00～2550.00m 段岸坡陡峻，坡度大于 60°，缓坡段坡度为 45°～55°。该区岩体不同规模的结构面较发育。其中，平台下游侧发育 F_{29} 断层，产状为 NE35°～46°、SE∠38°～46°，断带宽 0.6～1.2m，断层附近岩体较破碎。此外，坡体中还发育有 HL_{10} 和 HL_{25} 等缓倾裂隙。统计的Ⅳ级、Ⅴ级结构面以 NEE 和 NWW 向的中陡倾角为主，各组优势结构面分别如下：①组产状为 NW294°～NE79°、SW～SE∠53°～80°；②组产状为 NE38°～62°、NW∠67°～79°；③组产状为 NE78°～NW340°、NW～NE∠5°～16°。其中，以①组结构面最为发育，该组优势结构面走向与该段坡体临空面走向(WE 向)呈小角度相交，受板状切割影响呈顺向坡。

Ⅱ-2 区位于左岸坝肩下游高程 2650.00m 以下坡体。上、下游分别以断层 F_{29} 和扎巧梁山脊为边界。其中，下游边界与花岗岩和变质石英砂岩夹薄层板岩的分界部位基本重合。坡体基岩为中生代印支期花岗岩。该区发育有Ⅱ#、Ⅲ#变形结构体。该段河流流向大致为 NE70°，岸坡陡峻。以高程 2400.00m 为转折，下部岸坡陡峻，坡度 60°～70°，局部近直立的陡壁；上部相对较缓，坡度 45°～55°。该区坡体发育多组断层和长大裂隙，走向集中在 NEE 和 NWW 两组。此外，还发育大量的随机结构面。统计的该区Ⅳ级、Ⅴ级结构面走向以 NE 和 NWW 向的中陡倾角为主。各组优势结构面分别如下：①组产状为 W～NW295°、E～SW∠56°～80°；②组产状为 NE44°～66°、NW∠52°～75°。其中，①组结构面最为发育，走向与该段坡体临空面走向(NE70°)交角在 30°以内，该段边坡受板状切割影响呈顺向坡。

Ⅱ-3 区位于坝区右岸石门沟至青草沟的青石梁范围内，河流流向近东西向。构成岸坡基岩岩性为印支期花岗岩。高程 2480.00m 以上，岩体风化卸荷强烈，松动岩体和危岩体较发育。统计获得Ⅳ级、Ⅴ级结构面以 NE 向为主，优势结构面分别如下：①组产状为 NE50°～70°、NW∠55°～83°；②组产状为 NE71°～80°、SE∠59°～83°；③组产状为 NW344°～N0°、NE～E∠72°～85°。其中，①组结构面最发育，该组结构面平均走向与坡体临空面走向(EW 向)交角在 30°以内，倾向坡外，该段岸坡受板状切割影响呈顺向坡。

Ⅱ-4 区位于坝址区右岸青草沟下游边坡，下游以花岗岩和砂板岩岩性分界部位的山脊为界。河流顺直，基本为 EW 向。该段岸坡地形陡峻，坡度均在 50°以上。出露岩性主要为花岗岩和少量砂板岩。其中，砂板岩分布在下游坡脚处。该段岸坡内发育多条断层和卸荷裂隙，走向集中在 NE～NEE，局部形成多处松动岩体。统计获得Ⅳ级、Ⅴ级结构面走向以 NE～NEE 向为主。3 组优势结构面分别如下：①组产状为 NE48°～70°、NW∠50°～76°；②组产状为 NW345°～360°、NE～E∠75°～88°；③组产状为 NW290°～NE80°、SW～SE∠59°～76°。其中，①组结构面最发育，与坡体临空面走向变化较大，夹角总体在 30°以内，受板状切割影响呈顺向坡。

3. Ⅲ区

该区域位于坝址左岸扎巧梁下游侧边坡，下游以巧干沟为边界，坡体临空面走向与河流流向平行，约为 NE60°。坡体内岩性主要为下三叠系变质石英砂岩夹薄层板岩，岩层总体产状为 NW310°～330°、SW∠30°～35°，局部有花岗岩出露。该段总体受板状切割影响呈横向坡。

4. Ⅳ区

该区坡体为散体结构，分为Ⅳ-1 区和Ⅳ-2 区。其中，Ⅳ-1 区为扎卡滑坡堆积体；Ⅳ-2 区为扎巧梁上游松散堆积体。Ⅳ-1 区位于扎卡滑坡堆积体位于距坝址上游 300m 处左岸，高程为 2600.00～2750.00m，滑坡顶部为缓坡平台，堆积体主要由碎石土组成，坡度 35°～40°。Ⅳ-2 区位于扎巧梁松散堆积体位于缆机平台上部，高程 2640.00m 以上，主要由若干松动岩体与第四系崩坡积和塌滑松散堆积物组成，平面面积大，地形复杂，局部地段危险程度高，不稳定块体亦呈多处随机分布态势。

5.2　边坡岩体质量单因素与多因素分级

拱坝坝肩边坡岩体质量分级是选择坝肩嵌深(可利用岩体水平埋深)的基础。拉西瓦水电站坝址区岩体质量分级考虑了单因素指标和多因素指标，这些指标的具体量化标准见表 5-19 所示的坝基岩体质量分级指标。

表 5-19　坝基岩体质量分级指标

岩体级别		定性指标	岩体质量分级量化指标						
			单因素指标				多因素指标		
			裂隙间距 D/m	岩体完整性系数 K_v	岩石质量指标 RQD/%	单元面积节理数/条	$10K_v \cdot D$	$10K_v \cdot$ RQD	$10K_v \cdot$ RQD $\cdot D$
I		新鲜岩体，偶有少量微风化岩体，整体状结构，结构面不发育，闭合或充填方解石脉	>1	>0.75	>90	<11	>7.50	>675	>675
II		微风化岩体，块状结构，结构轻度发育，闭合，或充填方解石脉，延伸不长	0.65~1	0.64~0.75	75~90	11~14	4.16~7.50	480~675	312~675
III	III₁	微风化或弱风化岩体，结构面中等发育，多闭合，偶有张开，局部存在裂隙密集带，次块状~块状结构	0.40~0.65	0.55~0.64	62.5~75	14~17	2.20~4.16	343.75~480	137.50~312
	III₂	弱风化岩体，结构面发育，局部张开，岩体中存在裂隙密集带，局部有规模不大的弱性结构面发育，镶嵌碎裂结构	0.30~0.40	0.35~0.55	50~62.5	17~22	1.05~2.20	175~343.75	52.50~137.50
IV	IV₁	弱风化或强风化岩体，结构面很发育，镶嵌碎裂结构，部分结构面张开，多为卸荷带	0.20~0.30	0.35~0.25	37.5~50	22~27	1.05~0.50	175~93.75	52.50~18.75
	IV₂	强风化岩体，结构面很发育，多呈张开状，性状不好，主要为岸坡表部卸荷带	0.10~0.20	0.25~0.15	25~37.5	27~42	0.50~0.15	93.75~37.5	18.75~3.75
V		散体结构，多为有一定宽度的断层破碎带	<0.10	<0.15	<25	>42	<0.15	<37.50	<3.75

注：除散体结构情况外，岩石饱和抗压强度均大于 60MPa。

　　依据前期地质勘测结果，着重考查拉西瓦水电站坝线 II 剖面、横 I 剖面、横 II 剖面的岩体质量及两岸不同高程平面上的岩体质量情况。因此，根据表 5-19 中的岩体质量分级主要单因素指标，采用坝线 II 剖面、横 I 剖面、横 II 剖面及附近不同高程的勘探平洞及钻孔获得的有关资料，先把它们按照各自的高程投影或平移到坝线或横剖面上，然后根据各划分指标，分别做出各剖面的岩体质量分级图。平切图岩体质量的划分主要按平洞的分布高程来考察。值得说明的是，平洞 RQD 是以平洞腰线为基线，采用人工统计方法获得，统计洞壁与结构面调查洞壁一致 (即垂直岸坡平洞统计下游壁，平行岸坡平洞统计山内壁)。裂隙间距的获取结合野外统计资料和数码摄像图像解译结果，通过程序自动切割分析得到。波速资料是依据前期实测结果。岩体质量分级主要采用单因素及多因素指标对坝线Ⅱ剖面、横Ⅰ剖面、横Ⅱ剖面及不同高程平切图岩体质量进行分级，以便相互印证与对比，分级时主要考虑Ⅰ级、Ⅱ级与Ⅲ₁级岩体，Ⅲ₁级与Ⅲ₂级及以下岩体的划分界线。表 5-20 给出了坝址区花岗岩体质量分级。

表 5-20　坝址区花岗岩体质量分级

岩体级别	风化特征			岩石质量		岩体结构特征			岩体围压状态		透水性	工程地质性质	评价及分布位置
	风化分带	纵波速度 V_P /(m/s)	风化裂隙率/%	饱和抗压强度 /MPa	RQD /%	岩体结构类型	岩体完整性系数 K_v	裂隙间距 /m	地应力分区	张开裂隙率/%	单位吸水量 ω /[L/(MPa·m·min)]		
Ⅰ	微风化～新鲜	5000～6000	<5	110～130	>90	整体状结构	>0.75	>1	应力集中区平稳区	0	<0.01	含Ⅳ级、Ⅴ级结构面，裂隙闭合或充填少，风化蚀变轻，整体稳定性好	最优地基，位于谷底应力集中区和峡谷岸深处
Ⅱ	微风化	4000～5000	10～20	100～110	75～90	块状结构～次块状结构	0.64～0.75	0.65～1	应力过渡区集中区平稳区	<5	0.01～0.05	含Ⅳ级结构面，裂隙充填多，有少量蚀变带，整体稳定性好	良好地基，位于河谷2200.00m 高程以下及两坝肩
Ⅲ　Ⅲ₁	弱风化下段	4000	20～30	80～100	62.5～75	次块状结构	0.55～0.64	0.40～0.65	应力过渡区平稳区	5～10	0.05～0.1	含Ⅲ级结构面，裂隙充填多，局部张开，风化蚀变严重，稳定性较差，弱卸荷	经局部处理尚可利用，位于两岸3～70m 以外
Ⅲ₂	弱风化上段	3000	30～50	50～80	50～62.5	镶嵌结构、碎裂结构	0.35～0.55	0.30～0.40	应力过渡区	10～20	0.1～0.2	含Ⅲ级结构面，裂隙张多，充填少，弱～强卸荷	全面处理方可利用，位于两岸表层
Ⅳ　Ⅳ₁	强风化下段	2000～3000	50～60	<50	37.5～50	镶嵌结构、碎裂结构	0.25～0.35	0.20～0.30	应力松弛带	20～40	>0.2	含Ⅱ级结构面，裂隙多，张开充填软弱物，两侧风化严重，卸荷较强	不可利用，为近地表岩体，断层破碎带和性状差的影响带
Ⅳ₂	强风化上段	2000	60～80	<40	25～37.5	碎裂结构	0.15～0.25	0.10～0.20	应力松弛带	40～60	>0.2	强卸荷	—
Ⅴ	强风化～全风化	<2000	>80	—	<25	散体结构	<0.15	<0.10	应力松弛带	>60	—	为表层全～强风化带及卸荷带	—

注：单位吸水量在其他工程为岩体透水率(Lu)。

对坝线 II 剖面、横 I 剖面、横 II 剖面坝肩边坡岩体质量的分级，采纳了附近大部分的勘探资料。其中，RQD 在钻孔中按每 2m 段进行赋值，而勘探平洞中各分级指标均是按每 5m 段进行赋值的。下面分别介绍坝线 II 剖面、横 I 剖面、横 II 剖面的左岸、右岸坝肩边坡的岩体质量划分结果。

5.2.1　坝线 II 剖面岩体质量

图 5-25～图 5-30 是采用结构面间距 D、岩石质量指标 RQD 和岩体完整性系数 K_v 对坝线 II 剖面的左岸、右岸坝肩边坡岩体质量的划分结果。将坝线 II 剖面坝肩岩体 I 级、II 级、III$_1$ 级距岸坡水平距离列于表 5-21。

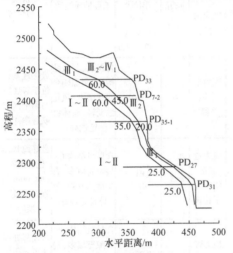

图 5-25　坝线 II 剖面左岸坝肩岩体质量按 D
划分(单位：m)

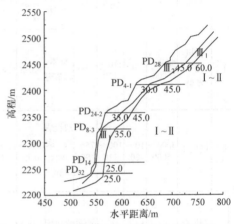

图 5-26　坝线 II 剖面右岸坝肩岩体质量按 D
划分(单位：m)

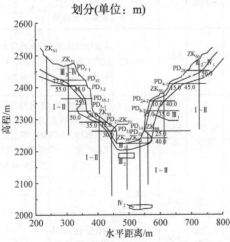

图 5-27　坝线 II 剖面岩体质量按 RQD 划分
(单位：m)

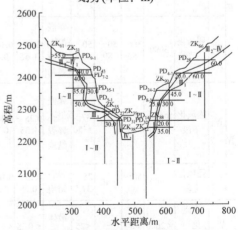

图 5-28　坝线 II 剖面岩体质量按 K_v 划分
(单位：m)

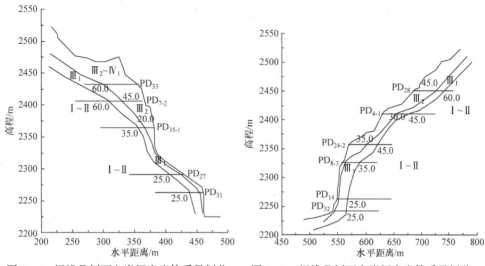

图 5-29　坝线Ⅱ剖面左岸坝肩岩体质量划分　　图 5-30　坝线Ⅱ剖面右岸坝肩岩体质量划分
（单位：m）　　　　　　　　　　　　　　　　　（单位：m）

表 5-21　坝线Ⅱ剖面坝肩岩体Ⅰ级、Ⅱ级、Ⅲ₁级距岸坡水平距离

高程	岸别	Ⅰ级、Ⅱ级岩体距岸坡水平距离/m				Ⅲ₁级岩体距岸坡水平距离/m			
		按结构面间距	按岩石质量指标	按岩体完整性系数	综合范围值	按结构面间距	按岩石质量指标	按岩体完整性系数	综合范围值
2380.00m 以上	左	60	55~77	45	45~77	40~60	45~70	40	40~70
	右	45~60	45~50	60	45~60	30~45	15~50	20~60	15~60
2310.00~ 2380.00m	左	35	25~50	30~50	25~50	20	20~25	30~45	20~45
	右	35~55	35~40	30~45	30~55	10~35	15	15~45	10~45
2310.00m 以下	左	22~25	30	30	22~30	10	10~25	10	10~25
	右	25	25~45	20~35	20~45	10	15~30	0	0~30

　　由图 5-25~图 5-30、表 5-21 可知，用各项指标划分的坝肩岩体质量界线基本一致。其中，左岸高程 2380.00m 以上，Ⅲ₁级岩体距岸坡的最小距离为 40m，最深达 70m；右岸高程 2380.00m 以上，Ⅲ₁级岩体距岸坡的最小距离为 15m，最深达 60m。可见坝线Ⅱ剖面上部高程右岸岩体质量优于左岸，影响因素主要是剖面形态。左岸上部地形略向外突，且在高程 2480.00m 有一较大的平台，造成左岸上部受风化营力的作用较大加强。相比之下，右岸坝线剖面形态较为平顺，岩体的风化相对较弱，这是岩体质量差异的主要原因。高程 2380.00m 以下，两岸不同岩级岩体距岸坡的水平距离基本一致。其中，高程 2310.00~2380.00m 段，Ⅰ级、Ⅱ级岩体距左、右岸坡的水平距离分别为 25~50m、30~55m；高程 2310.00m 以下，Ⅰ级、Ⅱ级岩体距左、右岸坡的水平距离分别为 22~30m、20~45m。从不同高程岩体质

量的变化可明显看出，由上部高程到低高程，岩体质量明显改善。

5.2.2 横I剖面岩体质量

横I剖面岩体质量的划分主要依据岩石质量指标 RQD 和岩体完整性系数 K_v。图 5-31 是横I剖面岩体质量按 RQD 划分结果，图 5-32 是横I剖面岩体质量按 K_v 划分结果，表 5-22 给出了横I剖面坝肩I级、II级、III$_1$级岩体距岸坡水平距离。

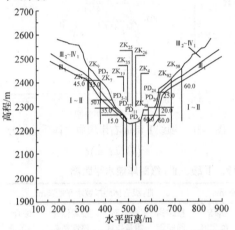

图 5-31 横I剖面岩体质量按 RQD 划分结果
（单位：m）

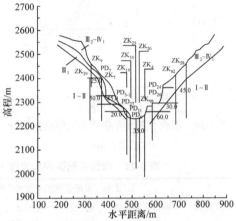

图 5-32 横I剖面岩体质量按 K_v 划分结果
（单位：m）

表 5-22 横I剖面坝肩I级、II级、III$_1$级岩体距岸坡水平距离

高程	岸别	I级、II级岩体距岸坡水平距离/m			III$_1$级岩体距岸坡水平距离/m		
		按岩石质量指标	按岩体完整性系数	综合范围值	按岩石质量指标	按岩体完整性系数	综合范围值
2380.00m 以上	左岸	45	25	25~45	35	5	5~35
	右岸	—	60	60	—	60	60
2310.00~ 2380.00m	左岸	75	50	50~75	50	45	45~50
	右岸	25	30~50	25~50	10	>45	10~45
2310.00m 以下	左岸	15~30	>20	15~30	5~10	5	5~10
	右岸	20~80	30~60	20~80	10~60	30~60	10~60

由图 5-31、图 5-32、表 5-22 可以看出，高程 2380.00m 以上，III$_1$级岩体距右岸、左岸的水平距离分别为 60m、5~35m。高程 2310.00~2380.00m 段，若只考虑I级、II级岩体，则右岸岩体质量优于左岸，主要原因是左岸这一高程的 PD$_{5-1}$、PD$_{5-2}$ 平洞受断层影响较大，自岸坡向里几十米深度内，岩体完整性较差。

其中,左岸Ⅰ级、Ⅱ级岩体距岸坡的水平距离为50～75m,右岸一般为25～50m。
高程2310.00m以下,左岸岩体质量优于右岸岩体质量,Ⅰ级、Ⅱ级岩体距岸坡
水平距离分别为:左岸15～30m,右岸20～80m。这种差别主要原因是右岸PD$_6$、
PD$_{26}$ 2个平洞之间岸坡段为一凸出的平台,卸荷、风化作用加强。左岸岸坡下
部则较为顺直,相对来说风化卸荷作用要弱得多。另外,右岸高程2310.00m以
下,各级岩体距岸坡的水平距离差别较大,主要是因为岸坡形态的影响。

5.2.3　横Ⅱ剖面岩体质量

横Ⅱ剖面位于横Ⅰ剖面下游约50m,是承受拱肩推力的主要部分。图5-33是
横Ⅱ剖面岩体质量按 D(结构面间距)划分结果,图 5-34 是横Ⅱ剖面岩体质量按
RQD 划分结果,图5-35是横Ⅱ剖面岩体质量按K_v划分结果。表5-23给出了横Ⅱ
剖面坝肩Ⅰ级、Ⅱ级、Ⅲ$_1$级岩体距岸坡水平距离。

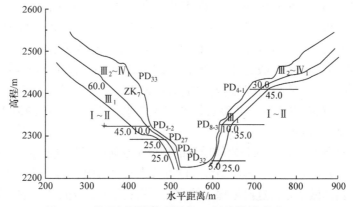

图 5-33　横Ⅱ剖面岩体质量按 D 划分结果(单位：m)

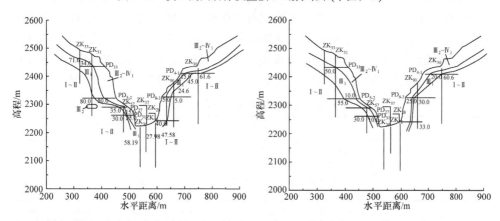

图 5-34　横Ⅱ剖面岩体质量按 RQD 划分结果　　图 5-35　横Ⅱ剖面岩体质量按 K_v 划分结果

　　　　　　　(单位：m)　　　　　　　　　　　　　　　　(单位：m)

表 5-23　横Ⅱ剖面坝肩Ⅰ级、Ⅱ级、Ⅲ₁级岩体距岸坡水平距离

高程	岸别	Ⅰ级、Ⅱ级岩体距岸坡水平距离/m				Ⅲ₁级岩体距岸坡水平距离/m			
		按结构面间距	按岩石质量指标	按岩体完整性系数	综合范围值	按结构面间距	按岩石质量指标	按岩体完整性系数	综合范围值
2380.00m以上	左	60	70	50	50~70	>60	40	50	40~60
	右	45	45~60	60	45~60	30	>10	>20	10~30
2310.00~2380.00m	左	—	80	55	55~80	—	50		10~50
	右	30	35	30	30~35	5	5	25	5~25
2310.00m以下	左	25	30	30	25~30	5~10	10~25	10	5~25
	右	25	45	35	25~45	5	45	35	5~45

根据图 5-33～图 5-35 及表 5-23 可知，高程 2380.00m 以上，用各项指标划分的Ⅲ₁级岩体距岸坡水平距离如下：左岸综合范围值为 40~60m(用岩体完整性系数 K_v 划分时，岸坡岩体即为Ⅲ₁级岩体，与其他两项指标划分结果相差较大)，右岸综合范围值一般为 10~30m。高程 2310.00~2380.00m 段，Ⅰ级、Ⅱ级岩体距岸坡的水平距离综合范围值为左岸 55~80m，右岸 30~35m。高程 2310m 以下，左右岸Ⅰ级、Ⅱ级岩体距岸坡的水平距离综合范围值为左岸 25~30m，右岸 25~45m。

值得说明的是，对于坝肩岩体质量的划分主要研究了坝线Ⅱ剖面、横Ⅰ剖面、横Ⅱ剖面。在具体划分时，各剖面线上的勘探点数量有限，也采用了剖面附近的其他勘探点。具体做法是将这些勘探点按照同一高程平移到剖面上。剖面岩体质量划分结果实际上代表了附近一定范围内的岩体质量等级。由于不同勘探点所处位置的岸坡形态有所差异，因此当将这些勘探点平移到一个剖面上时，岩体质量分级的界线深度会产生一些变化，得到的岩体质量分级界线也是一个范围。为了对上述采用各项指标划分的不同岩体的界线与现场调查结果进行比较，整理统计坝线附近不同高程的平洞岩体质量调查结果。表 5-24 是坝肩岩体质量野外调查划分结果。

表 5-24　坝肩岩体质量野外调查划分结果

高程	Ⅰ级、Ⅱ级岩体距岸坡水平距离				Ⅲ₁级岩体距岸坡水平距离			
	左岸		右岸		左岸		右岸	
	平洞编号	距离/m	平洞编号	距离/m	平洞编号	距离/m	平洞编号	距离/m
2380.00m以上	PD₇	36	PD₂₈	54	PD₇	36	PD₂₈	46
	PD₇₋₂	40	PD₄₋₁	—	PD₇₋₂	40	PD₄₋₁	—
	PD₄₃	66	—	—	PD₄₃	66	—	—

续表

高程	I级、II级岩体距岸坡水平距离				III₁级岩体距岸坡水平距离			
	左岸		右岸		左岸		右岸	
	平洞编号	距离/m	平洞编号	距离/m	平洞编号	距离/m	平洞编号	距离/m
2310.00～2380.00m	PD₃₅₋₁	30	PD₂₄	>45	PD₃₅₋₁	10～17	PD₂₄	>45
	PD₅₋₁	52	PD₂₄₋₂	26～37	PD₅₋₁	0	PD₂₄₋₂	11
	PD₅₋₂	56	PD₈₋₃	16	PD₅₋₂	0	PD₈₋₃	16
	PD₃₅₋₂	>41	PD₂₆	16～39	PD₃₅₋₂	8～20	PD₂₆	2
2310.00m以下	PD₂₇	35	PD₁₄	14	PD₂₇	10	PD₁₄	0
	PD₃₁	21～27	PD₃₂	38	PD₃₁	0	PD₃₂	0
	PD₁₁	23	PD₆	30	PD₁₁	0	PD₆	—
	—	—	PD₃₆	23	—	—	PD₃₆	23

5.2.4　用单元面积节理数进行坝肩岩体质量分级

用单元面积节理数进行岩体质量分级是全新尝试,有关该方面研究成果很少。有些研究人员将单位面积节理数(等于单元面积节理数除以单元面积)乘以一系数(可取 1.3～1.5)转换成体积节理数后,按照体积节理数的划分标准来实现岩体质量分级。经过现场调查与统计分析,发现单元面积节理数随洞深的变化具有很好的规律性,与其他反映岩体质量的各项指标有较好的相关性。坝线II剖面、横I剖面、横II剖面岩体质量的分级结果见图 5-36～图 5-39。各平洞对应单元面积节理

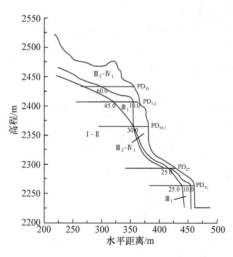

图 5-36　坝线II剖面左岸坝肩岩体质量分级结果(单位：m)

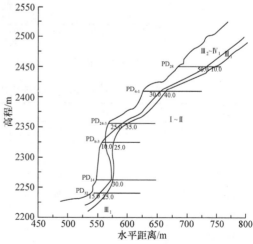

图 5-37　坝线II剖面右岸坝肩岩体质量分级结果(单位：m)

数及岩体质量分级结果见表 5-25～表 5-32。

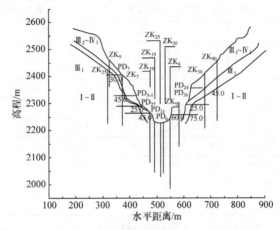

图 5-38　横Ⅰ剖面坝肩岩体质量分级结果(单位：m)

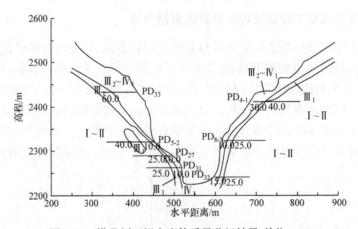

图 5-39　横Ⅱ剖面坝肩岩体质量分级结果(单位：m)

表 5-25　PD₂₇、PD₃₁的单元面积节理数及岩体质量分级结果

洞段 /m	PD_{27}		洞段 /m	PD_{31}	
	单元面积节理数	岩体质量等级		单元面积节理数	岩体质量等级
0～5	27	IV_1	0～5	22	III_2
5～10	28	IV_2	5～10	25	IV_1
10～15	15	III_1	10～15	17	III_1
15～20	5	I	15～20	15	III_1
20～25	14	II	20～25	15	III_1
25～30	7	I	25～30	11	II
30～35	4	I	30～35	8	I

续表

洞段/m	PD27		洞段/m	PD31	
	单元面积节理数	岩体质量等级		单元面积节理数	岩体质量等级
35~40	4	I	35~40	8	I
40~45	12	II	40~45	9	I
45~50	9	I	45~50	12	II
50~55	—	—	50~55	9	I
55~60	11	II	55~60	9	I
60~65	10	I	60~65	11	II
65~70	12	II	65~70	13	II
70~75	12	II	70~75	10	I
75~80	6	I	75~80	8	I
80~85	4	I	—	—	—
85~90	7	I	—	—	—

表 5-26　PD11、PD14 的单元面积节理数及岩体质量分级结果

洞段/m	PD11		洞段/m	PD14	
	单元面积节理数	岩体质量分级		单元面积节理数	岩体质量分级
0~5	19	III_2	15~20	23	IV_1
5~10	19	III_2	20~25	22	III_2
10~15	17	III_1	25~30	22	III_2
15~20	14	III_1	30~35	9	I
20~25	18	III_2	35~40	12	II
25~30	14	III_1	40~45	10	I
30~35	17	III_1	45~50	6	I
35~40	23	IV_1	50~55	5	I
40~45	19	III_2	55~60	11	I
45~50	12	II	60~65	5	I
50~55	13	II	65~70	13	II
55~60	8	I	70~75	6	I
60~65	14	II	75~80	5	I
洞段/m	PD14		80~85	6	I
	单元面积节理数	岩体质量分级	85~90	8	I
0~5	29	IV_2	90~95	5	I
5~10	28	IV_2	95~100	6	I
10~15	23	IV_1	—	—	—

表 5-27 PD₇、PD₅₋₂的单元面积节理数及岩体质量分级结果

洞段/m	PD₇		洞段/m	PD₅₋₂	
	单元面积节理数	岩体质量分级		单元面积节理数	岩体质量分级
0～5	27	Ⅳ₁	0～5	20	Ⅲ₂
5～10	19	Ⅲ₂	5～10	14	Ⅲ₁
10～15	24	Ⅳ₁	10～15	13	Ⅱ
15～20	17	Ⅲ₁	15～20	11	Ⅱ
20～25	17	Ⅲ₁	20～25	13	Ⅱ
25～30	13	Ⅱ	25～30	12	Ⅱ
30～35	9	Ⅰ	30～35	11	Ⅱ
35～40	4	Ⅰ	35～40	16	Ⅲ₁
40～45	5	Ⅰ	40～45	10	Ⅰ
45～50	13	Ⅱ	45～50	16	Ⅲ₁
50～55	9	Ⅰ	50～55	18	Ⅲ₂
55～60	7	Ⅰ	55～60	16	Ⅲ₁
60～65	7	Ⅰ	60～65	11	Ⅱ
65～70	7	Ⅰ	65～70	12	Ⅱ
70～75	7	Ⅰ	70～75	11	Ⅱ
75～80	13	Ⅱ	75～80	10	Ⅰ
80～85	9	Ⅰ	80～85	10	Ⅰ
85～90	11	Ⅱ	85～90	18	Ⅲ₂
90～95	6	Ⅰ	90～95	14	Ⅲ₁
95～100	9	Ⅰ	95～100	11	Ⅱ
100～105	5	Ⅰ	100～105	11	Ⅱ
105～110	10	Ⅰ	105～110	18	Ⅲ₂
110～115	8	Ⅰ	110～115	9	Ⅰ
115～120	5	Ⅰ	115～120	10	Ⅰ

表 5-28 PD₂₄₋₂、PD₉₋₁的单元面积节理数及岩体质量分级结果

洞段/m	PD₂₄₋₂		洞段/m	PD₉₋₁	
	单元面积节理数	岩体质量分级		单元面积节理数	岩体质量分级
0～5	16	Ⅲ₁	0～5	25	Ⅳ₁

eight续表

洞段/m	PD₂₄₋₂		洞段/m	PD₉₋₁	
	单元面积节理数	岩体质量分级		单元面积节理数	岩体质量分级
5～10	11	Ⅱ	5～10	12	Ⅱ
10～15	21	Ⅲ₂	10～15	7	Ⅰ
15～20	23	Ⅲ₂	15～20	5	Ⅰ
20～25	20	Ⅲ₂	20～25	15	Ⅲ₁
25～30	15	Ⅲ₁	25～30	15	Ⅲ₁
30～35	17	Ⅲ₁	30～35	3	Ⅰ
35～40	5	Ⅰ	35～40	4	Ⅰ
40～45	12	Ⅱ	40～45	8	Ⅰ
45～50	23	Ⅲ₂	45～50	4	Ⅰ
50～55	11	Ⅱ	50～55	11	Ⅱ
55～60	2	Ⅰ	55～60	—	—
60～65	6	Ⅰ	60～65	22	Ⅲ₂
65～70	11	Ⅱ	65～70	9	Ⅰ
70～75	15	Ⅲ₁	—	—	—
75～78	12	Ⅱ	—	—	—

表 5-29　PD₄₃、PD₈₋₃ 的单元面积节理数及岩体质量分级结果

洞段/m	PD₄₃		洞段/m	PD₈₋₃	
	单元面积节理数	岩体质量分级		单元面积节理数	岩体质量分级
0～5	20	Ⅲ₂	0～5	12	Ⅱ
5～10	23	Ⅳ₁	5～10	15	Ⅲ₁
10～15	25	Ⅳ₁	10～15	10	Ⅰ
15～20	24	Ⅳ₁	15～20	8	Ⅰ
20～25	17	Ⅲ₁	20～25	17	Ⅲ₁
25～30	20	Ⅲ₂	25～30	7	Ⅰ
30～35	14	Ⅲ₁	30～35	6	Ⅰ
35～40	12	Ⅱ	35～40	9	Ⅰ
40～45	21	Ⅲ₂	40～45	14	Ⅱ
45～50	9	Ⅰ	45～50	17	Ⅲ₁
50～55	19	Ⅲ₂	50～55	22	Ⅲ₁

洞段 /m	PD₄₃		洞段 /m	PD₈₋₃	
	单元面积节理数	岩体质量分级		单元面积节理数	岩体质量分级
55～60	13	Ⅱ	55～60	12	Ⅱ
60～65	4	Ⅰ	60～65	15	Ⅲ₁
65～70	18	Ⅲ₁	65～70	4	Ⅰ
70～75	13	Ⅱ	70～75	14	Ⅲ₁
75～80	8	Ⅰ	75～80	6	Ⅰ
—	—	—	80～85	6	Ⅰ
—	—	—	85～90	6	Ⅰ
—	—	—	90～95	8	Ⅰ
—	—	—	95～100	6	Ⅰ

表 5-30　PD₃₅₋₁、PD₇₋₂ 的单元面积节理数及岩体质量分级结果

洞段 /m	PD₃₅₋₁		洞段 /m	PD₇₋₂	
	单元面积节理数	岩体质量分级		单元面积节理数	岩体质量分级
0～5	10	Ⅰ	0～5	31	Ⅳ₂
5～10	24	Ⅳ₁	5～10	19	Ⅲ₂
10～15	37	Ⅳ₂	10～15	8	Ⅰ
15～20	28	Ⅳ₂	15～20	8	Ⅰ
20～25	8	Ⅰ	20～25	16	Ⅲ₁
25～30	25	Ⅳ₁	25～30	15	Ⅲ₁
30～35	13	Ⅱ	30～35	10	Ⅰ
35～40	4	Ⅰ	35～40	16	Ⅲ₁
40～45	3	Ⅰ	40～45	16	Ⅲ₁
45～50	2	Ⅰ	45～50	7	Ⅰ
50～55	7	Ⅰ	50～55	13	Ⅱ
55～60	4	Ⅰ	55～60	10	Ⅱ
60～65	4	Ⅰ	60～65	12	Ⅱ
65～70	9	Ⅰ	65～70	7	Ⅰ
70～75	6	Ⅰ	70～75	2	Ⅰ
75～80	5	Ⅰ	75～80	20	Ⅲ₂
80～85	4	Ⅰ	80～85	9	Ⅰ

洞段/m	PD$_{35-1}$		洞段/m	PD$_{7-2}$	
	单元面积节理数	岩体质量分级		单元面积节理数	岩体质量分级
85~90	5	I	85~90	12	II
90~95	10	I	90~95	3	I
95~100	8	I	95~100	2	I

表 5-31　PD$_{26}$、PD$_{5-1}$ 的单元面积节理数及岩体质量分级结果

洞段/m	PD$_{26}$		洞段/m	PD$_{5-1}$	
	单元面积节理数	岩体质量分级		单元面积节理数	岩体质量分级
0~5	11	II	0~5	33	IV$_2$
5~10	12	II	5~10	—	—
10~15	16	III$_1$	10~15	20	III$_2$
15~20	15	III$_1$	15~20	14	III$_1$
20~25	15	III$_1$	20~25	11	II
25~30	11	II	25~30	13	II
30~35	9	I	30~35	30	IV$_2$
35~40	12	II	35~40	32	IV$_2$
40~45	16	III$_1$	40~45	26	IV$_1$
45~50	19	III$_2$	45~50	13	II
50~55	9	I	50~55	6	I
55~60	8	I	55~60	7	I
60~65	15	III$_1$	60~65	8	I
65~70	19	III$_2$	65~70	11	II
70~75	9	I	70~75	15	III$_1$
75~80	9	I	75~80	11	II

表 5-32　PD$_{32}$、PD$_{28}$ 的单元面积节理数及岩体质量分级结果

洞段/m	PD$_{32}$		洞段/m	PD$_{28}$	
	单元面积节理数	岩体质量分级		单元面积节理数	岩体质量分级
0~5	19	III$_2$	0~5	32	IV$_2$
5~10	33	IV$_1$	5~10	35	IV$_2$
10~15	25	IV$_1$	10~15	19	III$_2$
15~20	16	III$_1$	15~20	16	III$_1$
20~25	22	III$_1$	20~25	22	III$_2$
25~30	13	II	25~30	44	V
30~35	9	I	30~35	33	IV$_2$
35~40	12	II	35~40	—	—
40~45	6	I	40~45	36	IV$_2$

洞段 /m	PD$_{32}$		洞段 /m	PD$_{28}$	
	单元面积节理数	岩体质量分级		单元面积节理数	岩体质量分级
45～50	6	I	45～50	43	V
50～55	6	I	50～55	20	III$_2$
55～60	13	II	55～60	17	III$_1$
60～65	16	III$_1$	60～65	5	I
65～70	20	III$_2$	65～70	19	III$_2$
70～75	14	III$_1$	70～77.6	14	III$_1$
75～80	18	III$_2$	—	—	—
80～85	17	III$_1$	—	—	—

由图 5-36～图 5-39、表 5-25～表 5-32 可知,用单元面积节理数划分的岩体质量分级结果总体上与 5.2.1～5.2.3 小节划分的结果一致,仅局部区域略有差异。因此,提出用单元面积节理数进行坝肩岩体质量分级,可以作为工程岩体质量分级的补充和校核方式。

5.2.5 基于多因素指标坝肩边坡岩体质量分级

前文采用单因素指标对坝肩边坡岩体质量进行了划分,结果表明,各单因素指标划分的不同岩级的界线基本一致,仅局部有所差异。为进一步在岩体质量分级中体现多因素的影响,同时消除用单因素指标进行岩体质量分级时可能出现的局部差异,尝试对坝线 II 剖面坝肩岩体进行多指标的综合分级,多因素分级采用 $RQD \cdot K_v$、$D \cdot K_v$、$RQD \cdot D \cdot K_v$ 指标。图 5-40～图 5-45 是依据不同指标的坝线

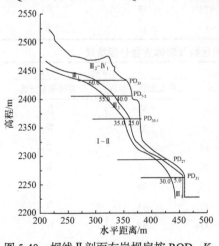

图 5-40 坝线 II 剖面左岸坝肩按 $RQD \cdot K_v$
分级结果(单位: m)

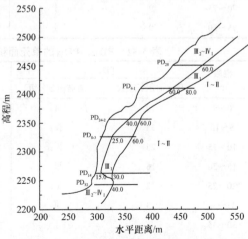

图 5-41 坝线 II 剖面右岸坝肩按 $RQD \cdot K_v$
分级结果(单位: m)

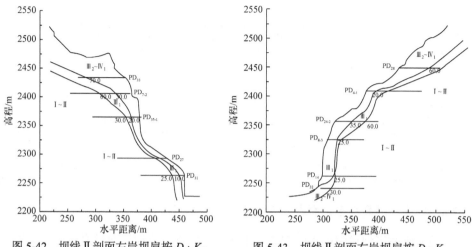

图 5-42　坝线 Ⅱ 剖面左岸坝肩按 $D \cdot K_v$
分级结果(单位：m)

图 5-43　坝线 Ⅱ 剖面右岸坝肩按 $D \cdot K_v$
分级结果(单位：m)

Ⅱ 剖面左岸坝肩、右岸坝肩的岩体质量分级结果，表 5-33 列出的是用多因素综合
指标确定的坝肩各级岩体距岸坡的水平距离。

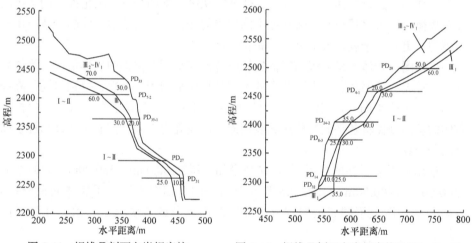

图 5-44　坝线 Ⅱ 剖面左岸坝肩按
$RQD \cdot D \cdot K_v$ 分级结果(单位：m)

图 5-45　坝线 Ⅱ 剖面右岸坝肩按 $RQD \cdot D \cdot K_v$
分级结果(单位：m)

表 5-33　用多因素综合指标确定的坝肩各级岩体距岸坡的水平距离

高程	岸别	Ⅰ 级、Ⅱ 级岩体距岸坡水平距离/m				Ⅲ₁ 级岩体距岸坡水平距离/m			
		$RQD \cdot K_v$	$D \cdot K_v$	$RQD \cdot D \cdot K_v$	综合范围值	$RQD \cdot K_v$	$D \cdot K_v$	$RQD \cdot D \cdot K_v$	综合范围值
2380.00m 以上	左岸	>55.0	>60	>60	>60	40～60	30～70	30～70	30～70
	右岸	80.0	30～60	30～60	30～80	60	20～60	20～50	20～60

高程	岸别	Ⅰ级、Ⅱ级岩体距岸坡水平距离/m				Ⅲ₁级岩体距岸坡水平距离/m			
		$RQD \cdot K_v$	$D \cdot K_v$	$RQD \cdot D \cdot K_v$	综合范围值	$RQD \cdot K_v$	$D \cdot K_v$	$RQD \cdot D \cdot K_v$	综合范围值
2310.00～2380.00m	左岸	35.0	30.0	30	30～35	25	20	20	20～25
	右岸	30～40	30～60	30～60	30～60	25～40	25～35	25～35	25～40
2310.00m以下	左岸	20～30	20～25	20～25	20～30	5～10	10	10	5～10
	右岸	30～40	25～30	25～35	25～40	15～40	0～25	0～10	0～40

5.2.6 坝肩不同高程平切面岩体质量分级

前文研究了坝线附近垂向剖面上不同岩级的划分界线。通过岩体质量分级的图形，可以直观、清楚地了解整个坝肩不同岩体的总体分布规律，从而为建基面的选取提供直接的地质依据。垂向剖面反映的是岸坡纵深方向(即由岸坡到坡体内)的岩体质量变化规律。对于坝肩不同岩级岩体在横向上的分布规律，可在不同高程平切图上进行岩体质量分级。这样就能从纵、横两个方向上把握不同岩级的分布规律，即可以从空间上来掌握不同岩级的变化，从而给出立体的岩体质量空间模型，更有利于设计人员全面、完整掌握地质规律。

平切图上岩体质量分级同样依据坝肩各勘探平洞所揭露的岩体情况。具体划分时，首先，按照各勘探平洞所在的不同高程作平切图；其次，分别对同一高程平面上的各个平洞进行岩体质量分级(主要采用单元面积节理数)；最后，根据地质体的总体规律将各平洞的分级界线相连，从而确定不同岩体质量在该高程平面上的分级界线。

根据各平洞所在的高程，分别在左岸和右岸 2260.00m、2300.00m、2320.00m、2360.00m、2400.00m、2420.00m 等 6 个高程的平切图上进行了岩体质量分级。各高程平切图上不同岩级的划分与前述剖面划分的方法完全一致，在此不再赘述。

5.3 边坡岩石和岩体物理力学参数

5.3.1 岩石物理力学性质

1. 岩石物理性质

岩石物理性质是岩石物质组成、岩石结构的综合反映。拉西瓦水电站坝址区的基岩岩性主要为结构较致密、完整性较好的中生代印支期花岗岩。通过在勘探平洞和钻孔中采集的 50 余组试样进行的岩石物理性质试验,统计获得的坝址区岩石主要物理性质试验结果见表 5-34。从表 5-34 可见, 花岗岩的天然密度与湿密度相差不大, 一般在 2.67～2.71g/cm³;孔隙率一般为 0.27%～0.73%, 平均为 0.44%;吸水率为 0.07%～0.25%, 平均为 0.14%;饱水率一般为 0.10%～0.27%, 饱和系数为 0.61～0.97。坝址区花岗岩总体呈低孔隙率、低吸水率、坚硬、致密、完整性好的特征。

表 5-34　坝址区花岗岩物理性质试验结果

指标	比重	天然密度/(g/cm³)	湿密度/(g/cm³)	孔隙率/%	吸水率/%	饱水率/%	饱和系数
范围	2.68～2.71	2.67～2.70	2.67～2.71	0.27～0.73	0.07～0.25	0.10～0.27	0.61～0.97
均值	2.70	2.68	2.69	0.44	0.14	0.16	0.83

2. 岩石力学性质

在室内完成了花岗岩常规强度试验。整理获得坝址区花岗岩室内力学性质试验结果见表 5-35。分析表 5-35 可知, 坝址区花岗岩具有高强度特征, 天然条件下花岗岩抗压强度一般为 96.6～209.6MPa, 均值为 159.0MPa;饱和抗压强度为 58.4～158.8MPa, 均值为 116.9MPa。按《工程岩体分级标准》(GB/T 50218—2014), 花岗岩属于坚硬岩类, 天然条件下花岗岩的抗拉强度为 6.0～10.0MPa, 平均为 8.0MPa;饱和条件下花岗岩的抗拉强度为 3.6～9.0MPa, 均值为 6.8MPa, 抗拉强度总体约为抗压强度的 1/20。坝址区花岗岩的软化系数为 0.60～0.99,均值为 0.79, 花岗岩的软化性弱, 抗水稳定性较好。坝址区花岗岩的弹性模量高, 一般为 37.0～68.0GPa, 均值达 53.0GPa。坝址区花岗岩抗剪断内聚力 c' 较一般工程岩体的抗剪断内聚力建议值高得多;天然条件下花岗岩的抗剪断摩擦系数 f' 一般为 0.78～1.32, 均值为 0.94;c' 为 4.5～20.0MPa, 均值为 15.2MPa;花岗岩饱和抗剪断摩擦系数 f' 一般为 0.78～0.93,均值为 0.84;花岗岩饱和抗剪断内聚力 c' 一般为 4.5～16.0MPa, 均值为 10.9MPa。

表 5-35　坝址区花岗岩室内力学性质试验结果

指标	抗压强度/MPa		抗拉强度/MPa		软化系数	弹性模量/GPa	天然抗剪断强度		饱和抗剪断强度	
	天然	饱和	天然	饱和			f'	c'/MPa	f'	c'/MPa
范围	96.6～209.6	58.4～158.8	6.0～10.0	3.6～9.0	0.60～0.99	37.0～68.0	0.78～1.32	4.5～20.0	0.78～0.93	4.5～16.0
均值	159.0	116.9	8.0	6.8	0.79	53.0	0.94	15.2	0.84	10.9

5.3.2 岩体抗剪强度

拉西瓦水电站坝址区共完成 8 组花岗岩现场大剪试验，试验点均布置微新岩体，岩体质量为Ⅰ级～Ⅱ级。根据获得的正应力σ与抗剪断峰值剪应力τ，绘制的岩体抗剪断试验τ-σ点群分布及拟合曲线见图 5-46。据图 5-46 获得点群拟合上限、中限及下限强度参数。其中，上限：f' = 1.62，c' = 3.49MPa；中限：f' = 1.48，c' = 2.51MPa；下限：f' = 1.16，c' = 1.07MPa。由于岩体试验点在Ⅰ级岩体中较多，Ⅱ级岩体仅 2～3 组。因此，上述按τ-σ点群给定的点群中限及下限可分别作为区内Ⅰ级、Ⅱ级岩体强度参数取值的依据。

采用给定斜率法可评价岩体强度参数。图 5-47 为岩体抗剪断试验τ-σ点群给定斜率结果。选取的岩体强度参数的上限与下限值如下：当内摩擦角φ = 60°时，上限f' = 1.73，上限c' = 3.7MPa；下限f' = 1.73，下限c' = 0.6MPa。当内摩擦角φ = 55°时，上限f' = 1.43，上限c' = 4.0MPa；下限f' = 1.43，下限c' = 1.0MPa。

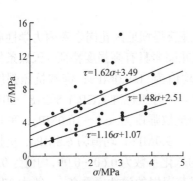
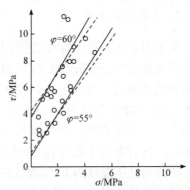

图 5-46 岩体抗剪断试验τ-σ点群分布及拟合曲线   图 5-47 岩体抗剪断试验τ-σ点群给定斜率结果

按照以上参数评价时，考虑到每个岩级的f'降低约 0.2、c'降低 0.5～0.7MPa，结合上述点群拟合上限、中限及下限强度参数，综合给定各岩级的抗剪断参数。各岩级的抗剪断参数取值建议如下：Ⅰ级f'为 1.40～1.73，c'为 2.7～3.7MPa；Ⅱ级f'为 1.27～1.40，c'为 1.3～2.7MPa；Ⅲ级f'为 1.10～1.27，c'为 1.0～1.3MPa；Ⅳ级f'为 0.9～1.10，c'为 0.6～1.0MPa。

5.3.3 岩体变形模量

岩体中包含大量的结构面，部分结构面中存在各种充填物。因此，岩体的变形通常包括结构体、结构面及其充填物的变形。现场获得的岩体应力-应变曲线实质是这些变形的叠加。根据组成岩体岩石的矿物成分、类型、结构面的发育状况、充填情况等，岩体的应力-应变曲线可呈不同的形状，如弹性型(直线型)、弹-塑性型(下凹型)、塑-弹性型(上凹型)等。拉西瓦水电站坝址区勘探平洞共完成 70 组岩体的变形试验。表 5-36 是坝址区现场岩体变形试验结果，包括试验位置、试验高程、最大应力、变形曲线类型、变形模量、弹性模量等。

表 5-36　坝址区现场岩体变形试验结果

平洞编号	试点编号	风化程度	试验位置/m	试验高程/m	最大应力/MPa	变形模量/GPa	弹性模量/GPa	泊松比	加荷方向	变形曲线类型
PD_{11}	E_{11-4}	微	81.9	2264.0	7.07	18.12	40.03	0.23	垂直	弹性型
PD_{26}	E_{26-1}	微	27.8	2294.6	11.00	18.44	23.49	0.23	平行	弹性型
PD_{31}	E_{31-2}	微	70.0	2262.8	7.16	19.23	38.95	0.23	垂直	弹性型
PD_{27-1}	E_{27-1-1}	微	35.5	2292.7	7.20	10.01	13.70	0.23	平行	弹性型
PD_{24-1}	E_{24-1-2}	微	19.0	2355.9	7.20	12.67	28.05	0.23	平行	弹性型
PD_{28}	E_{28-1}	弱	30.0	2440.0	9.62	1.75	3.22	0.23	平行	弹性型(裂隙发育)
PD_{37}	E_{37-1}	弱	36.0	2235.0	7.92	8.08	8.51	0.23	垂直	弹性型(浸水)
PD_{22}	E_{22-1}	弱	34.0	2297.0	7.33	2.98	4.45	0.23	垂直	弹性型(裂隙发育)
PD_{28}	E_{28-2}	弱	41.0	2240.0	7.33	41.21	66.19	0.23	平行	弹性型
PD_{35}	E_{35-2}	微	74.5	2364.0	7.33	21.39	32.34	0.23	平行	弹性型
PD_{7-2}	E_{7-2-1}	微	40.5	2406.1	7.33	14.24	15.98	0.27	平行	弹性型
PD_{33-1}	$E_{33-1-94-5}$	弱	23.0	2432.9	6.21	3.17	14.23	0.25	平行	弹性型
PD_{28}	$E_{28-94-10}$	弱	47.2	2451.0	6.21	0.90	3.92	0.25	垂直	弹性型
PD_{33}	$E_{33-94-4}$	弱	67.5	2432.8	9.21	23.01	38.11	0.25	平行	弹-塑性型
PD_{19}	E_{19-1}	弱	55.0	2414.5	6.40	7.36	9.86	0.25	垂直	弹-塑-弹性型
PD_{19}	E_{19-2}	微	37.0	2414.5	7.33	31.45	32.64	0.27	平行	弹-塑-弹性型
PD_{19}	E_{19-3}	微	66.0	2414.5	7.33	7.82	12.43	0.27	平行	弹-塑性型
PD_{4-2}	E_{4-2-3}	微	25.0	2412.0	7.33	10.46	12.34	0.27	平行	弹-塑性型
PD_{4-1}	E_{4-1-1}	微	33.5	2410.6	7.20	18.04	34.30	0.23	垂直	弹-塑性型
PD_{7}	E_{7-3}	微	125.3	2405.0	7.00	24.41	46.02	0.23	平行	弹-塑性型
PD_{35-1}	E_{35-1-1}	微	17.0	2364.8	7.33	5.24	7.98	0.23	垂直	弹-塑-弹性型
PD_{35-1}	E_{35-1-2}	微	7.0	2364.8	7.33	24.05	26.42	0.27	平行	弹-塑性型
PD_{24-2}	E_{24-2-2}	微	56.0	2356.0	7.20	19.41	33.56	0.23	垂直	弹-塑-弹性型
PD_{24-1}	E_{24-1-1}	微	55.0	2355.9	7.20	4.56	21.08	0.23	平行	弹-塑-弹性型

平洞编号	试点编号	风化程度	试验位置/m	试验高程/m	最大应力/MPa	变形模量/GPa	弹性模量/GPa	泊松比	加荷方向	变形曲线类型
PD$_{5-2}$	E$_{5-2}$	微	55.0	2327.0	7.00	15.96	26.30	0.23	平行	弹-塑性型
PD$_{8-3}$	E$_{8-3-2}$	弱	30.0	2323.0	7.33	17.86	31.34	0.23	平行	弹-塑性型
PD$_5$	E$_{5-94-2}$	弱	320.3	2322.5	9.50	16.18	54.93	0.25	平行	弹-塑性型
PD$_{8-1}$	E$_{8-1-2}$	微	113.9	2322.0	11.00	21.99	29.59	0.23	平行	弹-塑-弹性型
PD$_{26}$	E$_{26-3}$	微	55.0	2295.0	11.00	19.29	30.08	0.23	平行	弹-塑性型
PD$_{27-1}$	E$_{27-1-2}$	微	66.0	2292.7	7.20	22.57	26.15	0.23	平行	弹-塑性型
PD$_{14}$	E$_{14-1}$	微	296.0	2284.0	11.00	13.01	22.80	0.23	垂直	弹-塑性型
PD$_{14}$	E$_{14-2}$	微	341.0	2281.8	8.75	56.93	66.78	0.23	平行	弹-塑性型
PD$_{14}$	E$_{14-1}$	微	159.0	2280.0	8.75	12.17	19.28	0.23	垂直	弹-塑性型
PD$_{11}$	E$_{11-3}$	微	71.7	2264.0	7.25	20.80	29.78	0.23	垂直	弹-塑性型
PD$_{31}$	E$_{31-1}$	微	48.5	2262.1	7.20	22.40	29.19	0.23	平行	弹-塑性型
PD$_6$	E$_{6-2}$	微	89.3	2258.0	7.18	10.72	12.40	0.23	垂直	弹-塑性型
PD$_6$	E$_{6-3}$	微	97.0	2258.0	7.22	48.99	65.33	0.23	垂直	弹-塑性型
PD$_{6-1}$	E$_{6-1-1}$	微	30.0	2257.2	7.33	22.65	33.45	0.27	平行	弹-塑性型
PD$_2$	E$_{2-1}$	微	217	2249.8	11.00	22.11	40.79	0.23	平行	弹-塑性型
PD$_2$	E$_{2-2}$	微	232.4	2249.0	11.00	66.15	75.22	0.23	平行	弹-塑性型
PD$_{32}$	E$_{32-2}$	弱	40.0	2246.0	8.05	6.05	15.00	0.23	平行	弹-塑性型(浸水)
PD$_{12}$	E$_{12-2}$	微	83.0	2241.0	7.20	23.37	33.87	0.23	平行	弹-塑性型
PD$_{30}$	E$_{30-2}$	微	60.0	2240.0	6.60	15.86	27.73	0.23	垂直	弹-塑性型(浸水)
PD$_{37}$	E$_{37-2}$	弱	80.0	2235.0	7.92	26.00	53.93	0.23	垂直	弹-塑性型(浸水)
PD$_7$	E$_{7-1}$	弱	143.0	2405.0	7.00	38.43	79.13	0.23	平行	塑-弹-塑性型
PD$_7$	E$_{7-4}$	弱	125.3	2405.0	7.00	23.50	43.29	0.23	垂直	塑-弹-塑性型
PD$_{5-2}$	E$_{5-3}$	弱	55.0	2327.0	7.00	45.30	105.95	0.23	平行	塑-弹-塑性型
PD$_{14}$	E$_{14-2}$	微	242.0	2283.6	11.00	24.68	30.69	0.23	垂直	塑-弹-塑性型
PD$_{28-1}$	E$_{28-1-94-9}$	弱	34.2	2451.2	6.21	3.05	13.33	0.25	平行	塑-弹性型
PD$_{28-1}$	E$_{28-1-1}$	弱	30.0	2440.0	8.24	2.42	9.91	0.23	平行	塑-弹性型(裂隙发育)
PD$_{4-1}$	E$_{4-1-2}$	微	105.5	2412.5	6.62	2.55	5.30	0.23	平行	塑-弹性型

续表

平洞编号	试点编号	风化程度	试验位置/m	试验高程/m	最大应力/MPa	变形模量/GPa	弹性模量/GPa	泊松比	加荷方向	变形曲线类型
PD$_{4\text{-}2}$	E$_{4\text{-}2\text{-}1}$	微	16.0	2412.0	5.45	3.02	5.24	0.23	垂直	塑-弹性型
PD$_{4\text{-}2}$	E$_{4\text{-}2\text{-}2}$	弱	24.0	2412.0	7.33	1.40	3.93	0.3	平行	塑-弹性型(完整型)
PD$_{4\text{-}2}$	E$_{4\text{-}24\text{-}4}$	微	6.3	2412.0	7.33	4.21	6.93	0.27	平行	塑-弹性型
PD$_{4\text{-}2}$	E$_{4\text{-}2\text{-}94\text{-}8}$	弱	38.8	2410.4	6.21	3.55	21.07	0.25	垂直	塑-弹性型
PD$_7$	E$_{7\text{-}2}$	微	143.0	2405.0	7.00	20.03	35.21	0.23	垂直	塑-弹性型
PD$_{35\text{-}1}$	E$_{35\text{-}1\text{-}94\text{-}3}$	弱	40.1	2364.8	9.50	5.87	27.45	0.25	垂直	塑-弹性型
PD$_{35}$	E$_{35\text{-}6}$	微	67.0	2364.0	7.33	5.82	16.07	0.27	平行	塑-弹性型
PD$_{35}$	E$_{35\text{-}1}$	弱	30.0	2363.8	7.33	7.55	10.68	0.23	垂直	塑-弹性型
PD$_{24\text{-}2}$	E$_{24\text{-}2\text{-}94\text{-}7}$	弱	3.5	2357.9	10.00	2.62	11.24	0.25	垂直	塑-弹性型
PD$_5$	E$_{5\text{-}1}$	微	282.0	2327.0	7.27	13.12	22.49	0.23	平行	塑-弹性型
PD$_{8\text{-}3}$	E$_{8\text{-}3\text{-}1}$	弱	15.0	2323.0	6.63	8.34	13.11	0.23	平行	塑-弹性型(卸荷带)
PD$_{8\text{-}1}$	E$_{8\text{-}1\text{-}1}$	微	143.0	2322.5	8.83	4.28	3.913	0.23	平行	塑-弹性型
PD$_{26}$	E$_{26\text{-}2}$	微	55.0	2295.0	11.00	15.17	28.70	0.23	平行	塑-弹性型
PD$_{11}$	E$_{11\text{-}2}$	弱	27.2	2264.0	7.245	6.44	9.97	0.23	垂直	塑-弹性型
PD$_{11}$	E$_{11\text{-}94\text{-}1}$	弱	39.9	2262.2	8.00	3.50	13.81	0.25	垂直	塑-弹性型
PD$_6$	E$_{6\text{-}1}$	弱	41.3	2258.0	6.70	3.23	6.48	0.25	垂直	塑-弹性型
PD$_6$	E$_{6\text{-}94\text{-}6}$	弱	58.3	2257.1	10.00	2.62	17.3	0.25	垂直	塑-弹性型
PD$_{32\text{-}1}$	E$_{32\text{-}1\text{-}1}$	弱	8.0	2246.0	9.62	2.39	9.36	0.23	平行	塑-弹性型(卸荷带)
PD$_{30}$	E$_{30\text{-}3}$	微	59.0	2240.0	9.60	6.79	10.91	0.23	平行	塑-弹性型(浸水)

注：试验位置是指测试点距离平洞洞口的距离，本章同。

从表 5-36 中可以看出，岩体变形试验绝大部分最大应力为 7~11MPa。由于不同试验点所处的部位、岩体完整性、岩体风化程度等的差异，试验获得的应力-应变曲线的类型也不同。坝址区岩体最大应力-变形曲线可以归纳为弹性型(直线型)、弹-塑性型、塑-弹性等类型。

弹性型(直线型)岩体处于不同的风化带，变形模量变化幅度较大，为 0.90~41.21GPa。总的特征表现为岩体变形模量随风化程度的减弱而增大。变形模量低表示裂隙发育呈碎裂镶嵌结构的岩体；变形模量高表示新鲜、裂隙不发育的完整岩体。微风化岩体变形模量范围为 10.01~21.39GPa，均值为 16.3GPa；弱风化岩体变形模量均值为 9.68GPa。

弹-塑性型(包括"弹-塑-弹性型")岩体进行了 31 组试验。其中，弱风化岩体 6组，微风化 25 组。变形模量总体较高，多数在 15.0GPa 以上。因岩体风化的差异，不同风化带岩体变形模量差异较大。弱风化岩体变形模量范围为 6.05~26.0GPa，均值为 16.07GPa；微风化岩体变形模量范围为 4.56~66.15GPa，均值为 22.42GPa。

塑-弹性型岩体完成了 26 组试验。其中，弱风化 16 组，微风化 10 组。除微风化岩体中的少数试验点的变形模量较大外，大部分试验值在 10GPa 以下。弱风化岩体的变形模量为 1.40~6.44GPa，均值 5.77GPa；微风化岩体变形模量为 2.55~20.30GPa，均值为 6.13GPa。25 组试验变形模量的均值为 5.82GPa。因此，岩体变形曲线呈塑-弹性型特征，属于抗变形能力稍差的岩体。

5.3.4　结构面物理力学参数

软弱结构面的物理力学性质主要受控于物质成分、结构特征及所处的地应力、地下水环境。坝址区发育的软弱结构面有两大类，一类被方解石、石英脉充填，总体呈"焊接"的特征；另一类大多数被岩粉、岩屑、角砾及少量的泥质充填。由于前者与岩体间有很好的连接，可作为岩体进行评价；后者工程特性较差，个别结构面延伸较长，深入分析该类软弱结构面的物理力学特征，对边坡岩体稳定性分析中参数的合理选取，具有重要的工程意义。

1. 软弱结构面的矿物成分特征

对拉西瓦水电站坝址区部分软弱结构面进行了矿物成分及黏土矿物成分测试。表 5-37 是坝址区部分软弱结构面矿物成分测试结果，表 5-38 是坝址区部分软弱结构面黏土矿物成分测试结果。从表 5-37 和表 5-38 可见，组成软弱结构面的矿物成分，以石英、长石、伊利石、方解石为主，其中，黏土矿物成分中以水云母为主，少数弱面(如 F_{29}、Hf_1)除含有少量水云母和高岭石外，蒙脱石含量较高。不同软弱结构面黏土矿物含量的差异与所处的环境条件密切相关。

表 5-37　坝址区部分软弱结构面矿物成分测试结果

测试方法	软弱结构面矿物成分
薄片鉴定	碎屑物：石英 25%，钾长石 15%，斜长石 15%；充填物：方解石 10%，伊利石 10%，蒙脱石等少许

续表

测试方法	软弱结构面矿物成分
X 射线衍射	Hf₄：主要为石英、长石、方解石、绿泥石、伊利石；Hf₄红色断层泥：主要为石英、方解石、长石、绿泥石、伊利石
红外光谱	Hf₄白色断层泥，矿物成分为石英、方解石、长石、伊利石、绿泥石；Hf₄红色断层泥，矿物成分为石英、方解石、伊利石、长石、绿泥石
差热分析	Hf₄白色断层泥，矿物成分为石英、伊利石、方解石、长石等；Hf₄红色断层泥，矿物成分为石英、伊利石、方解石、长石等

表 5-38　坝址区部分软弱结构面黏土矿物成分测试结果

测试方法	软弱结构面黏土矿物成分
X 射线衍射	Hf₄：水云母与高岭石；Hf₂：水云母与高岭石；F₂₉：蒙脱石与水云母；Hf₁：蒙脱石与水云母
差热分析	Hf₄：以水云母为主；Hf₂：以水云母为主；F₂₉：蒙脱石与水云母；Hf₁：蒙脱石、水云母少量高岭石
红外光谱	Hf₄：伊利石为主，微量蒙脱石及高岭石；F₂₉：伊利石为主，少量蒙脱石

2. 软弱结构面的颗粒组成特征

软弱结构面的颗粒组成是决定其工程地质性质的主要因素之一。研究表明，软弱结构面中泥质物的比重、塑限、液限等指标取决于物质成分；孔隙比、强度、压缩性等主要受泥质物颗粒粒径组成结构控制。软弱结构面中的颗粒大小和各粒径组成是控制软弱结构面工程特性的主要因素。坝址区部分代表性软弱结构面的颗粒粒径组成见表 5-39 和表 5-40。由表 5-39 和表 5-40 可知，坝址区软弱结构面颗粒组成极不均匀。不同软弱结构面间的颗粒组成相差较大，即使同一软弱结构面因取样位置、取样方法的不同也存在较大的差异。在研究软弱结构面中，除 F₂₉ 黏粒(粒径<0.005mm)含量最高，达 30.28%外，其余的黏粒含量一般在 15%以下，总体以含黏质土砂或含黏质砾砂为主。

表 5-39　坝址区部分软弱结构面(1)的颗粒粒径组成　　　　　(单位：%)

试样编号	断层编号	颗粒粒径									
		>20mm	20～5mm	5～2mm	2～0.5mm	0.5～0.25mm	0.25～0.10mm	0.10～0.05mm	0.05～0.005mm	<0.005mm	<0.002mm
PD₁₉₋₁		5.3	13.0	12.4	18.8	7.5	13.7	7.2	10.1	7.6	4.4
PD₁₉₋₂	—	0.1	5.1	8.1	23.0	12.9	11.3	6.2	12.8	12.3	8.2
PD₁₉₋₃		1.1	9.6	12.6	16.9	8.4	11.3	6.7	13.5	11.7	8.2
PD₁₉₋₄		2.7	10.8	12.0	22.0	10.7	12.0	4.8	11.1	8.5	5.4

试样编号	断层编号	颗粒粒径									
		>20mm	20~5mm	5~2mm	2~0.5mm	0.5~0.25mm	0.25~0.10mm	0.10~0.05mm	0.05~0.005mm	<0.005mm	<0.002mm
PD19-5	—	2.0	12.4	13.6	19.1	9.0	9.9	5.2	12.5	8.8	7.5
			33.2		22.0	10.7	7.6	5.5	14.0	7.0	—
			31.8		16.4	7.8	10.0	6.8	15.4	11.8	—
			30.4		26.1	11.3	12.1	5.5	9.8	4.8	—
			22.3		14.5	7.2	15.6		13.6	16.1	10.7
			18.5		14.3	7.1	13.9		15.4	18.7	12.1
PD4-1	Hf10		25.4		12.4	8.3	17.9		10.3	15.0	10.7
PD5-1-44	—	3.4	32.5		11.2	10.3	16.4		13.3	8.0	4.9
PD5-1		2.1	35.0		18.7	10.0	15.0		9.0	6.4	3.8
PD5	—	3.0	34.6		12.5	10.3	17.4		9.8	7.6	4.8
PD27-1		1.5	30.3		16.8	9.2	15.4		9.1	10.9	6.8
PD27			30.6		14.4	7.6	15.6		12.5	12.1	7.2
			26.4		11.6	7.3	17.5		16.9	13.1	7.2
PD8-2	—	0.8	25.5		14.7	8.7	14.1		12.2	14.8	9.2
PD14		5.7	35.2		14.0	7.9	13.0		12.8	7.6	3.8
PD3		0.1	11.9		11.8	7.8	16.9		18.2	20.0	13.3
		2.0	30.4		15.3	7.5	12.0		13.1	11.5	8.2
PD3			21.7		34.8	17	12	5.5	7.9	1.1	—
			36.5		32	11.5	9.3	4.4	6.1	0.2	—
PD4-1	Hf10	—	25.4		12.4	8.3	17.9		10.3	15.0	10.7
	Hf162	1.7	21.5	17.7	21.2	6.9	7.9	5.2	10.2	5.1	2.6
	Hf172	2.5	13.0	16.7	25.4	11.0	11.8	5.3	9.6	3.3	1 4

表 5-40　坝址区部分软弱结构面(2)的颗粒粒径组成　　　　（单位：%）

取样位置	断层编号	颗粒粒径										
		10~20mm	10~5mm	5~2mm	2~1mm	1~0.5mm	0.5~0.25mm	0.25~0.10mm	0.10~0.075mm	0.075~0.005mm	<0.005mm	<0.002mm
PD14	F164	7.3	12.4	19.7	6.9	3.7	5.0	6.4	1.8	15.6	12.8	8.4
PD14	Hf8	1.4	5.5	15.7	13.4	7.4	5.5	9.7	2.8	18.0	12.9	7.7
PD3	F29	—	—	7.3	5.0	3.1	3.8	6.1	1.9	19.1	30.2	23.5
PD7-2	Hf7	1.3	9.0	16.1	10.8	5.4	5.8	8.5	2.2	15.7	14.8	10.4

续表

取样位置	断层编号	颗粒粒径									
		10～20mm	10～5mm	5～2mm	2～1mm	1～0.5mm	0.5～0.25mm	0.25～0.10mm	0.10～0.075mm	0.075～0.005mm	<0.005mm	<0.002mm
PD$_{19}$	Hf$_4$	—	7.7	13.6	10.9	8.6	5.9	10.0	2.7	17.7	13.6	9.3
PD$_{27-1}$	Hf$_3$	1.8	5.0	11.7	9.0	9.5	8.1	10.4	3.2	18.0	13.5	9.8
PD$_{5-1}$	Hf$_3$	1.4	4.7	12.8	11.8	10.9	11.4	11.8	3.3	16.1	10.4	5.4

对表 5-39 和表 5-40 分别按>2mm、2～0.05mm、0.05～0.005mm、<0.005mm 粒组进行统计，获得坝址区部分软弱结构面的颗粒粒径组成统计结果见表 5-41 和表 5-42。

表 5-41　坝址区部分软弱结构面(1)的颗粒粒径组成统计结果　　　　(单位：%)

断层编号	统计值类别	颗粒粒径			
		>2mm	2～0.05mm	0.05～0.005mm	<0.005mm
Hf$_4$	范围值	14.4～33.9	42.5～58.3	9.7～14.8	4.8～13.4
	均值	27.2	48.0	13.4	11.4
Hf$_3$	范围值	28.5～39.5	39.3～45.4	9.4～18.2	6.6～14.1
	均值	35.3	41.9	12.5	10.3
Hf$_8$	范围值	29～42.5	36.3～41.3	13.3～13.4	7.9～16.3
	均值	35.8	38.7	13.4	12.1
F$_{29}$	范围值	13.8～35.3	38～42.1	14.2～21	12.5～23.1
	均值	24.5	40.1	17.6	17.8
Hf$_{10}$	均值	28.4	43.3	11.5	16.8
Hf$_{162}$	均值	42.0	42.3	10.5	5.2
Hf$_{172}$	均值	32.6	54.4	9.7	3.3

表 5-42　坝址区部分软弱结构面(2)的颗粒粒径组成统计结果　　　　(单位：%)

断层编号	取样位置	颗粒粒径			
		>2mm	2～0.075mm	0.075～0.005mm	<0.005mm
F$_{164}$	PD$_{14}$	43.0	26.0	17.0	14.0
Hf$_8$	PD$_{14}$	24.5	42.0	19.5	14.0
F$_{29}$	PD$_3$	9.5	26.0	25.0	39.5
Hf$_7$	PD$_{7-2}$	29.5	36.5	7.5	16.5
Hf$_4$	PD$_{19}$	23.5	42.0	19.5	15.0
Hf$_3$	PD$_{27-1}$、PD$_{5-1}$	20.3	48.3	18.4	13.0

3. 软弱结构面的物理性质

软弱结构面的物质组成和物理性质是强度的主要影响因素。然而，物理性质又与所赋存的环境条件密切相关，既是物质基础的体现，又是物质组成与周围环境综合作用的结果。研究表明，能够代表某部位软弱结构面真实物理状态的试样，应取远离开挖平洞洞壁松弛圈，并处于一定地应力引起的围压作用下的试样。花岗岩完整性较好，断层的规模普遍较小，断层破碎带、断层影响带不发育。因此，要获得较深部位的断层带(面)的物理指标较困难。在原有试验资料基础上，尽最大能力人工获取平洞洞壁30cm以内的断层带试样来测定物理指标。尽管平洞洞壁松弛对断层带试样的性状存在一定的影响，使所得试样的物理指标有一定影响，但是以这种指标来评价处于深部围压下软弱面的物理性质是留有安全裕度的。坝址区部分软弱结构面的物理性质结果见表5-43。由表5-43可知，软弱结构面组成物密度较高，一般为$1.64\sim2.32\text{g/cm}^3$，多数集中在$1.97\sim2.22\text{g/cm}^3$；含水量因试样的物质成分及环境条件的差异相差较大，含水量变化范围为$4.10\%\sim34.50\%$，均低于塑限，处于固态；天然密度也相对较高，一般为$1.32\sim2.15\text{g/cm}^3$；$PD_3$平洞$F_{29}$断层孔隙比达到1.070，显著偏大，其余测试试样的孔隙比为$0.298\sim0.859$；饱和度大多为$80.0\%\sim99.6\%$。这说明软弱结构面在天然条件下具有较好的物理性状，试验结果基本能够反映软弱结构面的天然状态，可以作为参数的评价选取的依据。

表 5-43　坝址区部分软弱结构面的物理性质结果

断层编号	取样位置	密度ρ /(g/cm³)	比重 G_s	天然密度ρ_d /(g/cm³)	含水量 w/%	孔隙比 e	饱和度 S_r/%	液限 w_L/%	塑限 w_P/%	w_L/w_P
Hf₄	PD₁₉	2.14	2.70	1.86	15.30	0.455	90.8	26.7	12.3	0.573
		2.19	2.72	1.91	14.60	0.423	93.8	25.0	12.3	0.584
		2.20	2.70	1.96	12.50	0.381	88.7	27.9	12.6	0.448
		2.22	2.73	1.93	15.20	0.417	99.6	33.7	15.2	0.451
		2.11	2.72	1.79	18.20	0.523	94.5	31.7	15.7	0.574
	PD₉	—	2.74	—	14.70	—	—	32.8	14.7	0.448
		—	2.74	—	14.70	—	—	30.7	14.7	0.479
Hf₃	PD₅₋₁₋₄₄	1.86	2.64	1.42	31.4	0.859	96.5	34.1	17.8	0.921
	PD₅₋₁	1.64	2.67	1.58	4.10	0.690	15.9	25.0	15	0.164
	PD₅₋₃₃₀	1.97	2.70	1.84	7.00	0.467	40.5	20.6	12.4	0.340
	PD₂₇₋₁₋₉₆.₅	2.15	2.70	1.94	10.90	0.392	75.1	23.4	14	0.466
	PD₂₇₋₁	—	—	—	12.00	—	—	22.9	12.1	0.524
	PD₂₇₋₁	—	—	—	12.70	—	—	36.0	21.1	0.353
	PD₂₇₋₁	2.17	2.70	2.01	7.81	0.344	61.3	28.0	15	0.521
	PD₅₋₁	2.24	2.70	2.06	8.43	0.308	73.8	26.5	15.5	0.544

续表

断层编号	取样位置	密度ρ /(g/cm³)	比重G_s	天然密度ρ_d /(g/cm³)	含水量w/%	孔隙比e	饱和度S_r/%	液限w_L/%	塑限w_P/%	w_L/w_P
Hf$_8$	PD$_{8-2}$	2.24	2.73	2.00	11.80	0.365	88.3	21.9	12	0.539
	PD$_{14}$	2.22	2.74	2.00	10.80	0.370	80.0	34.3	21.3	0.315
	PD$_{14}$	2.32	2.73	2.15	7.94	0.270	80.2	25.7	15.5	0.512
F$_{29}$	PD$_3$	2.15	2.68	1.88	14.20	0.426	89.3	43.8	23.8	0.324
	PD$_3$	1.78	2.74	1.32	34.50	1.070	88.3	79.0	44.3	0.778
Hf$_{10}$	PD$_{4-1}$	—	2.72	—	8.00	—	—	21.2	12.6	0.377
Hf$_{162}$	PD$_{4-1}$	—	2.64	—	17.80	—	—	27.4	12.7	0.650
Hf$_{172}$	PD$_{4-1}$	—	2.65	—	8.70	—	—	40.9	17.4	0.213
F$_{164}$	PD$_{14}$	2.12	2.72	1.86	13.77	0.460	81.5	28.0	13.8	0.998
Hf$_7$	PD$_{7-2}$	2.23	2.71	2.03	9.78	0.333	79.6	21.2	12.5	0.782
Hf$_4$	PD$_{19}$	2.29	2.72	2.10	9.41	0.298	85.9	22.3	12.6	0.747

4. 软弱结构面的强度参数特征

勘探过程中对坝址区发育的软弱结构面进行了大量的原位大剪试验及断层岩(泥)室内试样，深入分析这些代表性试验结果，揭示软弱结构面的强度特征与变化规律，为合理、正确选取坝址区主要软弱结构面的强度参数提供了依据。完成的试验多集中于坝址区的缓倾角结构面，而陡倾角结构面数量相对较少。因此，下面重点在缓倾角软弱结构面强度特征分析的基础上，对陡倾角结构面的强度参数进行类比给定。

拉西瓦水电站坝址区完成了软弱结构面(尤其是缓倾角结构面)的现场大剪试验。表 5-44 给出了坝址区结构面现场大剪试验结果。由表 5-44 可知，除 PD$_3$ 平洞 F$_{29}$ 断层的峰值抗剪断摩擦系数 f' 较低，为 0.21 外，其余结构面的 f' 为 0.32～0.63，尤其集中分布在 0.32～0.45，这反映了坝址区软弱面的强度参数较高。

表 5-44　坝址区结构面现场大剪试验结果

平洞	试样编号	结构面	试验位置/m	最大正应力	最大剪应力	抗剪断峰值 c'/MPa	抗剪断峰值 f'	抗剪峰值 c/MPa	抗剪峰值 f	结构面特征
PD$_3$	τ_3	F$_{29}$	—	0.85	0.42	0.16	0.21	—	—	夹泥厚 0.2～0.8cm，泥中局部含石英颗粒
PD$_{19}$	τ_{19-1}	Hf$_4$	55	1.80	1.23	0.20	0.60	0.16	0.63	夹泥不连续，厚度<0.5cm，含大量的粗碎屑
PD$_{19-1}$	τ_{19-2}	Hf$_4$	58	1.23	0.74	0.3	0.35	—	—	夹泥厚 0.2～1.0cm，充填角砾糜棱岩
PD$_{19-1}$	τ_{19-1-1}	Hf$_4$	17.5～23	1.00	0.41	0.06	0.37	0.06	0.37	—

平洞	试样编号	结构面	试验位置/m	最大正应力	最大剪应力	抗剪断峰值		抗剪峰值		结构面特征
						c'/MPa	f'	c/MPa	f	
PD_{29}	$\tau_{29\text{-}1}$	Hf_4	90	0.76	0.3	0.07	0.34	0.07	0.34	—
$PD_{5\text{-}1}$	$\tau_{5\text{-}1}$	Hf_3	40~50	1.13	1.26	0.08	0.62	—	—	碎裂岩、糜棱岩有0.5~2cm较连续夹泥
$PD_{27\text{-}1}$	$\tau_{27\text{-}1\text{-}1}$	Hf_3	100	0.97	0.49	0.10	0.45	0.09	0.44	泥厚0.5~1cm，面光滑
$PD_{27\text{-}1}$	$\tau_{27\text{-}1\text{-}1}$	Hf_3	100	0.94	0.5			0.08	0.42	单点摩擦
$PD_{8\text{-}2}$	$\tau_{8\text{-}2\text{-}1}$	Hf_8	96	0.98	0.85	0.12	0.63	—	—	夹泥厚度0.1~1.5cm，不连续，含粗碎屑多
PD_{14}	τ_{14}	Hf_8	288	1.18	0.72	0.07	0.58	—	—	—
$PD_{4\text{-}2}$	$\tau_{4\text{-}2\text{-}1}$	Hf_8	288	0.71	0.38	0.02	0.32	0.02	0.31	泥厚1~3mm
$PD_{4\text{-}2}$	$\tau_{4\text{-}2\text{-}1}$	Hf_8	288	1.01	0.36	—	—	0.02	0.31	单点摩擦，泥厚0.5~3mm，含水量20%
$PD_{4\text{-}1}$	$\tau_{4\text{-}1\text{-}1}$	Hf_{10}	100	1.16	1.1	0.08	0.50	0.07	0.52	—
$PD_{4\text{-}2}$	$\tau_{4\text{-}1\text{-}1}$	Hf_{10}	100	0.85	0.56			0.08	0.45	单点摩擦，局部风化，裂隙张开
$PD_{7\text{-}2}$	$\tau_{7\text{-}2\text{-}1}$	Hf_1	1.5~8.0	2.00	0.97	0.22	0.37	0.19	0.36	厚1~2cm，充填方解石、泥质
$PD_{7\text{-}2}$	τ_7	Hf_7	1~10	0.97	0.85	0.13	0.45	0.10	0.42	连续夹泥厚1~2cm，含粗碎屑少，面平直
$PD_{4\text{-}2}$	$\tau_{4\text{-}2\text{-}1}$	HL_{28}	2~8	2.00	0.94	0.15	0.39	0.11	0.37	泥厚1~2.5cm，充填糜棱岩，胶结差

对坝址区部分软弱结构面大剪试验结果进行统计，结果见表5-45。由表5-45可知，坝址区主要缓倾角结构面抗剪断峰值内聚力 c' 均值为 0.07~0.22MPa，摩擦系数 f' 均值为 0.21~0.54；抗剪摩擦系数 f 均值为 0.31~0.45，内聚力 c 均值为 0.08~0.19MPa。陡倾角结构面 HL_{28}(产状为 NE40°、NW∠70°)的摩擦系数 f' 均值为 0.39、c' 均值为 0.15MPa。

表 5-45 　坝址区结构面现场大剪试验统计结果

结构面	抗剪断峰值				抗剪峰值				统计组数
	c'/MPa		f'		c/MPa		f		
	范围	均值	范围	均值	范围	均值	范围	均值	
F_{29}	—	0.16	—	0.21	—	—	—	—	1

续表

| 结构面 | 抗剪断峰值 | | | | 抗剪峰值 | | | | 统计组数 |
| | c'/MPa | | f' | | c/MPa | | f | | |
	范围	均值	范围	均值	范围	均值	范围	均值	
Hf₄	0.06~0.30	0.15	0.34~0.60	0.42	0.06~0.16	0.10	0.34~0.63	0.45	3~4
Hf₃	0.08~0.10	0.09	0.45~0.62	0.54	0.08~0.09	0.09	0.42~0.44	0.42	2~3
Hf₈	0.02~0.12	0.07	0.32~0.63	0.51	0.02	0.02	0.31	0.31	2~3
Hf₁₀	—	0.08	—	0.50	0.07~0.08	0.08	0.45~0.52	0.49	1~2
Hf₁	—	0.22	—	0.37	—	0.19	—	0.36	1
Hf₇	—	0.13	—	0.45	—	0.10	—	0.42	1
Hf₂₉	—	0.13	—	0.25	—	—	—	—	1
HL₂₈	—	0.15	—	0.39	—	0.11	—	0.37	1

根据各组剪切试样获得的各级正应力下的剪应力值，绘制的剪应力 τ 与正应力 σ 点群分布见图 5-48。采用给定斜率法，获得点群上限、中限、下限方程。上限方程为 $\tau=0.65\sigma+0.15$，下限方程为 $\tau=0.22\sigma+0.05$，中限方程为 $\tau=0.50\sigma+0.10$。

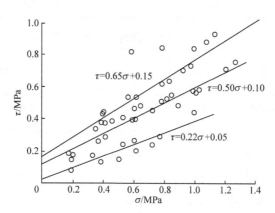

图 5-48　坝址区软弱面现场大剪试验 τ-σ 关系曲线

拉西瓦水电站坝址结构面以缓倾角为主，且在延伸规模、物质组成和物理性状等方面总体较接近。因此，将这些缓倾角结构面的全部试验结果进行综合统计，按 80%的保证率获得标准值。表 5-46 给出了坝址平缓断裂强度参数标准值。此外，拉西瓦水电站坝址区还完成了结构面中型剪、携带式剪切试验。表 5-47 是坝址区结构面中型剪切试验结果，表 5-48 是坝址区软弱面携带式剪切试验结果。由

表 5-47、表 5-48 可知，组成软弱结构面的物质以泥质、糜棱岩和方解石为主，天然条件下软弱结构面抗剪断峰值较大，摩擦系数 f' 大多为 0.4～0.6。

表 5-46 坝址平缓断裂强度参数标准值

参数类别	抗剪断参数		抗剪参数	
	f'	c'/MPa	f	c/MPa
均值	0.465	0.127	0.416	0.079
标准差	0.118	0.082	0.091	0.053
标准值	0.366	0.057	0.339	0.034

表 5-47 拉西瓦水电站坝址区结构面中型剪切试验结果

平洞	结构面	取样位置	含水量/%	颗粒粒径组成/%			抗剪断峰值		结构面特征
				>2mm	2.0～0.1mm	<0.1mm	c'/MPa	f'	
PD_{27-1}	Hf_3	97～100m	5.0	35	54.1	10.8	0.120	0.417	碎块、岩屑及岩粉
PD_{29}	Hf_4	70m	5.3	52	38.1	9.5	0.020	0.499	碎块、岩屑、糜棱岩，夹 0.2～0.5mm 红色泥
		试验支洞	6.5	36	53.5	11.0	0.040	0.471	碎块、岩屑、糜棱岩，偶见 0.5mm 红色泥
PD_{4-2}	HL_{28}	2～8m	3.6	89	9.7	0.9	0.155	0.512	碎块、岩屑岩粉
			3.2	84	14.1	1.9	0.025	0.570	碎块、岩屑、岩粉，偶见 3mm 钙膜

表 5-48 坝址区软弱面携带式剪切试验结果

结构面编号	取样位置	抗剪断峰值		结构面特征
		c'/MPa	f'	
Hf_4	PD_3 洞口附近	0.640	0.509	厚 0.1～0.3cm 夹泥，少量糜棱岩
Hf_4	PD_3 洞口附近	0.390	0.509	厚 0.3cm 夹泥及厚约 0.5cm 糜棱岩
Hf_4	PD_3 洞深 7m	0.580	0.399	厚 0.4cm 夹泥，泥质及少量糜棱质
Hf_1	高程 2400.00m 路边	2.020	0.499	厚 0.3cm 夹泥
Hf_2	高程 2400.00m 路边	0.540	0.400	厚 0.3cm 夹泥
F_{29}	PD_7 平洞	0.870	0.530	厚 0.5cm 方解石
F_{29}	PD_3 平洞	0.240	0.403	厚 0.5cm 方解石
F_{35}	PD_9 交通洞	0.380	0.544	糜棱质夹少量泥
Hf_6	高程 2400.00m 路边	1.620	0.411	糜棱质夹少量泥
Hf_7	PD_7 平洞侧	1.490	0.477	糜棱质夹少量泥

续表

结构面编号	取样位置	抗剪断峰值		结构面特征
		c'/MPa	f'	
Hf$_5$	高程 2400.00m 路边	1.420	0.530	糜棱质
Hf$_7$	PD$_7$ 平洞侧	0.626	0.710	无充填
HL$_{13}$	PD$_6$ 洞口	0.192	0.700	无充填

对完成组数较多的 Hf$_4$、F$_{29}$、Hf$_3$、Hf$_1$ 软弱结构面中型剪切试验、携带式剪切试验结果的摩擦系数进行统计。表 5-49 是坝址区软弱面中型剪试验统计结果。结果表明，Hf$_4$ 的 f' 为 0.47，F$_{29}$ 的 f' 为 0.40，Hf$_3$ 的 f' 为 0.49，Hf$_8$ 的 f' 为 0.45。天然条件下软弱结构面具有较高的强度特征，且同一结构面无充填物时的强度值明显高于含有充填物时，如 Hf$_7$ 无充填物的 f' 为 0.710，当有糜棱质夹少量泥充填时 f' 仅 0.477。

表 5-49　坝址区软弱面中型剪试验统计结果

结构面编号	抗剪断峰值		结构面特征	备注
	c'/MPa	f'		
Hf$_4$	0.04	0.47	夹泥厚 0.5～1.0cm，最厚 7cm	3 组均值
F$_{29}$	0.06	0.40	面起伏，厚 0.5～2cm 的红、白泥，含较多的粗碎屑	2 组均值
Hf$_3$	0.09	0.49	面微起伏，夹泥厚 0.1～1.0cm，含大量粗碎屑	2 组均值
Hf$_8$	0.13	0.45	面较平，夹泥厚 0.1～1.5cm，不连续，含大量粗碎屑	2 组均值
L$_{28}$	0.09	0.54	面平直，夹泥厚 0.1～0.5cm，有方解石、糜棱质	2 组均值

根据上述各组试样剪切过程中获得的各级正应力下的剪应力值，得到的剪应力 τ 与正应力 σ 点群分布见图 5-49。采用给定斜率法，获得的点群上限、下限方程。

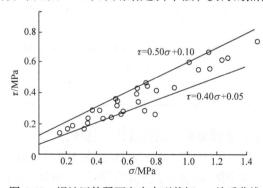

图 5-49　坝址区软弱面室内中型剪切 τ-σ 关系曲线

上限方程为 $\tau = 0.50\sigma + 0.10$，下限方程为 $\tau = 0.40\sigma + 0.05$。建立的这些关系式，为天然条件下软弱结构面强度参数的选取提供了参考依据。

5. 室内直剪试验

室内对 Hf_4、Hf_3、Hf_8、F_{29} 等软弱结构面进行了快剪及饱和固结快剪试验。表 5-50 是坝址区部分软弱结构面的强度结果。

表 5-50　坝址区部分软弱结构面的强度结果

断层编号	取样位置	密度 ρ /(g/cm³)	比重 G_s	天然密度 ρ_d /(g/cm³)	含水量 $w/\%$	孔隙比 e	饱和度 $S_r/\%$	液限 $w_L/\%$	塑限 $w_P/\%$	w/w_P	快剪		饱和固结快剪		
											f	c /kPa	w /%	f	c /kPa
Hf₄	PD₁₉	2.14	2.70	1.86	15.3	0.455	90.8	26.7	12.3	1.24	0.12	25	—	0.30	20
		2.19	2.72	1.91	14.6	0.423	93.8	25.0	12.3	1.19	0.31	62	—	0.48	23
		2.20	2.7	1.96	12.5	0.381	88.7	27.9	12.6	0.99	0.26	74	—	0.28	50
		2.22	2.73	1.93	15.2	0.417	99.6	33.7	15.2	1.00	0.06	62	—	0.20	40
		2.11	2.72	1.79	18.2	0.523	94.5	31.7	15.7	1.16	0.08	15	—	0.27	11
	PD₂₉	—	2.74	1.92	13.9	—	—	32.8	14.7	0.95	0.17	80	—	0.22	56
		—	2.74	1.92	13.4	—	—	30.7	14.7	0.91	0.18	80	31.4	0.25	45
Hf₃	PD₅₋₁₋₄₄	1.86	2.64	1.42	31.4	0.859	96.5	34.1	17.8	1.76	0.55	20	25.3	0.58	12
	PD₅₋₁	1.64	2.67	1.58	4.1	0.69	15.9	25.0	15.0	0.27	0.48	47	16.7	0.67	5
	PD₅₋₃₃₀	1.97	2.70	1.84	7.0	0.467	40.5	20.6	12.4	0.57	0.53	73	14.1	0.66	6
	PD₂₇₋₁₋₉₆.₅	2.15	2.70	1.94	10.9	0.392	75.1	23.4	14.0	0.78	0.57	52	—	0.62	25
	PD₂₇₋₁	—	—	1.91	11.5	—	—	22.9	12.1	0.95	0.58	44	—	0.61	13
	PD₂₇₋₁	—	—	1.92	11.6	—	—	36.0	21.1	0.55	0.48	120	—	0.54	68
Hf₈	PD₈₋₂	2.24	2.73	2.00	11.8	0.365	88.3	21.9	12.0	0.98	0.50	42	13.6	0.54	15
	PD₁₄	2.22	2.74	2.00	10.8	0.37	80	34.3	21.3	0.51	0.49	108	13.7	0.58	32
Hf₁₇₂	PD₄₋₁	—	2.65	1.82	17.4	—	—	40.9	17.4	1.00	—	—	—	0.53	49
F₂₉	PD₃	2.15	2.68	1.88	14.2	0.426	89.3	43.8	23.8	0.60	0.34	142	15.8	0.46	55
		2.15	2.68	1.88	14.2	0.426	89.3	43.8	23.8	0.59	0.34	100	15.9	0.35	70
		1.80	2.71	1.33	34.9	1.04	90.9	82.9	38.1	0.92	0.17	53	—	0.25	33
		1.65	2.71	1.13	46.1	1.4	89.3	112.1	52.3	0.88	0.14	55	—	0.27	24

由表 5-50 可知，各组结构面的强度值因物理状态差异较大而呈较大变化。Hf_4 缓倾角断层含水量一般为 12.5%～18.2%，含水量与塑限之比 (w/w_P) 为 0.91～1.24，表明含水量 w 与塑限 w_P 接近；快剪条件下 f 为 0.06～0.31，c 为 15～80kPa。

Hf$_3$断层含水量为4.1%~31.4%，变化较大，主要集中在7.0%~11.6%，w/w_P一般为0.27~1.76；饱和固结快剪条件下f较高，一般为0.54~0.66，但是c较低，仅5~68kPa，c多数为5~25kPa。F$_{29}$因测试获得的物理性质指标相差较大，强度参数变化也较大，快剪条件下f为0.14~0.34。在所研究的断层带中，当物理性状相近时，F$_{29}$、Hf$_4$断层带的强度较低，Hf$_3$、Hf$_8$、Hf$_{10}$、Hf$_{172}$等的强度相对较高，而且各试样不同剪切条件的强度特征表现为快剪试验的摩擦系数f较饱和固结快剪时低，内聚力c则为快剪条件下较饱和固结快剪条件下高。这反映了各断层岩(泥)因试验条件及固结排水对参数的影响。

受现场环境条件及取样影响，很难获得同一断层不同性状的力学参数。因此，为了获得坝址区主要结构面不同性状的强度参数，利用现场取得的部分扰动试样，在室内制备不同含水量及密度的试样进行直剪试验，可以获得同一断层在不同状态下的强度参数，进而为软弱结构面围压条件下强度参数的选取提供依据。按此方法控制，获得坝址区部分软弱面不同物理性状下的强度见表5-51。

表 5-51　坝址区部分软弱面不同物理性状下的强度

平洞编号	软弱面编号	密度ρ/(g/cm³)	含水量w/%	比重G_s	干密度ρ_d/(g/cm³)	孔隙比e	液限w_L/%	塑限w_P/%	w/w_P	摩擦系数f	内聚力c/kPa
PD$_{5-1}$ PD$_{27-1}$	Hf$_3$	2.07	18.72	2.70	1.74	0.551	26.5	15.5	1.208	0.39	16.0
		2.16	16.11	2.70	1.86	0.455	26.5	15.5	1.039	0.42	12.7
		2.22	9.84	2.70	2.02	0.336	26.5	15.5	0.635	0.69	101.0
		1.95	23.02	2.70	1.59	0.702	28.0	15.0	1.535	0.18	7.0
PD$_{5-1}$ PD$_{27-1}$	Hf$_3$	2.04	18.20	2.70	1.73	0.564	28.0	15.0	1.213	0.27	12.5
		2.20	10.88	2.70	1.98	0.361	28.0	15.0	0.725	0.66	84.8
		2.27	9.10	2.70	2.08	0.298	28.0	15.0	0.607	0.73	256.7
PD$_{7-2}$	Hf$_7$	2.13	14.70	2.71	1.86	0.457	21.2	12.5	1.176	0.33	1.0
		2.31	9.53	2.71	2.11	0.283	21.2	12.5	0.763	0.51	37.2
		2.16	12.72	2.71	1.92	0.414	21.2	12.5	1.018	0.39	9.0
		2.26	9.14	2.71	2.07	0.310	21.2	12.5	0.731	0.55	56.9
		2.34	7.74	2.71	2.17	0.248	21.2	12.5	0.619	0.62	100.3
PD$_{14}$	Hf$_8$	2.24	20.23	2.73	1.87	0.463	25.7	15.5	1.305	0.42	22.7
		2.25	15.07	2.73	1.95	0.397	25.7	15.5	0.972	0.37	9.4
		2.18	13.20	2.73	1.93	0.418	25.7	15.5	0.852	0.42	22.7
		2.24	11.72	2.73	2.00	0.363	25.7	15.5	0.756	0.55	16.7
		2.25	9.10	2.73	2.06	0.323	25.7	15.5	0.587	0.73	54.2
PD$_{19}$	Hf$_4$	2.33	13.90	2.72	2.05	0.330	22.3	12.6	1.103	0.33	1.1
		2.31	14.30	2.72	2.02	0.346	22.3	12.6	1.135	0.34	2.9
		2.26	11.92	2.72	2.02	0.347	22.3	12.6	0.946	0.55	2.0
		2.41	6.50	2.72	2.26	0.202	22.3	12.6	0.516	0.69	6.7
		2.41	11.90	2.72	2.15	0.263	22.3	12.6	0.944	0.70	10.3

平洞编号	软弱面编号	密度ρ /(g/cm³)	含水量 w/%	比重 G_s	干密度ρ_d /(g/cm³)	孔隙比 e	液限 w_L/%	塑限 w_P/%	w/w_P	摩擦系数 f	内聚力 c/kPa
PD₁₄	F₁₆₄	2.18	18.50	2.72	1.84	0.477	28.0	13.8	1.341	0.13	12.4
		2.26	15.52	2.72	1.96	0.389	28.0	13.8	1.125	0.10	11.0
		2.33	12.10	2.72	2.08	0.307	28.0	13.8	0.877	0.26	58.0
		2.41	10.98	2.72	2.18	0.250	28.0	13.8	0.796	0.32	72.0
		2.32	11.37	2.72	2.08	0.309	28.0	13.8	0.824	0.37	65.5
		2.34	9.62	2.72	2.13	0.277	28.0	13.8	0.697	0.48	10.0
PD₃	F₂₉	1.62	55.01	2.74	1.04	1.625	79.0	44.3	1.242	0.07	8.7
		1.85	45.64	2.74	1.27	1.158	79.0	44.3	1.030	0.09	12.2
		1.86	41.04	2.74	1.32	1.078	79.0	44.3	0.926	0.11	22.2
		1.91	32.51	2.74	1.44	0.905	79.0	44.3	0.734	0.17	52.1
		1.61	55.00	2.74	1.04	1.641	79.0	44.3	1.242	0.07	8.7
		1.99	25.07	2.74	1.60	0.715	79.0	44.3	0.566	0.36	192.8
		1.76	37.50	2.74	1.28	1.139	79.0	44.3	0.847	0.10	35.7
		2.09	18.24	2.74	1.77	0.552	79.0	44.3	0.412	0.93	159.4

由表 5-51 可知，软弱结构面的强度参数总体随含水量的降低逐渐增大，当含水量高于塑限，其摩擦系数较小，尤其是黏粒含量较大的 F₂₉ 断层，部分 f 小于 0.1；其他试样由于黏粒含量总体较小，f 多大于 0.1；当含水量与塑限之比(w/w_P)小于 1.0 时，f、c 显著增大，反映了软弱结构面的物理性状对其强度的影响较明显。

上述试验中，既有缓倾角断层如 Hf₃、Hf₄、Hf₇、Hf₈，也有陡倾角的 F₁₆₄ 断层，还有中等倾角的 F₂₉ 断层。因此，为便于工程运用，将 Hf₃、Hf₄、Hf₇、Hf₈ 等作为缓倾角结构面组、陡倾角 F₁₆₄、中等倾角 F₂₉ 断层等分别建立起摩擦系数 f、内聚力 c 与 w/w_P 的关系，见图 5-50～图 5-52。

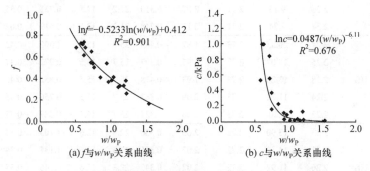

(a) f 与 w/w_P 关系曲线　　　　　(b) c 与 w/w_P 关系曲线

图 5-50　缓倾角结构面泥质物的 f 和 c 与 w/w_P 关系曲线

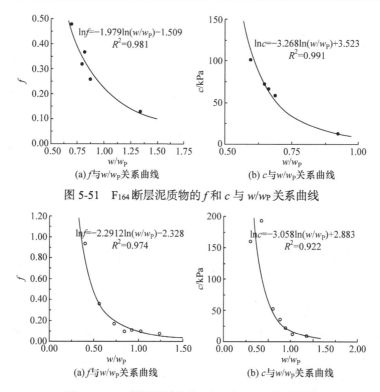

图 5-51　F_{164} 断层泥质物的 f 和 c 与 w/w_P 关系曲线

图 5-52　F_{29} 断层泥质物的 f 和 c 与 w/w_P 关系曲线

对缓倾角结构面组拟合获得关系式：$\ln f = -0.5233\ln(w/w_P)+0.412$，$R^2 = 0.901$；$\ln c = 0.0487(w/w_P)^{-6.11}$，$R^2 = 0.676$。对 F_{164} 断层拟合获得关系式：$\ln f = -1.979\ln(w/w_P)-1.509$，$R^2 = 0.981$；$\ln c = -3.268\ln(w/w_P)+3.523$，$R^2 = 0.991$。对 F_{29} 断层拟合获得关系：$\ln f = -2.2912\ln(w/w_P)-2.328$，$R^2 = 0.974$；$\ln c = -3.058\ln(w/w_P)+2.883$，$R^2 = 0.922$。上述关系式中，$f$ 为缓倾角结构面的摩擦系数；c 为内聚力(kPa)；w/w_P 为稠度状态指标，w 为试样含水量，w_P 为塑限；R^2 为相关系数。

6. 软弱结构面的高压固结试验

在室内将部分软弱结构面的试样含水量调制成接近液限，装入高压固结仪中进行压缩试验，试验可获得的压力 P 与孔隙比 e 的关系。表 5-52 汇总了软弱结构面高压固结试验 e-P 相关方程。图 5-53～图 5-58 为不同软弱结构面的试样 e-P 关系曲线。

表 5-52　软弱结构面高压固结试验 e-P 相关方程

结构面编号	相关方程	相关系数 R^2
Hf_3	$e = -0.06113\ln P - 0.8724$	0.997
Hf_4	$e = -0.055\ln P - 0.7137$	0.999

续表

结构面编号	相关方程	相关系数 R^2
Hf_7	$e = -0.0471\ln P + 0.7031$	0.998
Hf_8	$e = -0.0579\ln P + 0.866$	0.995
F_{164}	$e = -0.0693\ln P + 0.9186$	0.999
F_{29}	$e = -0.2011\ln P + 2.299$	0.981

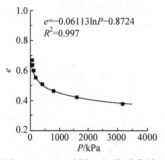

图 5-53 Hf_3 试样 $e\text{-}P$ 关系曲线

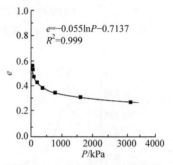

图 5-54 Hf_4 试样 $e\text{-}P$ 关系曲线

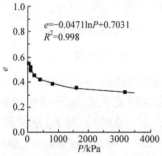

图 5-55 Hf_7 试样 $e\text{-}P$ 关系曲线

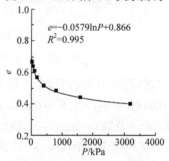

图 5-56 Hf_8 试样 $e\text{-}P$ 关系曲线

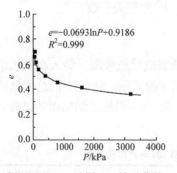

图 5-57 F_{164} 试样 $e\text{-}P$ 关系曲线

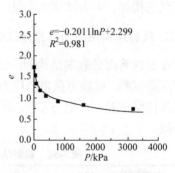

图 5-58 F_{29} 试样 $e\text{-}P$ 关系曲线

5.3.5 边坡岩体力学参数建议

通过大量的现场及室内试验结果的分析及工程类比，结合相关规范，给出坝址区岩体力学参数建议值见表 5-53。这为拉西瓦水电站高拱坝边坡稳定性分析时，对边坡不同岩级岩体力学参数的选取提供了依据。

表 5-53　坝址区岩体力学参数建议值

岩级	变形模量 E_0/GPa	抗剪(断)强度参数					
		岩体/岩体			混凝土/岩体		
		f'	c'/MPa	f	f'	c'/MPa	f
II	10～20	1.0～1.2	1.1～1.5	0.85～0.95	0.8～1.0	0.8～0.9	0.75～0.85
III$_1$	8～10	0.9～1.0	1.0～1.3	0.80～0.85	0.75～0.8	0.7～0.8	0.65～0.75
III$_2$	5～8	0.85～0.9	0.7～1.0	0.7～0.8	0.65～0.75	0.6～0.7	0.55～0.65
IV	2～5	0.65～0.85	0.4～0.7	0.6～0.7	0.55～0.65	0.3～0.6	0.45～0.55
V	<2	0.55～0.65	0.2～0.4	0.55～0.60	0.45～0.55	0.1～0.3	0.30～0.45

综合前面各类软弱结构面现场大剪、室内原状样直剪、扰动样强度特征，结合各类结构面的物质组成、结构面的应力条件，给出了坝址区软弱结构面强度参数建议值见表 5-54。这为进行拉西瓦水电站高拱坝边坡稳定性分析时，对控制边坡稳定的软弱结构面力学参数的选取提供了依据。

表 5-54　坝址区软弱结构面强度参数建议值

序号	结构面类型	结构面强度指标			代表断层	
		抗剪断		抗剪	坝基部位	备注
		f'	c'/MPa	f		
1	连续夹泥厚度>2cm，面平直，起伏小	0.25～0.30	0.02～0.05	0.20～0.25	Hf$_4$(浅部) F$_{29}$(浅部)	—
2	连续夹泥厚1～2cm，含粗碎屑少，断面平直，起伏小	0.35～0.40	0.05	0.30～0.35	Hf$_7$、f$_{10}$、F$_{164}$ F$_{166}$、F$_{26}$、F$_{172}$	Hf$_4$、F$_{29}$ 深部
3	断续或连续夹泥，厚0.5～1cm,含潮湿状粗碎屑物较多，面略平或微起伏	0.40～0.45	0.05～0.10	0.30～0.40	Hf$_3$、Hf$_8$、Hf$_{108}$、F$_{211}$ F$_{210}$、HL$_{32}$、F$_{330}$、F$_{390}$ F$_{366}$、F$_{180}$、F$_{176}$ f$_3$、f$_2$、f$_{2+2}$ f$_8$、f$_{10}$、f$_{11}$	F$_{151}$ Hf$_{33}$
4	夹泥不连续或夹泥厚度<0.5cm，结构面粗糙起伏，含大量粗碎屑物	0.45～0.50	0.10	0.40	F$_{201}$、F$_{193}$、F$_{419}$、F$_{396}$ f$_3$、f$_1$、f$_7$ f$_6$、F$_{421}$、f$_{15}$、f$_{10}$	Hf$_1$ Hf$_2$ HL$_{13}$

续表

序号	结构面类型	结构面强度指标		抗剪	代表断层	备注
		抗剪断			坝基部位	
		f'	c'/MPa	f		
5	局部夹泥及方解石充填裂隙,两侧有风化蚀变带	0.50~0.55	0.10~0.15	0.45	NW 向(左岸) NE 向(右岸)	—
6	充填方解石裂隙,两侧无风化蚀变带	0.60~0.65	0.15	0.55	—	—
	裂隙闭合无充填,两侧无风化蚀变带	0.65~0.70	0.15~0.20	0.60	—	—

第6章 高拱坝边坡稳定性分析与数值反馈

6.1 边坡安全等级确定

根据《水利水电工程等级划分及洪水标准》(SL 252—2020)，拉西瓦水电站工程规模属Ⅱ等大(1)型。枢纽建筑物由双曲薄拱坝、坝身泄洪建筑物、坝后消能建筑物和右岸地下厂房组成。按《水电工程边坡设计规范》(NB/T 10512—2021)，依据枢纽工程等级、建筑物级别、边坡所处位置、边坡重要性和失事后危害程度的安全级别进行划分，水电工程边坡类别和级别划分标准见表 6-1。大坝、厂房、泄洪消能建筑物等部位的高边坡属于 A 类枢纽工程区边坡，等级为Ⅰ级，两岸高边坡防护为 1 级防护。

表 6-1 水电工程边坡类别和级别划分标准

等级	A 类枢纽工程区边坡	B 类水库边坡
Ⅰ级	影响 1 级水工建筑物安全的边坡	滑坡产生危害性涌浪或滑坡灾害可能危及 1 级建筑物安全的边坡
Ⅱ级	影响 2、3 级水工建筑物安全的边坡	可能发生滑坡并危及 2、3 级建筑物安全的边坡
Ⅲ级	影响 4、5 级水工建筑物安全的边坡	要求整体稳定并允许部分失稳或缓慢滑落的边坡

按照上述工程边坡的类别和等级，依据《水电工程边坡设计规范》(NB/T 10512—2021)中允许最低安全系数(表 6-2)可知，A 类枢纽工程区边坡 1 级在持久状况下的设计安全系数为 1.25～1.30，短暂状况的安全系数为 1.15～1.20，偶然状况要求为 1.05～1.10。

表 6-2 水电水利工程边坡设计安全系数标准

级别	A 类枢纽工程区边坡			B 类水库边坡		
	持久状况	短暂状况	偶然状况	持久状况	短暂状况	偶然状况
1 级	1.25～1.30	1.15～1.20	1.05～1.10	1.15～1.25	1.05～1.15	1.05
2 级	1.15～1.25	1.05～1.15	1.05	1.05～1.15	1.05～1.10	1.00～1.05
3 级	1.05～1.15	1.05～1.10	1.00	1.00～1.10	1.00～1.05	1.00

6.2 基于监测结果边坡岩体力学参数反演

参数合理选取与否是边坡稳定性分析的关键。为了合理地选取岩体物理力学参数，以开挖支护后获得的监测资料为基础，基于正交试验理论与 Matlab 的误差逆传播(BP)神经网络，先进行岩体力学参数反演。选取图 6-1 的左岸缆机平台部位及其后边坡剖面为依据，作为反演剖面。为拟合实测的监测数据，根据不同高程选取代表性的位移监测点，选取的监测点和高程如表 6-3 所示。将新鲜岩体和弱风化岩体的变形模量 E_0、内聚力 c 和内摩擦角 φ 作为待反演参数。根据物理力学试验和相关结果，确定待反演的岩体抗剪强度参数的上限、下限范围，参加反演的参数按照可能的变化范围进行设置。表 6-4 为力学反演参数值划分建议值。

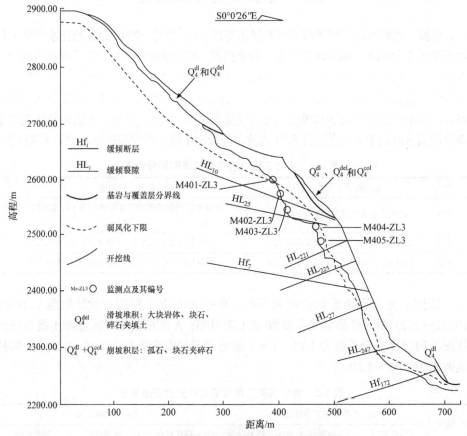

图 6-1　左岸缆机平台部位及其后边坡剖面

表 6-3　监测点及高程

监测点位	M405-ZL3	M404-ZL3	M403-ZL3	M402-ZL3	M401-ZL3
高程/m	2490.00	2515.00	2550.00	2575.00	2600.00

表 6-4　反演参数值划分建议值

岩体类型	序号	变形模量 E_0/GPa	内聚力 c/MPa	内摩擦角 φ/(°)
新鲜岩体	1	36	1.0	50.19
	2	42	1.5	53.47

续表

岩体类型	序号	变形模量 E_0/GPa	内聚力 c/MPa	内摩擦角 φ/(°)
新鲜岩体	3	48	2.0	56.31
	4	54	2.5	58.78
	5	60	3.0	60.95
弱风化岩体	1	8	0.5	34.99
	2	14	1.0	40.36
	3	20	1.5	45.00
	4	26	2.0	48.99
	5	32	2.5	52.43

对于非线性问题的参数反演分析,通常采用基于优化求解的正反分析法。正交试验设计是利用正交表进行科学安排和分析多因素试验的一种有效方法,可以从大量多元参数组合中筛选出适量具有代表性的组合来安排试算,从而选择最佳的参数组合。依据正交设计原则,安排试验方案减少试验次数,得到的试验方案具有均匀分散性和整齐可比性。由于参与反演的参数共 6 个,因此模拟的计算方案采用 6 因素 5 水平的正交表,共有 25 组试验。表 6-5 为正交试验确定的试验方案。

表 6-5　正交试验确定的试验方案

方案编号	新鲜岩体			弱风化岩体		
	E_0	c	φ	E_0	c	φ
试验 1	1	1	1	1	1	1
试验 2	1	2	2	2	2	2
试验 3	1	3	3	3	3	3
试验 4	1	4	4	4	4	4
试验 5	1	5	5	5	5	5
试验 6	2	1	2	3	4	5
试验 7	2	2	3	4	5	1
试验 8	2	3	4	5	1	2
试验 9	2	4	5	1	2	3
试验 10	2	5	1	2	3	4
试验 11	3	1	3	5	2	4
试验 12	3	2	4	1	3	5
试验 13	3	3	5	2	4	1
试验 14	3	4	1	3	5	2
试验 15	3	5	2	4	1	3
试验 16	4	1	4	2	5	3
试验 17	4	2	5	3	1	4

续表

方案编号	新鲜岩体			弱风化岩体		
	E_0	c	φ	E_0	c	φ
试验 18	4	3	1	4	2	5
试验 19	4	4	2	5	3	1
试验 20	4	5	3	1	4	3
试验 21	5	1	5	4	3	2
试验 22	5	2	1	5	4	3
试验 23	5	3	2	1	5	4
试验 24	5	4	3	2	1	5
试验 25	5	5	4	3	2	1

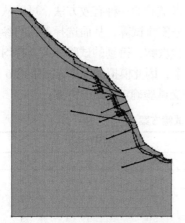

图 6-2 左岸边坡岩体参数反演的有限元
计算模型

数值计算中选取国内外通用的 GEO-Sigma/W 二维有限元计算软件。根据图 6-1 的剖面，建立有限元分析模型。图 6-2 是左岸边坡岩体参数反演的有限元计算模型，采用莫尔-库仑强度准则弹塑性模型计算。分两个阶段来模拟边坡的开挖支护过程，先进行天然边坡初始状态计算，然后进行开挖支护后状态计算。依据表 6-5 设计的试验方案，利用表 6-4 中的参数，输入有限元程序中模拟获得的相应测点处的位移计算值，获得 25 组有限元模拟的监测点位移计算值见表 6-6。

表 6-6　有限元模拟的监测点位移计算值　　　　　　（单位：mm）

方案编号	监测点及高程				
	M405-ZL3 高程 2490.00m	M404-ZL3 高程 2515.00m	M403-ZL3 高程 2550.00m	M402-ZL3 高程 2575.00m	M401-ZL3 高程 2600.00m
试验 1	13.85	15.19	8.85	8.33	7.07
试验 2	12.39	13.84	7.66	7.07	7.96
试验 3	11.28	12.79	6.66	5.98	6.76
试验 4	10.39	11.96	5.78	5.01	5.73
试验 5	4.84	4.15	4.99	11.26	9.66
试验 6	6.33	5.64	6.20	11.48	10.25
试验 7	5.52	4.89	5.52	10.80	9.53
试验 8	6.09	5.56	5.58	12.67	11.54

续表

方案编号	监测点及高程				
	M405-ZL3 高程 2490.00m	M404-ZL3 高程 2515.00m	M403-ZL3 高程 2550.00m	M402-ZL3 高程 2575.00m	M401-ZL3 高程 2600.00m
试验 9	12.31	13.41	7.87	7.43	8.52
试验 10	11.16	12.29	6.98	6.48	7.29
试验 11	8.29	9.38	4.75	4.17	4.69
试验 12	11.14	12.04	7.13	6.74	7.76
试验 13	10.17	11.14	6.41	5.98	6.72
试验 14	9.20	10.23	5.59	5.10	5.70
试验 15	5.49	4.93	5.52	10.30	9.29
试验 16	6.25	5.56	5.94	10.19	9.37
试验 17	8.77	9.62	5.45	5.04	5.61
试验 18	5.02	4.51	4.96	9.09	8.19
试验 19	7.75	8.67	4.56	4.06	4.53
试验 20	10.19	10.95	6.53	6.19	7.15
试验 21	7.67	8.44	4.72	4.32	4.79
试验 22	7.28	8.08	4.37	3.94	4.37
试验 23	9.41	10.06	6.04	5.73	6.64
试验 24	8.70	9.40	5.53	5.20	5.84
试验 25	8.14	8.87	5.10	4.74	5.27

边坡工程是一个非常复杂的非线性系统，力学参数和位移之间是一个非常典型的非线性输入-输出关系。根据人工神经网络对信息的处理能力，选择较为成熟的误差逆传播(BP)神经网络，对力学参数和位移之间的关系进行研究。

1. BP 神经网络预处理

根据前面的分析，利用有限元法计算出 M402-ZL3 处的监测位移作为 BP 神经网络输入矢量样本。同时，选取试验参数正交表构成 BP 神经网络输出矢量样本，样本总数为 25 个。为了使 BP 神经网络系统的通用性增强，加快收敛速度，提高网络的计算效率，先对样本进行归一化预处理。调用 Matlab 工具箱的 PremnmX 函数，如果在训练网络时所用的是经过归一化的样本数据，那么以后使用的新数据也应该和样本接受相同的预处理。当 BP 神经网络测试完成之后，还需对输出数据进行反归一化处理，用 PostmnmX 函数实现。

2. BP 神经网络结构的建立和参数的设置

BP 神经网络采用 newff 函数进行初始化，采用 trainlm 函数进行训练，模式为批处理模式，利用 Levenberg-Marquardt 规则训练向前的网络。根据对 Matlab 工具箱传递函数的分析可知，sigmoid 函数可以有 $(-\infty, +\infty)$ 的输入，其输出范围为 $[-1, 1]$，而 purelin 函数可以有任意数值的输入和输出。根据它们的特点，选取输入层的传递函数为 sigmoid 函数，隐层到输出层为 purelin 函数。仿真过程采用 sim 函数，误差分析采用 MSE 均方差函数。

3. BP 神经网络参数反演

通过前面对岩土体参数选取，正交表设计及 25 个样本参数的计算，利用 Matlab 编程实现。该 BP 神经网络的误差曲线见图 6-3，经过 6407 次训练达到收敛。BP 神经网络反演参数建议值见表 6-7。

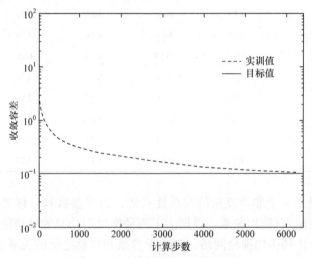

图 6-3　BP 神经网络的误差曲线

表 6-7　BP 神经网络反演参数建议值

项目	新鲜岩体			弱风化岩体		
	变形模量 E_0/GPa	内聚力 c/MPa	摩擦系数 f	变形模量 E_0/GPa	内聚力 c/MPa	摩擦系数 f
BP 神经网络反演	32.85	2.15	1.23	15.23	1.48	0.83

从表 6-7 可以看出，反演得到的新鲜岩体变形模量 E_0 为 32.85GPa，内聚力 c 为 2.15MPa；弱风化岩体变形模量 E_0 为 15.23GPa，内聚力 c 为 1.48MPa。这可作为边坡岩体稳定性取值的参考依据。

6.3　边坡稳定性数值反馈

6.3.1　右岸边坡稳定性

为研究拉西瓦水电站坝址区右岸坝肩、出线楼、缆机平台和消能区部位边坡在自然、开挖及支护后各阶段的应力、应变特征及其稳定性变化，选取右岸Ⅱ-Ⅱ、Ⅵ-Ⅵ剖面进行二维有限元计算分析。

1. 右岸坝肩边坡Ⅱ-Ⅱ剖面

根据右岸坝肩边坡Ⅱ-Ⅱ剖面，结合开挖设计方案，建立的右岸坝肩边坡有限元分析模型见图 6-4。为详细了解开挖-支护阶段坡体应力、位移变化情况，布置了右岸坝肩边坡监测点位(图 6-5)。计算模型中仅考虑对边坡有影响的长大裂隙及断层。

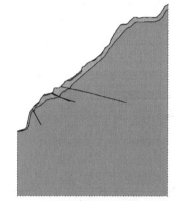

图 6-4　右岸坝肩边坡有限元分析模型

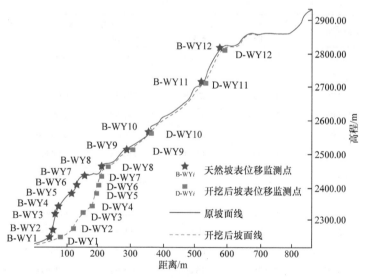

图 6-5　右岸坝肩边坡监测点位布置

开挖、支护影响主要作用于边坡浅表部，因此计算中仅考虑自重应力的作用。计算中主要介质的物理力学参数根据试验结果及工程类比综合给定，表 6-8 是岩土体物理力学参数建议值。右岸坝肩支护参数根据实际施工工程确定，见表 6-9。通过数值计算获得右岸坝肩边坡在天然、开挖及支护后各监测点应力、应变、总位移特征见表 6-10。

表 6-8 岩土体物理力学参数建议值

介质类型		容重 $\gamma/(MN/m^3)$	变形模量 E_0/MPa	泊松比 μ	内聚力 c/MPa	内摩擦角 $\varphi/(°)$
第四系堆积物		0.023	500	0.32	0.02	25.56
花岗岩	弱风体	0.027	5000	0.26	1.74	41.99
	微新	0.027	17500	0.23	2.38	49.90
断层		0.02	1000	0.34	0.05	24.22

表 6-9 右岸坝肩支护参数

支护措施	锚杆	锚筋桩	预应力锚索长 45m		预应力锚索长 40m	
			自由端	锚固段	自由端	锚固段
E_0/GPa	200	200	210	300	200	300
面积/m²	0.00061544	0.002412	0.00126	0.00126	0.00126	0.00126
轴向力/kN	−200	−200	−200	—	−200	—
转动距/m⁴	—	—	—	0.00025	—	0.00025

表 6-10 右岸坝肩边坡监测点应力、应变、总位移特征

监测点	高程/m	最大主应力 σ_1/kPa	最小主应力 σ_3/kPa	最大剪应力 τ_{max}/kPa	最大剪应变 γ_{max}	总位移/mm
天然边坡						
B-WY1	2250	3819.82	325.75	1747.04	0.00044	—
B-WY2	2273	1938.19	119.44	909.38	0.00023	—
B-WY3	2322	429.79	27.20	201.30	0.00005	—
B-WY4	2340	254.58	6.79	123.90	0.00003	—
B-WY5	2380	97.30	20.73	38.28	0.00010	—
B-WY6	2405	576.90	43.94	266.48	0.00007	—
B-WY7	2430	56.10	25.59	15.25	0.00004	—
B-WY8	2460	600.87	32.62	284.13	0.00007	—
B-WY9	2510	132.73	27.57	52.58	0.00026	—
B-WY10	2560	71.35	3.23	34.06	0.00051	—
B-WY11	2710	3285.33	85.40	1599.96	0.00403	—
B-WY12	2810	372.75	16.60	178.08	0.00004	—
开挖边坡						
监测点	高程/m	最大主应力 σ_1/kPa	最小主应力 σ_3/kPa	最大剪应力 τ_{max}/kPa	最大剪应变 γ_{max}	总位移/mm
D-WY1	2250	6988.22	300.09	3344.07	0.00024	17.53
D-WY2	2273	8053.13	41.05	4006.04	0.00124	12.82
D-WY3	2322	3545.77	−15.37	1780.57	0.00009	11.19

续表

监测点	开挖边坡					
	高程/m	最大主应力 σ_1/kPa	最小主应力 σ_3/kPa	最大剪应力 τ_{max}/kPa	最大剪应变 γ_{max}	总位移/mm
D-WY4	2340	9964.67	678.06	4643.30	0.00019	7.44
D-WY5	2380	4368.08	−62.30	2215.19	0.00008	4.31
D-WY6	2405	2305.59	−124.85	1215.22	0.00006	4.38
D-WY7	2430	1595.94	51.53	772.20	0.00011	4.39
D-WY8	2460	788.02	113.20	337.41	0.00005	4.11
D-WY9	2510	1352.02	−57.38	704.70	0.00009	3.77
D-WY10	2560	162.28	31.65	65.32	0.00003	3.55
D-WY11	2710	2744.42	281.06	1100.10	0.00004	1.87
D-WY12	2810	337.49	38.25	149.62	0.00004	1.12
监测点	支护边坡					
	高程/m	最大主应力 σ_1/kPa	最小主应力 σ_3/kPa	最大剪应力 τ_{max}/kPa	最大剪应变 γ_{max}	总位移/mm
D-WY1	2250	7034.85	345.41	3344.72	0.00000	0.13
D-WY2	2273	8033.91	56.34	3988.79	0.00000	0.26
D-WY3	2322	3583.12	48.14	1767.49	0.00000	0.26
D-WY4	2340	10007.70	690.35	4658.65	0.00000	0.24
D-WY5	2380	4400.69	−33.27	2216.98	0.00000	0.22
D-WY6	2405	2338.75	−87.02	1212.88	0.00000	0.27
D-WY7	2430	1582.02	46.02	768.00	0.00000	0.32
D-WY8	2460	779.90	113.04	333.43	0.00000	0.24
D-WY9	2510	1348.23	−57.42	702.83	0.00005	0.12
D-WY10	2560	162.25	31.65	65.30	0.00000	0.08
D-WY11	2710	2745.15	281.12	1232.02	0.00000	0.01
D-WY12	2810	349.82	53.88	147.97	0.00000	0.01

注: 本章压应力为正, 拉应力为负。

右岸坝肩边坡在天然、开挖及支护条件下的应力场特征如图 6-6～图 6-9 所示。由图 6-6～图 6-9 和表 6-10 可知, 天然状态下坡体应力符合一般边坡应力场特征, 最大主应力 σ_1 以压应力为主(图 6-6); 边坡开挖后, 伴随边坡应力场的重分布, 开挖面附近局部有拉应力分布(监测点位 D-WY3、DWY5、D-WY6、D-WY9 附近), 并且在坡脚及断层端部有应力集中现象(图 6-8), 开挖面附近最大主应力 σ_1 为 0.16～9.96MPa, 最小主应力 σ_3 为−0.12～0.68MPa, 最大剪应力 τ_{max} 为 0.06～4.64MPa。其中, 坝肩部位(D-WY1～D-WY8)的最大主应力 σ_1 为 0.79～9.96MPa, 最小主应力 σ_3 为−0.12～0.68MPa, 最大剪应力 τ_{max} 为 0.34～4.64MPa。边坡支护后, 坡面的应力变化较明显。其中, 最大主应力 σ_1 为 0.16～10.0MPa, 最小主应力 σ_3 均大于零且为−0.03～0.69MPa; 最大剪应力 τ_{max} 为 0.33～4.66MPa。

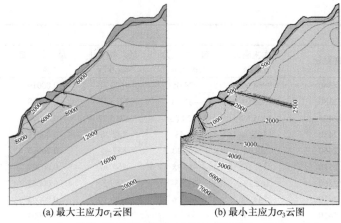

(a) 最大主应力σ₁云图   (b) 最小主应力σ₃云图

图 6-6   右岸坝肩天然边坡应力场(单位：kPa)

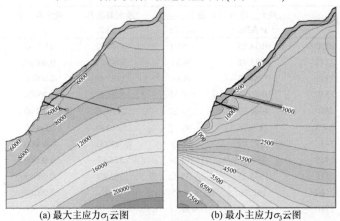

(a) 最大主应力σ₁云图   (b) 最小主应力σ₃云图

图 6-7   右岸坝肩开挖边坡应力场(单位：kPa)

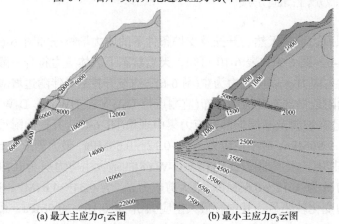

(a) 最大主应力σ₁云图   (b) 最小主应力σ₃云图

图 6-8   右岸坝肩支护边坡应力场(单位：kPa)

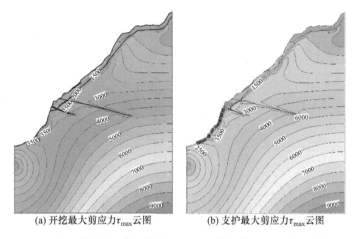

(a) 开挖最大剪应力τ_{max}云图　　　　(b) 支护最大剪应力τ_{max}云图

图 6-9　右岸坝肩边坡应力场(单位：kPa)

计算获得右岸坝肩边坡开挖、支护后最大剪应变γ_{max}云图见图 6-10。由图 6-10可知，边坡开挖后最大剪应变γ_{max}主要集中分布于开挖面及断层带附近，最大值约为 0.0001；边坡支护后，剪应变区逐渐减小，最大值在断层带附近，为4.8×10^{-5}。

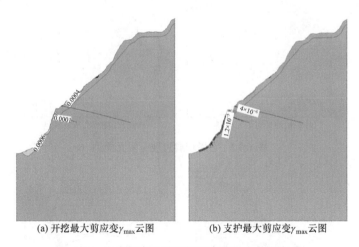

(a) 开挖最大剪应变γ_{max}云图　　　　(b) 支护最大剪应变γ_{max}云图

图 6-10　右岸坝肩边坡开挖和支护最大剪应变γ_{max}

计算获得右岸坝肩边坡开挖、支护后总位移分布特征见图 6-11。由图 6-11可知，支护后坡体位移范围明显减小，开挖后位移为 1.12～17.53mm，最大总位移集中在坝肩中下部；支护后，总位移明显减小，坝肩总位移控制在 0.32mm 以内。其中，模拟获得的 D-WY2、D-WY-3 两个监测点的总位移与实际监测的总位移基本吻合。

依据右岸坝肩剖面图建立天然、开挖、支护状态下有限元模型见图 6-12 和图 6-13。

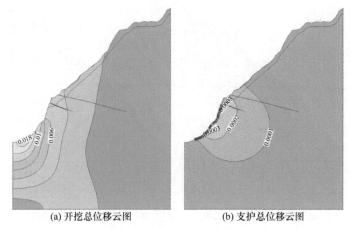

(a) 开挖总位移云图　　　　　　(b) 支护总位移云图

图 6-11　右岸坝肩边坡开挖和支护总位移分布特征(单位：m)

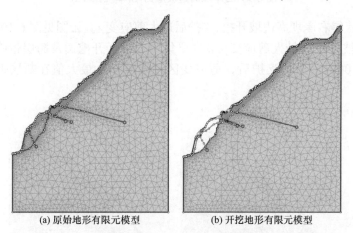

(a) 原始地形有限元模型　　　　　　(b) 开挖地形有限元模型

图 6-12　右岸坝肩边坡有限元模型

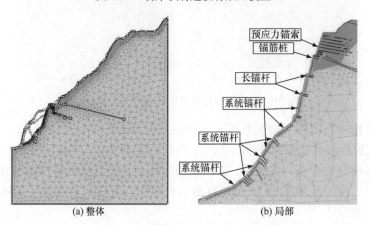

(a) 整体　　　　　　(b) 局部

图 6-13　右岸坝肩边坡支护有限元模型

采用强度折减法，获得右岸坝肩边坡天然、开挖、支护状态在自然、暴雨和地震工况下的有限元强度折减稳定性系数计算结果见表 6-11。

表 6-11　右岸坝肩边坡天然、开挖、支护有限元强度折减稳定性系数计算结果

天然			开挖			支护		
自然	暴雨	地震	自然	暴雨	地震	自然	暴雨	地震
2.05	1.96	1.94	1.20	1.15	1.13	1.48	1.41	1.37

由表 6-11 可知，采用强度折减法计算的右岸坝肩边坡开挖前，在自然、暴雨、地震三种工况下稳定性系数为 1.94～2.05，边坡稳定性较好；开挖后三种工况的稳定性系数为 1.13～1.20。开挖后暴雨工况和地震工况的稳定性系数均满足规范要求，但是自然状态下稳定性系数仅为 1.20，满足设计要求的安全系数控制标准。

计算获得右岸坝肩边坡开挖在自然工况下强度折减系数(SRF)为 1.20 的最大剪应变和总位移云图见图 6-14。由图 6-14 可知，由于边坡下部开挖体积较大，开挖后岩体产生卸荷松弛，其最大剪应变达 0.0070，破坏时的最大总位移为 56mm。右岸坝肩边坡支护处理后，稳定性得到了很大提高，不同工况条件下稳定性系数为 1.37～1.48，满足设计要求的安全系数控制标准。

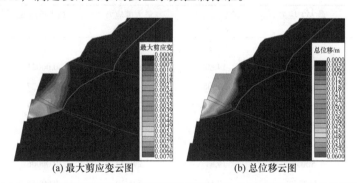

(a) 最大剪应变云图　　　　　　　(b) 总位移云图

图 6-14　右岸坝肩边坡开挖自然工况下 SRF=1.20 的最大剪应变和总位移云图

2. 右岸缆机平台后边坡Ⅵ-Ⅵ剖面

据右岸缆机平台后边坡Ⅵ-Ⅵ剖面，结合开挖设计方案，建立有限元计算模型见图 6-15，布置的监测点位见图 6-16，岩土体计算参数和支护单元参数与右岸坝肩边坡相同。

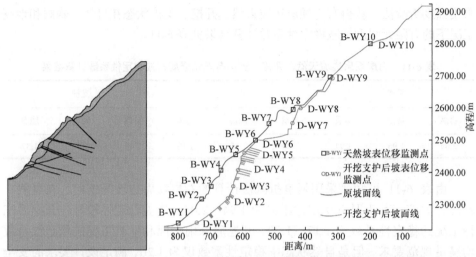

图 6-15　右岸缆机平台边坡　　　　　图 6-16　右岸缆机平台边坡监测点位布置
　　　有限元模型

数值计算获得右岸缆机平台边坡在天然、开挖、支护后各监测点应力、应变、总位移特征见表 6-12。

表 6-12　右岸缆机平台边坡监测点应力、应变、总位移特征

监测点	天然边坡				
	最大主应力 σ_1/kPa	最小主应力 σ_3/kPa	最大剪应力 τ_{max}/kPa	最大剪应变 γ_{max}	总位移/mm
B-WY1	1748.05	157.81	745.43	0.00020	—
B-WY2	1654.63	14.80	819.92	0.00021	—
B-WY3	2220.99	112.05	1054.47	0.00027	—
B-WY4	666.07	245.23	210.42	0.00379	—
B-WY5	368.98	2.43	183.28	0.00005	—
B-WY6	1449.27	66.97	691.15	0.00017	—
B-WY7	500.46	19.51	240.48	0.00006	—
B-WY8	1192.98	40.58	576.20	0.00015	—
B-WY9	1254.82	17.09	618.86	0.00016	—
B-WY10	605.56	0.50	302.53	0.00008	—
监测点	开挖边坡				
	最大主应力 σ_1/kPa	最小主应力 σ_3/kPa	最大剪应力 τ_{max}/kPa	最大剪应变 γ_{max}	总位移/mm
D-WY1	6092.91	294.76	2899.07	0.00014	18.03
D-WY2	8953.91	1.88	4476.02	0.00081	13.70
D-WY3	5369.56	−108.74	2739.15	0.00011	13.75
D-WY4	1428.36	206.16	611.10	0.00015	13.43

续表

监测点	开挖边坡				
	最大主应力 σ_1/kPa	最小主应力 σ_3/kPa	最大剪应力 τ_{max}/kPa	最大剪应变 γ_{max}	总位移/mm
D-WY5	744.14	32.29	355.92	0.00005	13.13
D-WY6	897.80	167.37	365.21	0.00013	12.88
D-WY7	6765.50	215.08	3275.21	0.00016	3.21
D-WY8	605.65	70.63	267.60	0.00011	3.92
D-WY9	1414.86	63.51	675.68	0.00008	2.42
D-WY10	590.48	41.70	274.39	0.00000	2.89
监测点	支护边坡				
	最大主应力 σ_1/kPa	最小主应力 σ_3/kPa	最大剪应力 τ_{max}/kPa	最大剪应变 γ_{max}	总位移/mm
D-WY1	6121.17	312.87	2904.15	0.00000	0.15
D-WY2	8872.16	−1.22	4436.69	0.00000	0.34
D-WY3	5313.62	−103.57	2708.59	0.00000	1.35
D-WY4	1426.13	209.17	608.48	0.00001	0.97
D-WY5	746.63	36.38	355.13	0.00000	0.61
D-WY6	909.14	167.79	370.68	0.00000	0.26
D-WY7	6755.09	214.96	3270.07	0.00000	0.13
D-WY8	605.46	70.64	267.41	0.00000	0.09
D-WY9	1414.20	63.48	675.36	0.00000	0.04
D-WY10	590.45	41.70	274.38	0.00000	0.05

　　计算获得右岸缆机平台边坡在天然、开挖、支护状况下应力场见图 6-17～图 6-20。分析图 6-17～图 6-20 和表 6-12 可知,右岸缆机平台边坡天然状态下整体以压应力为主,开挖边坡范围内最大主应力 σ_1 小于 2.5MPa,最小主应力 σ_3 小于 0.25MPa,

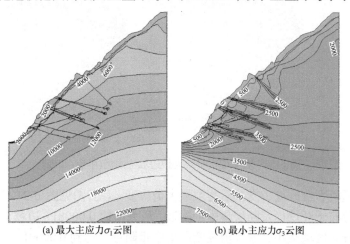

(a) 最大主应力 σ_1 云图　　　　　　(b) 最小主应力 σ_3 云图

图 6-17　右岸缆机平台天然边坡应力场(单位：kPa)

最大剪应力 τ_{max} 不大于 1.1MPa。边坡开挖后，开挖坡脚部位有应力集中现象(监测点 D-WY2)，局部出现拉应力(监测点 D-WY3)，最大主应力 σ_1 为 0.59～8.95MPa，最小主应力 σ_3 为-0.11～0.29MPa，最大剪应力 τ_{max} 为 0.27～4.48MPa。开挖边坡支护后，支护面上最大主应力 σ_1 为 0.59～8.87MPa，最小主应力 σ_3 为-0.10～0.31MPa，最大剪应力 τ_{max} 为 0.27～4.44MPa。

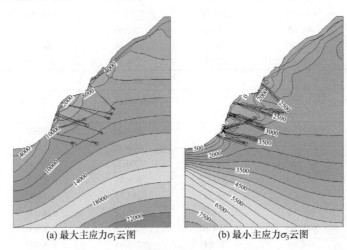

(a) 最大主应力 σ_1 云图   (b) 最小主应力 σ_3 云图

图 6-18   右岸缆机平台开挖边坡应力场(单位：kPa)

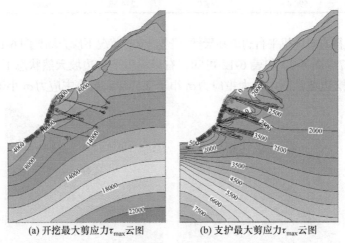

(a) 开挖最大剪应力 τ_{max} 云图   (b) 支护最大剪应力 τ_{max} 云图

图 6-19   右岸缆机平台支护边坡应力场(单位：kPa)

右岸缆机平台开挖、支护后边坡最大剪应变 γ_{max} 云图见图 6-21。开挖后，最大剪应变分布于开挖面及断层集中带附近，最大值约 0.00081；边坡支护后，最大剪应变和分布区域减小，最大值在断层集中带附近，达到 0.00001。

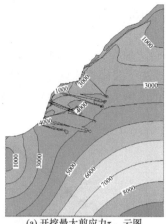

(a) 开挖最大剪应力τ_{max}云图　　　　　(b) 支护最大剪应力τ_{max}云图

图 6-20　右岸缆机平台边坡应力场(单位：kPa)

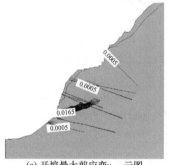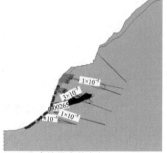

(a) 开挖最大剪应变γ_{max}云图　　　　　(b) 支护最大剪应变γ_{max}云图

图 6-21　右岸缆机平台开挖边坡和支护边坡最大剪应变

右岸缆机平台边坡开挖、支护后总位移分布特征见图 6-22。由于开挖卸荷回

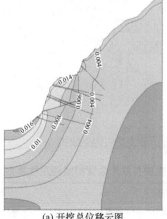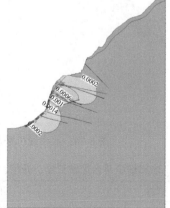

(a) 开挖总位移云图　　　　　　　(b) 支护总位移云图

图 6-22　右岸缆机平台边坡开挖和支护总位移分布特征(单位：m)

弹，坡脚及坡肩部位总位移较大，为 2.42～18.03mm；支护后，下部坡体总位移明显减小，为 0.04～1.35mm。

依据右岸缆机平台剖面，建立缆机平台边坡在天然、开挖及支护条件下有限元模型见图 6-23、图 6-24。采用强度折减法，获得右岸缆机平台边坡天然、开挖、支护状态在自然、暴雨和地震工况下的有限元强度折减稳定性系数计算结果见表 6-13。

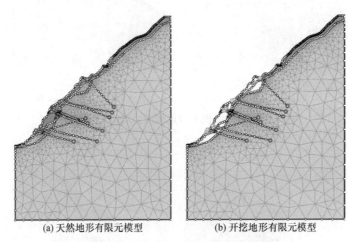

(a) 天然地形有限元模型　　　　　　(b) 开挖地形有限元模型

图 6-23　右岸缆机平台边坡有限元模型

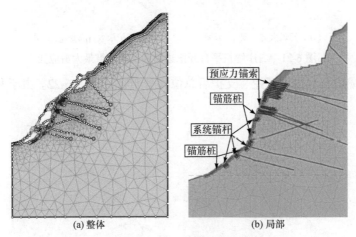

(a) 整体　　　　　　　　　　(b) 局部

图 6-24　右岸缆机平台边坡支护有限元模型

表 6-13　右岸缆机平台边坡天然、开挖、支护有限元强度折减稳定性系数计算结果

天然			开挖			支护		
自然	暴雨	地震	自然	暴雨	地震	自然	暴雨	地震
1.23	1.17	1.11	1.12	1.08	1.04	1.52	1.45	1.36

从表 6-13 可见，右岸缆机平台边坡天然状态在不同工况下稳定性系数为 1.11~1.23，处于基本稳定~稳定状态。开挖后边坡稳定性有所下降，自然工况下稳定性系数为 1.12，地震工况稳定性系数仅为 1.04。

计算获得右岸缆机平台边坡开挖自然工况 SRF=1.12 时的最大剪应变和总位移见图 6-25，右岸缆机平台边坡开挖无支护地震工况 SRF=1.04 时的最大剪应变和总位移见图 6-26。由图 6-25、图 6-26 可知，开挖边坡自然工况下在强度折减系数 SRF 为 1.12、地震工况强度折减系数 SRF 为 1.04 时，存在局部失稳的可能；支护后，最不利工况时的强度折减稳定性系数达 1.36，不同工况条件下的稳定性系数满足设计安全系数要求。

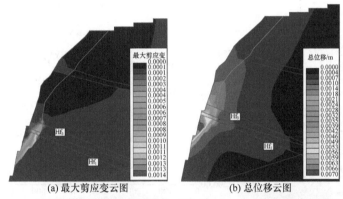

(a) 最大剪应变云图　　　　　　　　(b) 总位移云图

图 6-25　右岸缆机平台边坡开挖自然工况 SRF=1.12 时最大剪应变和总位移

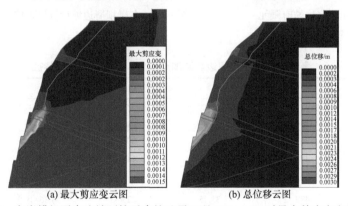

(a) 最大剪应变云图　　　　　　　　(b) 总位移云图

图 6-26　右岸缆机平台边坡开挖无支护地震工况 SRF=1.04 时最大剪应变和总位移

6.3.2　左岸边坡稳定性

1. 左岸坝肩边坡

根据左岸坝肩剖面，结合开挖设计方案，建立有限元计算模型见图 6-27，计算设置监测点见图 6-28。岩土体计算参数和支护参数与右岸坝肩边坡相同。计算获得左岸坝肩边坡监测点应力、应变、总位移特征见表 6-14。计算获得左岸坝肩边坡天然、开挖及支护状态下应力场见图 6-29~图 6-32。

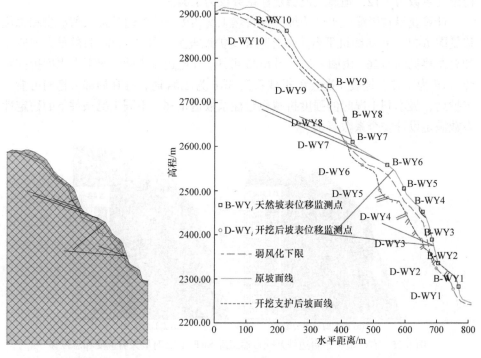

图 6-27　左岸坝肩边坡有限元　　　　　　图 6-28　左岸坝肩边坡计算设置监测点
　　　　　计算模型

表 6-14　左岸坝肩边坡监测点应力、应变、总位移特征

监测点	天然边坡				
	最大主应力 σ_1/kPa	最小主应力 σ_3/kPa	最大剪应力 τ_{max}/kPa	最大剪应变 γ_{max}	总位移/mm
B-WY1	763.94	148.16	307.89	6.64×10^{-5}	—
B-WY2	476.80	179.40	148.70	7.67×10^{-5}	—
B-WY3	870.02	242.04	313.99	0.00038	—
B-WY4	479.12	31.45	223.83	4.36×10^{-5}	—
B-WY5	1382.75	78.60	652.07	0.00013	—
B-WY6	925.68	122.45	401.62	8.23×10^{-5}	—
B-WY7	1177.76	−56.23	616.99	0.00011	—
B-WY8	1708.66	381.52	663.57	0.00074	—
B-WY9	383.69	22.08	180.81	9.95×10^{-5}	—
B-WY10	620.15	66.08	277.04	5.57×10^{-5}	—

续表

	开挖边坡				
监测点	最大主应力 σ_1/kPa	最小主应力 σ_3/kPa	最大剪应力 τ_{max}/kPa	最大剪应变 γ_{max}	总位移/mm
D-WY1	618.45	125.96	246.25	2.72×10^{-6}	6.27
D-WY2	37.00	18.50	9.25	0.00052	9.84
D-WY3	421.02	−266.77	343.89	2.36×10^{-5}	23.56
D-WY4	2450.61	−170.34	1310.47	1.36×10^{-5}	18.19
D-WY5	4786.49	1108.62	1839.94	0.00038	10.60
D-WY6	3361.83	274.46	1543.69	4.97×10^{-6}	9.51
D-WY7	1306.87	705.1	−300.84	0.00049	12.71
D-WY8	1243.39	−69.19	656.29	2.85×10^{-5}	9.66
D-WY9	666.72	66.30	300.21	8.26×10^{-7}	9.12
D-WY10	609.78	149.64	230.07	7.18×10^{-6}	8.45
	支护边坡				
监测点	最大主应力 σ_1/kPa	最小主应力 σ_3/kPa	最大剪应力 τ_{max}/kPa	最大剪应变 γ_{max}	总位移/mm
D-WY1	630.90	175.19	227.86	4.21×10^{-6}	4.65×10^{-5}
D-WY2	476.80	179.40	148.70	7.67×10^{-5}	1.28
D-WY3	434.49	−242.12	338.30	1.00×10^{-6}	3.02
D-WY4	2428.52	−118.04	1273.28	1.60×10^{-6}	3.08
D-WY5	4790.83	1111.59	1839.62	1.14×10^{-6}	0.90
D-WY6	3362.13	274.38	1543.88	1.78×10^{-8}	0.46
D-WY7	1306.03	704.76	−300.58	1.93×10^{-6}	0.29
D-WY8	1243.84	−69.27	656.56	4.73×10^{-8}	0.18
D-WY9	666.93	66.30	300.31	2.06×10^{-8}	0.08
D-WY10	609.89	149.66	230.12	1.50×10^{-8}	0.05

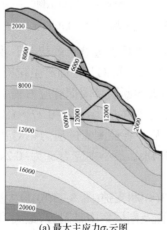

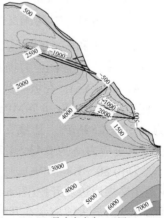

(a) 最大主应力 σ_1 云图　　　　　　　(b) 最小主应力 σ_3 云图

图 6-29　左岸坝肩天然边坡应力场(单位：kPa)

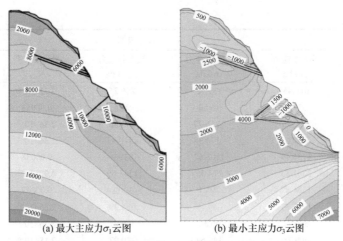

(a) 最大主应力σ_1云图   (b) 最小主应力σ_3云图

图 6-30 左岸坝肩开挖边坡应力场(单位：kPa)

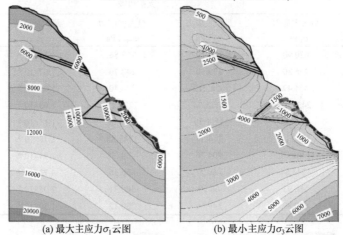

(a) 最大主应力σ_1云图   (b) 最小主应力σ_3云图

图 6-31 左岸坝肩支护边坡应力场(单位：kPa)

由图 6-29～图 6-32 和表 6-14 可知，左岸坝肩边坡天然状态下坡体应力场符合一般规律。边坡开挖后，伴随应力场重分布，局部开挖面产生拉应力(监测点位 D-WY3、D-WY4、D-WY8)，在坡脚及边坡内断层带端部有应力集中现象。开挖面附近最大主应力σ_1 为 0.037～4.79MPa，最小主应力σ_3 为-0.27～1.11MPa，最大剪应力τ_{max} 为-0.30～1.84MPa。边坡支护后，各监测点的应力相对开挖时略有增大，支护面上最大主应力σ_1 为 0.43～4.79MPa，最小主应力σ_3 为-0.24～1.11MPa，最大剪应力τ_{max} 为-0.30～1.84MPa。

图 6-33 是左岸坝肩边坡开挖(图 6-33(a))和支护(图 6-33(b))最大剪应变γ_{max}，计算结果表明，开挖后最大剪应变在开挖面及断层集中带附近，最大值约 0.00335；支护后最大剪应变及分布范围减小，最大值在坡脚断层集中带附近达到 0.000169。

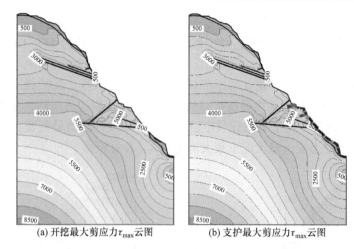

(a) 开挖最大剪应力τ_{max}云图　　　　　(b) 支护最大剪应力τ_{max}云图

图 6-32　左岸坝肩边坡应力场(单位：kPa)

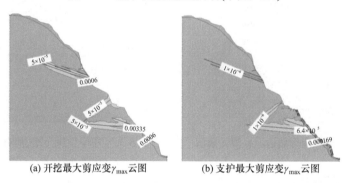

(a) 开挖最大剪应变γ_{max}云图　　　　　(b) 支护最大剪应变γ_{max}云图

图 6-33　左岸坝肩边坡开挖和支护最大剪应变

图 6-34 是左岸坝肩边坡开挖和支护总位移。计算结果表明，开挖后总位移为

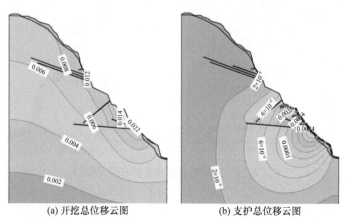

(a) 开挖总位移云图　　　　　(b) 支护总位移云图

图 6-34　左岸坝肩边坡开挖和支护总位移(单位：m)

6.27～23.56mm，最小值与最大值的监测点分别为 D-WY1、D-WY3，高程 2360.00～
2420.00m 附近及断层集中带附近总位移较大；支护后总位移为 $4.65×10^{-5}$～3.08mm，
总位移显著减小。

　　依据左岸坝肩剖面，建立左岸坝肩边坡在天然、开挖、支护状态下有限元模
型见图 6-35～图 6-37。采用强度折减法，获得左岸坝肩边坡天然、开挖、支护在
自然、暴雨、地震工况下有限元强度折减稳定性系数计算结果见表 6-15。图 6-38
是左岸坝肩开挖边坡天然工况下最大剪应变 γ_{max} 和总位移。

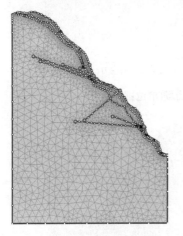

图 6-35　左岸坝肩天然边坡有限元模型

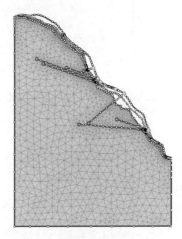

图 6-36　左岸坝肩开挖边坡有限元模型

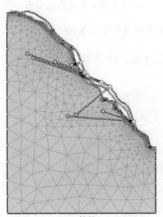

(a) 整体

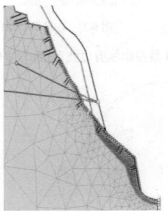

(b) 局部

图 6-37　左岸坝肩边坡支护有限元模型

表 6-15　左岸坝肩边坡天然、开挖、支护有限元强度折减稳定性系数计算结果

天然			开挖			支护		
自然	暴雨	地震	自然	暴雨	地震	自然	暴雨	地震
1.54	1.47	1.44	1.22	1.16	1.11	1.40	1.33	1.26

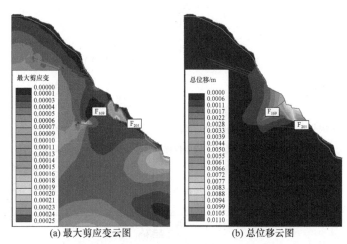

(a) 最大剪应变云图　　　　　　　　(b) 总位移云图

图 6-38　左岸坝肩开挖边坡自然工况下最大剪应变 γ_{max} 和总位移

由表 6-15 可知，左岸坝肩边坡在天然工况下的稳定性系数为 1.44～1.54，处于稳定状态。开挖后不同工况下的稳定性系数为 1.11～1.22，开挖边坡在自然工况下的稳定性系数不满足规范规定的安全系数系数控制标准。尤其是 F_{169} 与 F_{201} 断层控制的边坡部位，存在局部失稳的可能(图 6-38)。边坡支护处理后，不同工况条件下稳定性系数为 1.26～1.40，满足设计安全系数的控制标准。

2. 左岸缆机平台边坡 V-V 剖面

根据左岸缆机平台边坡 V-V 剖面，结合开挖设计方案，建立左岸缆机平台边坡有限元计算模型见图 6-39。左岸缆机平台边坡监测点位布置见图 6-40。岩土体介质和支护单元参数与右岸坝肩边坡相同。

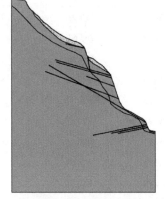

图 6-39　左岸缆机平台边坡有限元计算模型

数值计算获得左岸缆机平台边坡监测点应力、应变、总位移特征见表 6-16。计算获得左岸缆机平台边坡在天然、开挖、支护状态下的应力场见图 6-41～图 6-44。

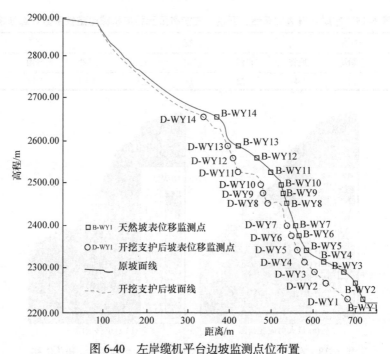

图 6-40　左岸缆机平台边坡监测点位布置

表 6-16　左岸缆机平台边坡监测点应力、应变、总位移特征

监测点	天然边坡				
	最大主应力 σ_1/kPa	最小主应力 σ_3/kPa	最大剪应力 τ_{max}/kPa	最大剪应变 γ_{max}	总位移/mm
B-WY1	229.93	71.71	79.11	0.00113	—
B-WY2	265.63	0.07	132.78	0.00014	—
B-WY3	669.28	14.46	327.41	0.00005	—
B-WY4	1942.43	88.02	927.20	0.00015	—
B-WY5	7424.10	584.34	3419.88	0.00057	—
B-WY6	5377.63	178.94	2599.34	0.00043	—
B-WY7	4020.20	17.89	2001.15	0.00033	—
B-WY8	2474.65	37.57	1218.54	0.00020	—
B-WY9	1850.39	34.73	907.83	0.00015	—
B-WY10	1070.27	−21.00	545.64	0.00009	—
B-WY11	234.93	68.39	83.27	0.00136	—
B-WY12	78.52	−6.27	42.40	0.00057	—
B-WY13	146.23	35.19	55.52	0.00018	—
B-WY14	209.01	60.43	74.29	0.00036	—

续表

监测点	开挖边坡				
	最大主应力 σ_1/kPa	最小主应力 σ_3/kPa	最大剪应力 τ_{max}/kPa	最大剪应变 γ_{max}	总位移/mm
D-WY1	4803.87	221.28	2291.30	0.00009	12.28
D-WY2	3482.36	36.61	1722.88	0.00012	11.93
D-WY3	8706.77	363.09	4171.84	0.00012	9.27
D-WY4	6880.55	618.34	3131.10	0.00003	9.10
D-WY5	5055.57	715.15	2170.21	0.00007	9.45
D-WY6	2621.94	169.35	1226.30	0.00017	11.13
D-WY7	2353.47	282.74	1035.36	0.00016	11.34
D-WY8	991.68	−83.35	537.52	0.00021	14.29
D-WY9	2235.90	−91.49	1163.70	0.00003	10.92
D-WY10	1071.26	48.87	511.20	0.00008	11.55
B-WY11	1566.56	255.22	655.67	0.00021	12.63
B-WY12	2134.57	−126.07	1130.32	0.00009	6.62
B-WY13	1298.39	92.08	603.15	0.00005	6.39
B-WY14	219.30	79.91	69.69	0.00025	7.26
监测点	支护边坡				
	最大主应力 σ_1/kPa	最小主应力 σ_3/kPa	最大剪应力 τ_{max}/kPa	最大剪应变 γ_{max}	总位移/mm
D-WY1	4808.13	220.83	2293.65	0	0.05
D-WY2	3500.18	63.71	1718.24	0	0.11
D-WY3	8710.25	370.53	4169.86	0	0.11
D-WY4	6888.03	626.70	3130.67	0	0.12
D-WY5	5061.50	734.61	2163.45	0	0.11
D-WY6	2617.80	191.12	1213.34	0	0.39
D-WY7	2348.85	295.90	1026.47	0	0.39
D-WY8	998.52	−77.89	538.21	0	0.27
D-WY9	2234.21	−92.51	1163.36	0	0.24
D-WY10	1072.92	59.95	506.48	0	0.22
B-WY11	1560.71	254.19	653.26	0	0.18
B-WY12	2125.18	−149.10	1137.14	0	0.13
B-WY13	1309.71	104.39	602.66	0	0.08
B-WY14	219.32	79.91	69.70	0	0.05

由图 6-41～图 6-44 和表 6-16 可知，天然状态下缆机平台边坡整体以压应力为主，由于开挖深度较大，开挖后坡体表面最大主应力 σ_1 为 219.30～8706.77kPa，局部开挖面出现拉应力(监测点 D-WY8、D-WY9、D-WY12)，最小主应力 σ_3 为−83.35～−126.07kPa，最大剪应力 τ_{max} 为 69.69～4171.84kPa。在高程 2295.30m 处有明显的应力集中现象，监测点 D-WY3 显示此处最大主应力 σ_1 为 8706.77kPa，最大剪应力 τ_{max} 为 4171.84kPa。开挖坡体支护后，支护面上最大主应力 σ_1 为 219.32～8710.25kPa，最小主应力 σ_3 为−149.10～734.61kPa，最大剪应力 τ_{max} 为 69.70～4169.86kPa。

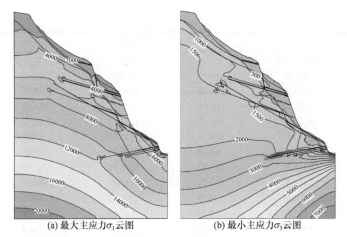

(a) 最大主应力σ_1云图　　　　　　　(b) 最小主应力σ_3云图

图 6-41　左岸缆机平台天然边坡应力场(单位：kPa)

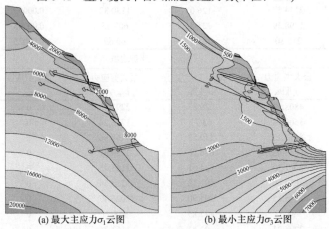

(a) 最大主应力σ_1云图　　　　　　　(b) 最小主应力σ_3云图

图 6-42　左岸缆机平台开挖边坡应力场(单位：kPa)

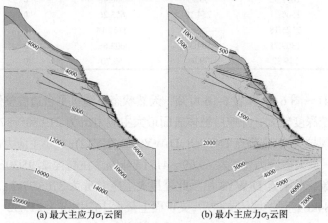

(a) 最大主应力σ_1云图　　　　　　　(b) 最小主应力σ_3云图

图 6-43　左岸缆机平台支护边坡应力场(单位：kPa)

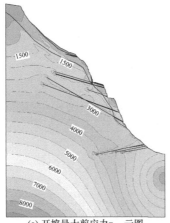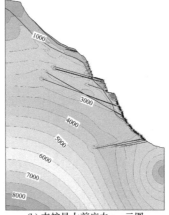

(a) 开挖最大剪应力τ_{max}云图　　　　(b) 支护最大剪应力τ_{max}云图

图 6-44　左岸缆机平台边坡应力场(单位：kPa)

图 6-45 是左岸缆机平台边坡开挖和支护最大剪应变γ_{max}。开挖后，最大剪应变γ_{max}分布于开挖面及断层集中带附近，最大值约 0.00025；边坡支护后，最大剪应变γ_{max}量值和区域有明显减小，最大值在断层集中带附近，接近于 0。

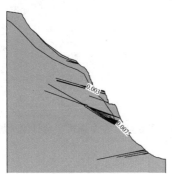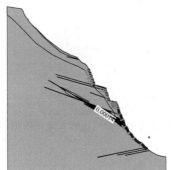

(a) 开挖最大剪应变γ_{max}云图　　　　(b) 支护最大剪应变γ_{max}云图

图 6-45　左岸缆机平台边坡开挖和支护最大剪应变

左岸缆机平台开挖和支护总位移见图 6-46。结果表明，由于开挖卸荷回弹，坡脚及坡肩部位总位移较大，开挖面上总位移为 2.0～14.0mm；支护后边坡的总位移总体变小，计算的总位移为 0.15～0.40mm。

根据左岸缆机平台边坡剖面，建立缆机平台边坡在天然、开挖及支护条件下的有限元模型见图 6-47～图 6-49。采用强度折减法，获得左岸缆机平台边坡天然、开挖、支护状态在自然、暴雨及地震工况下有限元强度折减稳定性系数计算结果见表 6-17。图 6-50 给出了左岸缆机平台边坡支护地震工况 SRF=1.03 时最大剪应变和总位移。

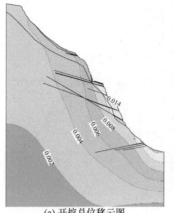

(a) 开挖总位移云图

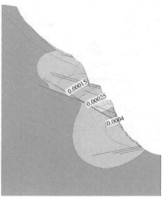

(b) 支护总位移云图

图 6-46　左岸缆机平台开挖和支护总位移(单位：m)

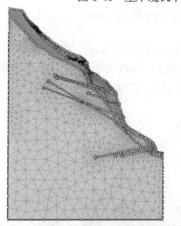

图 6-47　左岸缆机平台天然边坡有限元模型

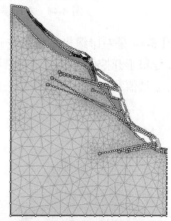

图 6-48　左岸缆机平台开挖边坡有限元模型

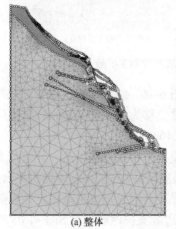

(a) 整体

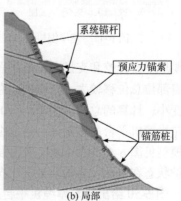

(b) 局部

图 6-49　左岸缆机平台边坡支护有限元模型

表 6-17 左岸缆机平台边坡天然、开挖、支护有限元强度折减稳定性系数计算结果

天然			开挖			支护		
自然	暴雨	地震	自然	暴雨	地震	自然	暴雨	地震
2.18	2.04	2.02	1.68	1.57	1.03	1.88	1.76	1.36

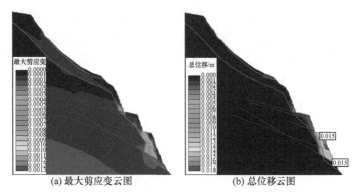

(a) 最大剪应变云图   (b) 总位移云图

图 6-50 左岸缆机平台边坡支护地震工况 SRF=1.03 时最大剪应变和总位移

由表 6-17 可知，左岸缆机平台天然边坡在不同工况下稳定性系数为 2.02～2.18，处于稳定状态。边坡开挖后，自然、暴雨工况下的稳定性系数分别为 1.68、1.57，处于稳定状态，但是地震工况下为 1.03；当地震工况下强度折减系数 SRF 为 1.03 时，边坡的最大剪应变最大值为 0.0013(图 6-50)，在断层 F_1、F_2 附近的边坡存在失稳的可能。边坡支护处理后，不同工况下的稳定性系数为 1.36～1.88，处于稳定状态，满足设计要求的安全系数控制标准。

6.4 边坡稳定性综合评价

综合分析上述坝址区主要边坡的应力-应变、总位移和稳定性结果表明，区内各边坡在天然状态下最大主应力和最小主应力符合一般边坡应力场特征，以压应力为主。开挖后，坡体表部岩体发生卸荷松弛，最小主应力 σ_3 局部表现为拉应力；最大剪应力 τ_{max} 在坡脚附近有集中现象；最大剪应变和总位移的最大值多出现在断层或开挖坡脚区域。边坡支护后，对开挖边坡的稳定性起到了重要的控制作用，边坡浅表部的拉应力范围减小；松动或断层区域的最大剪应变和总位移的范围和量值均大幅度减小，支护条件下边坡稳定性得到明显改善。

对右岸的坝肩边坡、缆机平台边坡进行的数值计算结果表明，边坡开挖后，各边坡稳定性相对较差，且模拟的位移值相对较大。右岸大部分边坡开挖后均不同程度地出现了拉应力，但拉应力多在 0.5MPa 以内。边坡支护后，模拟的总位移、变形范围明显减小，总体没有明显的拉应力区分布。坡体变形监测结果也表明，整个右岸边坡变形虽有波动，但变形最终趋于稳定，支护处理后边坡的稳定性好。

对左岸坝肩边坡、缆机平台边坡的数值结果表明，因开挖后卸荷回弹，边坡均出现一定范围的变形，位移最大的缆机平台边坡总位移达 14.0mm；开挖后边坡局部均出现了拉应力。边坡支护后，位移值、变形范围明显减小，左岸缆机平台边坡总位移由 2.0～14.0mm 减小至 0.40mm 以内。各区域边坡的拉应力及范围显著减小。表部与深部变形监测结果也表明，支护后左岸整个边坡趋于稳定状态。

综合上述结果表明，坝址区左、右岸开挖支护后，边坡的位移和拉应力区域均大幅度减小，变形趋于稳定，边坡处于稳定状态，表明支护效果明显。

第 7 章　高拱坝边坡安全控制技术

7.1　边坡岩体卸荷松弛灌浆加固

7.1.1　松弛岩体灌浆效果

工程实践表明，坝基开挖后建基面浅表部位产生了一定厚度的松弛带岩体，厚度一般在 2~3m。松弛带岩体会表现为卸荷回弹变形、结构面张开和局部表面岩体轻微剥离、开裂、松动等现象。从松弛度上又可分为轻微松弛、中等松弛、较强烈松弛和强烈松弛 4 种。在开挖后一定时段内，高拱坝建基岩体波速 V_P 随时间的推移而降低，V_P 相对衰减率随时间延长而减小，V_P 衰减率随深度的增加而降低。目前，工程界提高松弛岩体的强度和模量主要采用固结灌浆的方式。拉西瓦水电站坝基开挖后，建基岩体固结灌浆采用无盖重灌浆和有盖重灌浆这 2 种形式。相应声波检测工作针对无盖重灌浆前、无盖重灌浆后、有盖重灌浆前和有盖重灌浆后进行。

对比分析无盖重灌浆前、无盖重灌浆后、有盖重灌浆前和有盖重灌浆后这 4 种不同工况下岩体波速的变化与增长率情况，可揭示松弛岩体的强度与变形恢复度及岩体质量提高程度。在此，对拉西瓦水电站河床坝基 9#~14#坝段检测结果进行分析。灌浆采用两序孔自下而上、孔内栓塞、孔内循环、分段不待凝灌浆法进行。有盖重灌浆中，第一段次段长为 2m、灌浆压力为 1.0~1.5MPa，第二段次段长为 5m、灌浆压力为 2.0~2.5MPa；无盖重灌浆中，第一段次段长为 5m、灌浆压力为 1.5~2.0MPa，第二段次段长为 5~7m、灌浆压力为 2.0~2.5MPa。有盖重灌浆中，接触段固结灌浆段长为 3m、灌浆压力为 1.0~2.0MPa。灌浆前测试孔(灌浆孔)与灌浆后测试孔(检查孔)均不在同一位置。因此，未进行原位对比，不能有效确定灌浆后相对于灌浆前 V_P 的增长率。声波检测灌浆综合结果分析是以坝块为单元，对比分析各坝块检查孔与灌浆孔在同一深度的岩体 V_P 测试均值，从宏观上分析灌浆后岩体灌浆效果和灌浆质量。拉西瓦水电站 9#~14#坝段灌浆前后灌浆效果见表 7-1、表 7-2、图 7-1、图 7-2。

表 7-1　拉西瓦水电站 9#～14#坝段灌浆前后效果

坝段	灌浆效果
9#	① 无盖重灌浆前波速 V_P ≤3800m/s 的测点占 17.0%，无盖重灌浆后波速 V_P 平均增长率为 59.20%，经有盖重钻孔灌浆后该波速段岩体平均波速又提高了 12.00%。两次灌浆后，该段岩体平均波速增长率为 80%，波速 V_P >3800m/s。 ② 无盖重灌浆前 3800m/s< V_P ≤4200m/s 的测点占 1.3%，无盖重灌浆后波速 V_P 增长率为 28.90%，经有盖重引管灌浆后该波速段岩体平均波速又提高了 2.30%。两次灌浆后，该波速段岩体平均波速增长率为 38.5%，波速 V_P <4200m/s 的测点占 0.13%。 ③ 灌浆前波速 4200m/s< V_P ≤4800m/s 的测点，两次灌浆后岩体平均波速增长率为 15%。 ④ 波速 V_P >4800m/s 的岩体两次灌浆后平均波速增长率<5%，表明对完整岩体的灌浆效果不显著。 ⑤ 所有检测孔无盖重灌浆前 0～3m 段平均波速为 2940m/s，无盖重灌浆后 0～3m 段平均波速为 4400m/s，有盖重钻孔灌浆后 0～3m 段平均波速为 5050m/s。
10#	① 坝基岩体通过锚固和有盖重灌浆施工后，岩体质量有所提高，特别是低速岩体波速 V_P 提高较为明显，5.0m 以上岩体波速 V_P 平均提高约 16%，整孔波速 V_P 平均提高约为 11%。 ② 由于灌浆前 10.6m 以下所有测试点(段)岩体波速 V_P 均值>5000m/s，故灌浆后波速 V_P 均值增长率不明显，最大增长率为 12.7%；由于在 10.4m 以上灌浆前岩体波速 V_P 均值相对较低，因此灌浆后岩体波速 V_P 均值的增长率相对较大，平均增长率为 1.5%～57.2%，且增长率较大的部位主要分布在距基岩面 0～8.0m。 ③ 灌浆前波速 V_P <4200m/s 的岩体占 22.1%，灌浆后波速 V_P 平均增长率为 34%，无 V_P <4200m/s 的测点；灌浆前平均波速 4200m/s< V_P ≤4800m/s，灌浆后 V_P 平均增长率为 16.2%；波速 V_P >4800m/s 的岩体灌浆增长率<7%，表明对完整岩体的灌浆效果一般。 ④ 建基面 0～3m 范围内岩体灌浆后无 V_P <3500m/s 的测点。
11#	① 坝基岩体通过锚固和有盖重灌浆施工后，岩体质量有所提高，特别是低速段岩体波速 V_P 提高较为明显，5m 以上岩体平均波速提高约 25%，整孔波速 V_P 平均提高约 14%。 ② 由于灌浆前 11.2m 以下有测试点(段)的岩体波速 V_P 均值>5000m/s，因此灌浆后岩体 V_P 均值增长率不明显，最大增长率为 11.4%；由于在 11.0m 以上灌浆前岩体波速 V_P 均值相对较低，灌浆后岩体波速 V_P 均值的增长率相对较大，增长率为 0.6%～51.9%，且增长率较大的部位主要分布在距孔口 8.0m 范围内。 ③ 灌浆前波速 V_P <4200m/s 的岩体占 10.9%，灌浆后波速 V_P 平均增长率范围为 40%，波速 V_P <4200m/s 的测点占 0.35%；对于灌浆前波速 4200m/s< V_P ≤4800m/s 的岩体，灌浆后波速 V_P 平均增长率为 18.1%；波速 V_P >4800m/s 的岩体，灌浆后波速 V_P 增长率<7%，表明对完整和较完整岩体的灌浆效果一般。 ④ 灌浆后所有测试部位的岩体波速 V_P >3800m/s，且约有 95.3%的测点的岩体波速 V_P >4800m/s，表明灌浆效果好。
12#	① 坝基岩体通过锚固和有盖重灌浆施工后，岩体质量有所提高，特别是低波速段岩体，波速 V_P 提高较为明显，5m 以上岩体波速 V_P 平均提高约 13%，整孔波速 V_P 平均提高约 11%。 ② 由于灌浆前岩体波速 V_P 均值较高，建基面以下同一深度所有测试部位岩体 V_P 平均>4200m/s，因此灌浆后岩体波速 V_P 均值的增长率不明显，最大增长率为 18.2%，且增长率较大的部位主要分布在建基面 0～6m。 ③ 灌浆后，建基面所有测试部位岩体波速 V_P >4200m/s，表明灌浆效果好。

续表

坝段	灌浆效果
13#	① 1 坝基岩体通过锚固和有盖重灌浆施工后，岩体质量有所提高，特别是低波速段岩体波速 V_P 提高较为明显，5m 以上岩体波速 V_P 平均提高约 14%，整孔波速 V_P 平均提高约 8%。 ② 由于灌浆前 11.0m 以下所有测试点(段)的岩体波速 V_P 均值> 5000m/s，因此灌浆后岩体波速 V_P 均值的增长率不明显，最大增长率为 6.5%；由于在 11.0m 以上灌浆前岩体波速 V_P 均值相对较低，因此灌浆后岩体波速 V_P 均值的增长率相对较大，增长率为 0.2%～25.7%，且增长率较大的部位主要分布在距孔口 8.0m 以上。 ③ 灌浆前波速 V_P < 4200m/s 的岩体，灌浆后波速 V_P 平均增长率为 22%；灌浆前波速 4200m/s < V_P ≤ 4800m/s，灌浆后波速平均增长率为 11.2%；波速 V_P > 4800m/s 的岩体灌浆后波速增长率< 7%，表明对完整和较完整岩体灌浆效果一般。 ④ 建基面 0～3m 固结灌浆后有 99% 的测试(点)段的波速 V_P > 3500m/s，满足坝基固结灌浆施工技术要求，表明灌浆质量较好。
14#	① 无盖重灌浆前平均波速为 2800m/s < V_P ≤ 3200m/s 的测点，灌浆后波速 V_P 增长率为 55.66%～77.93%，经有盖重接触段钻孔法灌浆后该波速段岩体平均波速又提高了 0.19%～18.78%。该段岩体平均波速增长率为 85.7%。 ② 无盖重灌浆前平均波速为 3200m/s < V_P ≤ 4200m/s 的测点，无盖重灌浆后增长率为 6.23%～58.68%，经有盖重接触段钻孔法灌浆后该波速段岩体的平均波速又提高了 0.93%～31.78%。两次灌浆后该段岩体平均波速增长率为 44%。 ③ 灌浆前平均波速为 4200m/s < V_P ≤ 4800m/s 的测点，岩体波速 V_P 平均增长率为 18.2%。 ④ 波速 V_P > 4800m/s 的岩体灌浆后波速增长率< 8%，表明对完整和较完整岩体的灌浆效果一般。 ⑤ 无盖重灌浆前 0～3m 段的平均波速为 3450m/s，无盖重灌浆后 0～3m 段平均波速为 4710m/s，有盖重钻孔灌浆后 0～3m 段的平均波速为 5320m/s。该坝段除约有 1% 的单孔岩体测试波速 V_P < 3500m/s 外，其余测试段波速 V_P > 3800m/s，表明灌浆效果较好。

表 7-2　拉西瓦水电站 9#、14# 坝段灌浆前后灌浆效果

坝段	波速/(m/s)	无盖重灌浆前测点比例/%	无盖重灌浆后平均波速增长率/%	有盖重灌浆后平均波速再提高率/%	两次灌浆后平均波速增长率/%	波速小于区间测点比率/%
9#	V_P ≤ 3800	17.0	59.20	12.00	80.0	—
	3800 < V_P ≤ 4200	1.3	28.90	2.30	38.5	0.13
	4200 < V_P ≤ 4800	—	—	—	15.0	—
	4800 < V_P	—	—	—	<5.0	—
14#	2800 ≤ V_P ≤ 3200	—	55.66～77.93	0.19～18.78	85.7	—
	3200 < V_P ≤ 4200	—	6.23～56.68	0.93～31.78	44.0	—
	4200 < V_P ≤ 4800	—	—	—	18.2	—
	4800 < V_P	—	—	—	<8.0	—

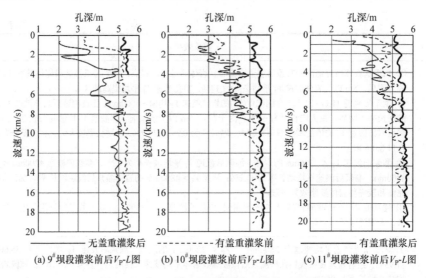

(a) 9# 坝段灌浆前后 V_P-L 图　(b) 10# 坝段灌浆前后 V_P-L 图　(c) 11# 坝段灌浆前后 V_P-L 图

图 7-1　9#~11#各坝段灌浆前、灌浆后的效果

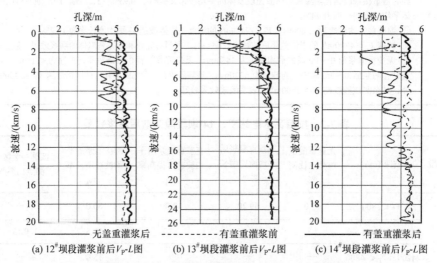

(a) 12#坝段灌浆前后 V_P-L 图　(b) 13#坝段灌浆前后 V_P-L 图　(c) 14#坝段灌浆前后 V_P-L 图

图 7-2　12#~14#各坝段灌浆前、灌浆后的效果

河床坝段通过锚固和有盖重灌浆施工后，岩体质量有提高，特别是低波速段岩体的波速提高较为明显，平均提高约 10%。固结灌浆前波速 V_P 小于 3200m/s 的岩体，固结灌浆后波速 V_P 平均增长率大于 50%，甚至更高；固结灌浆前波速为 3200~3800m/s 的岩体，固结灌浆后波速 V_P 平均增长率为 40%；固结灌浆前波速为 3800~4200m/s 的岩体，固结灌浆后波速 V_P 平均增长率为 27%；固结灌浆前波速为 4200~4800m/s 的岩体，固结灌浆后波速 V_P 平均增长率为 16%；波速 V_P 大于 4800m/s 的岩体，灌浆后波速 V_P 增长率小于 7%，表明对完整岩体的灌浆效果

一般。固结灌浆后建基面 0～3m，13#坝段有个别测点波速 V_P 小于 3500m/s，其余测点段波速 V_P 大于 3800m/s，无盖重灌浆后波速 V_P 提高率为 37%～50%，两次灌浆后平均波速增长率为 54%～72%，表明灌浆效果好，满足坝基固结灌浆施工技术要求。

7.1.2　松弛岩体灌浆后恢复

以建基面以下 0～3m 及 3m 以下岩体灌浆前灌浆后不同波速 V_P 分布情况来分析松弛岩体灌浆后恢复效果。表 7-3 为 10#～13#各坝段无盖重和有盖重两次灌浆后波速 V_P 的增长率，表 7-4 给出了各坝段坝基岩体固结灌浆声波平均速度，表 7-5 给出了各坝段岩体有盖重灌浆后声波单孔速度。讨论建基面以下 0～3m 段和 3m 以下岩体灌浆后波速提高值、波速提高率、松弛度、松弛岩体恢复度情况，定义松弛岩体恢复度 R_h 为

$$R_h = \frac{J_y - J_g}{J_y} \times 100\% \tag{7-1}$$

式中，R_h 为松弛岩体恢复度(%)；J_y 为与原岩相比的松弛度(%)；J_g 为与灌浆后岩体相比的松弛度(%)。

表 7-3　10#～13#各坝段无盖重和有盖重两次灌浆后波速 V_P 的增长率

波速 /(m/s)	10#坝段 V_P 增长率/%	11#坝段 V_P 增长率/%	12#坝段 V_P 增长率/%	13#坝段 V_P 增长率/%
$V_P \leqslant 3500$	16.0	25.0	13.0	14.0
$3500 < V_P \leqslant 4200$	34.0	40.0	—	22.0
$4200 < V_P \leqslant 4800$	16.2	18.1	—	11.2
$V_P > 4800$	<7.0	<7.0	—	<7.0
备注	0～3m 段 无 V_P < 3500m/s	0～3m 段 无 V_P < 3800m/s	—	0～3m 段 无 V_P < 3500m/s

表 7-4　各坝段坝基岩体固结灌浆声波平均速度

检测坝段	无盖重(有盖重)灌浆前 V_P/(m/s)				有盖重灌浆后 V_P/(m/s)			
	孔数	≤3m 段	>3m 段	全孔	孔数	≤3m 段	>3m 段	全孔
9#	10	2940	5000	4930	8	5050	5310	5280
10#	10	3590	5020	4810	8	5150	5560	5500
11#	10	4440	5260	5150	8	5200	5580	5520
12#	5	4980	5380	5330	8	5300	5570	5540
13#	10	4330	5450	5330	8	4960	5550	5480
14#	7	3450	4850	4750	7	5320	5420	5410

表 7-5　各坝段岩体有盖重灌浆后声波单孔速度

检测坝段	孔数	≤3m 段的 V_P/(m/s)			>3m 段的 V_P/(m/s)		
		波速范围	均值	$V_P \leq 3500$m/s 占比	波速范围	均值	$V_P \leq 3500$m/s 占比
9#	7	2250～5950	5050	0	3850～5950	5310	0
10#	8	4240～5810	5150	0	4460～5950	5560	0
11#	8	3970～5950	5200	0	4310～5950	5560	0
12#	8	4310～5810	5300	0	4460～5950	5580	0
13#	8	2940～5680	4960	1%	3850～5950	5550	0
14#	7	3380～5950	5320	1%	2500～5950	5420	1%

各坝段岩体有盖重灌浆后 0～3m 段和 3m 以下(>3m)段声波单孔波速统计见表 7-6、表 7-7，表中"原岩"是指开挖后未经处理的建基面以下岩体。

表 7-6　各坝段岩体有盖重灌浆后声波单孔波速统计(0～3m 段)

检测坝段	灌浆前		灌浆后		V_P 提高值/(m/s)		V_P 提高率/%		松弛度 J_g/%		松弛岩体恢复度 R_h/%
	V_P 均值/(m/s)	岩级	V_P 均值/(m/s)	岩级	与原岩相比	与灌浆后相比	与原岩相比	与灌浆后相比	原岩	灌浆后	
9#	2940	IV	5050	I	1990	2110	68	71	40	−2	105
10#	3590	III	5150	I	1220	1560	34	46	25	−7	128
11#	4440	II	5200	I	710	760	16	13	14	−1	107
12#	4980	II	5300	I	350	320	7	6	7	1	86
13#	4330	II	4960	II	1000	630	23	15	19	7	63
14#	3450	III	5320	I	1300	1870	38	54	27	−12	144

表 7-7　各坝段岩体有盖重灌浆后声波单孔波速统计(>3m 段)

检测坝段	灌浆前		灌浆后		V_P 提高值/(m/s)		V_P 提高率/%		松弛岩体恢复度 R_h/%
	V_P 均值/(m/s)	岩级	V_P 均值/(m/s)	岩级	与原岩相比	与灌浆后相比	与原岩相比	与灌浆后相比	
9#	5000	I	5310	I	0	310	0	6	106
10#	5020	I	5560	I	0	540	0	11	111
11#	5260	I	5560	I	0	300	0	6	106
12#	5380	I	5580	I	0	200	0	4	104
13#	5450	I	5550	I	0	100	0	2	102
14#	4850	II	5420	I	0	570	0	12	112

由表 7-6、表 7-7 可知，经固结灌浆后，松弛带岩体可由Ⅳ级、Ⅲ级、Ⅱ级提高至Ⅱ级、Ⅰ级，且绝大部分提升至Ⅰ级；因建基面 3m 以下的波速 V_P 提高不大，岩体灌浆前灌浆后岩级变化不大。建基面以下 0～3m 段松弛带岩体经灌浆后，波速 V_P 提高远大于建基面 3m 以下岩体，波速 V_P 提高 350～1990m/s；建基面 3m 以下深岩体波速 V_P 提高仅为 100～570m/s。经固结灌浆后，松弛岩体恢复度为 63%～144%，说明表浆后岩体恢复度大大提高，甚至超过原岩。建基面 3m 以下岩体恢复度为 102%～112%，可见恢复度有一定提高。

7.1.3　松弛岩体灌浆后其他检测

1. 钻孔录像

对坝基高程 2220.00m 灌浆廊道共进行了 336.39m 全孔壁数字成像。分析检测结果，灌浆效果总体较好。以 GQ_{12} 孔为例进行说明。GQ_{12} 孔孔深 28.40m，0.4～7.53m 段为混凝土，混凝土波速约 4630～4720m/s，混凝土无异常；7.53m 处为混凝土与岩体结合部位，从录像视频看，基岩面清理干净，混凝土与岩体胶结好。岩体裂隙发育情况，7.53～28.40m 段共发育张开裂隙 75 条，其中裂隙宽度< 0.1cm 的裂隙有 16 条；裂隙宽度> 0.2cm 的裂隙 4 条；倾角< 30° 的张开裂隙有 39 条，占 52%；录像结果可见，该孔内张开裂隙主要为缓倾角裂隙，主要分布在入岩 10m内，且裂隙宽度大部分为 0.1～0.2cm。裂隙充填情况，总体看来充填程度缓倾角裂隙优于高倾角裂隙，宽度较大的裂隙优于宽度较小的裂隙，宽度<0.1cm 的裂隙基本无浆液充填。该孔浆液充填好和较好的裂隙 34 条，占总裂隙的 45%，无浆液充填的裂隙有 23 条，均为高倾角裂隙或宽度< 0.1cm 的裂隙，整体上该孔浆液对裂隙充填较差。图 7-3 拍摄的是 GQ_{12} 孔深 8.60～8.84m(建基面下 1.07～1.31m)灌浆检查情况，图 7-4 拍摄的是 GQ_{12} 孔深 11.00～11.24m(建基面下 1.07～1.31m)灌浆检查情况。

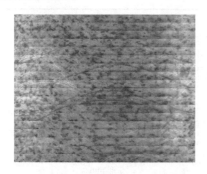 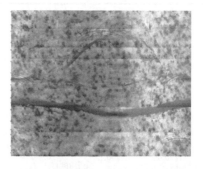

图 7-3　GQ_{12} 孔深 8.60～8.84m(建基面下　　图 7-4　GQ_{12} 孔深 11.00～11.24m(建基面下
　　　　1.07～1.31m)灌浆检查情况　　　　　　　　　1.07～1.31m)灌浆检查情况

2. 孔内变形模量检测

拉西瓦水电站河床坝基部位共开展了 12 个钻孔的孔内弹性模量测试,测试加压每 5MPa 一级共 10 级,最大加压 50MPa,实际作用在孔壁的最大压力为 31.75MPa。表 7-8 为坝基岩体钻孔变形模量检测结果,图 7-5 为坝基高程 2220.00m 灌浆廊道 GQ_1 不同孔深的压力与变形关系曲线。从测试结果看,坝基经灌浆处理后,岩体变形模量 E_0 为 9.82~50.10GPa,E_0 均值为 25.66GPa,基本满足设计的坝基经灌浆处理后 E_0 不低于 20GPa 的要求。

表 7-8　坝基岩体钻孔变形模量检测结果

钻孔编号	测试点数	变形模量 E_0 最大值/GPa	变形模量 E_0 最小值/GPa	变形模量 E_0 均值/GPa
PQ_6	9	33.88	13.82	23.35
PQ_7	9	39.65	16.76	27.13
PQ_9	5	23.01	15.39	20.58
PQ_{12}	6	20.10	10.32	17.45
PQ_8	18	45.01	17.73	28.48
PQ_{14}	11	31.24	18.55	26.39
GQ_2	6	34.26	18.17	23.49
GQ_6	6	24.27	14.95	20.83
GQ_9	5	25.24	20.36	23.00
GQ_{13}	5	26.57	16.61	22.97
GQ_1	18	46.19	13.37	25.62
GQ_5	19	50.10	9.82	30.52
统计结果	117	50.10	9.82	25.66

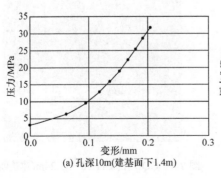
(a) 孔深10m(建基面下1.4m)

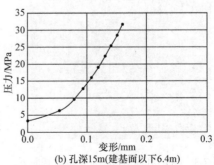
(b) 孔深15m(建基面以下6.4m)

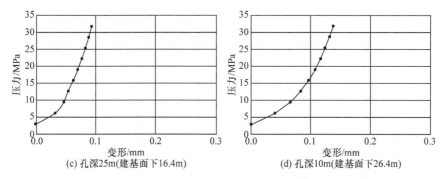

图 7-5 坝基高程 2220.00m 灌浆廊道 GQ_1 不同孔深的压力与变形关系曲线

7.2 边坡加固支护处理

拉西瓦水电站坝址区不同工程部位边坡基本地质条件、坡体结构、开挖高度、开挖面形状等存在差异，可能有不同的变形机理及失稳模式。因此，在分析坝址区天然边坡变形破坏特征、机理、失稳模式的基础上，详细地对不同部位开挖边坡的变形破坏特征、机理和类型进行描述，结合天然、开挖边坡可能失稳的坡体特征，提出了拉西瓦水电站坝址区各枢纽边坡开挖、支护的处理措施。

结合各边坡布置的部分外观监测点，以及深部多点位移计、锚索应力计等监测检测结果的分析，揭示了边坡开挖、支护后坡体的位移、应力变化的时间效应及其稳定状态。结合监测结果，采用数值模拟方法，对边坡在天然、开挖与支护等条件下的变形场和弹塑性特征、高边坡的变形过程、变形机理及控制因素等进行了分析，并对各岩质边坡变形稳定性进行了评价。同时，基于强度理论，采用强度折减法对不同部位边坡在天然、开挖与支护等不同工况下的稳定性进行了定量评价，为边坡支护措施及支护后的安全性评价提供了依据。

对拉西瓦水电站坝址区高陡岩质边坡开挖支护施研究表明，边坡开挖后采用适宜的支护处理措施和及时护坡是控制边坡稳定性的关键。处理的措施主要有：采取截、导、疏、排的综合治水措施；采用锚杆(预应力锚杆)、锚索(预应力锚索)或锚筋桩、随机锚杆等对边坡块体(包括随机块体)进行加固处理，如在拉西瓦水电站右岸坝肩采用长 4m 的系统锚杆、长 12m 的锚筋桩和长 30~38m 的 100T 预应力锚索结合的方案；Ⅱ#变形体前缘坡脚高程 2395.00m 附近修建一条混凝土重力式挡墙，在坡脚混凝土挡墙及护坡上与高程 2418.00m、2415.00m、2408.00m、2405.00m 设置了 4 排 1500kN 预应力锚索，同时对变形体范围内的危岩用 3 束 $\Phi32mm$ 锚筋桩进行锚固。此外，坝址区边坡高陡，岩体风化卸荷强烈，坡面岩体松动拉裂显著，危岩危石较发育。因此，在重点部位对坡体进行系统支护处理基础上，还对工程范围内其余大部分坡面采用了坡面主动、被动防护护坡系统，如左岸泄洪区高程 2250.00～2280.00m 段，先对危岩体部位进行加密加固处理，再对该段开挖岩体整体进行支护和挂 GPS 被动防护网，确保边坡稳定性及施工安全。

　　显然，分析高陡岩质边坡稳定性时，地质与工程相结合，定性与定量相结合，变形稳定性与强度稳定性分析相结合，边坡开挖后及时支护并采取针对性支护、护坡措施，结合表面及深部变形、应力监测(检测)结果，综合边坡的整体与局部稳定性进行全面系统评价，从而为边坡工程的设计和施工提供依据。下面对拉西瓦水电站坝址枢纽各边坡的加固支护处理分别进行详细介绍。

7.2.1　左岸边坡加固支护处理

　　坝址区左岸开挖边坡表面存在大量的潜在不稳定块体，对工程施工及相关设施造成了巨大威胁。因此，应及时对潜在不稳定块体进行处理，主要措施有：坡面清危、修整、挂网(主动防护网)、边坡锚固(系统锚杆、锚筋桩、预应力锚索或锚杆)、排水、喷射砼。表 7-9 列出了左岸高边坡潜在不稳定岩体处理措施，图 7-6 为左岸高边坡开挖支护后各部位边坡。

表 7-9　左岸高边坡潜在不稳定岩体处理措施

分区	位置	不稳定块体类型	破坏方式	处理措施
缆机平台区	F_{29} 下盘至扎卡沟，围堰上部、坝前	松动岩体、堆积体	崩塌、局部塌滑	削坡、清坡
F_{29} 附近边坡区	F_{29} 上盘、F_{31} 以上、坝肩、缆机平台高程 2500.00～2890.00m	变形体、危石、堆积体	塌滑、崩塌、蠕滑	清坡、削坡
坝后边坡区	Ⅱ#、Ⅰ# 结构体，左岸坝肩下游	变形体、结构体、变形体、危石	蠕滑-拉裂、崩塌	削坡、加固综合处理

图 7-6　左岸高边坡开挖支护后各部位边坡

1. 左岸高边坡清坡工程

左岸高边坡清坡工程于 2003 年 4 月开始。一期工程涉及清坡范围大，以扎卡滑坡后缘上游沟为界，分为扎卡沟附近清坡区和 4 区清坡区。

扎卡沟附近自上而下可分为两部分，即上部陡坡段与下部缓坡段。上部陡坡段，一般高约 50～70m，坡度一般 40°～50°，坡度陡处可达 60°～80°甚至局部近直立，边坡受 NW340°优势方位的拉张裂隙控制，表部松动拉裂严重，危岩危石发育。下部缓坡段坡形整齐，坡度一般 29°～40°，坡高 140～160m，为坡积、崩积、滑坡堆积等物质组成的松散体，天然状态下稳定性较好。对该区边坡的上部陡立段采用全面张挂 GPS1 主动防护网、坡面布置随机锚杆，局部坡度在 65°以上地段设置间距 2m 的系统锚杆；下部缓坡段全部清除松散堆积，降低或保持原始缓坡段自然休止角，同时将停留于缓坡坡面尤其新近停积的大块石全部清理，在缓坡段下部缆机平台开挖起坡线以外设置连续挡墙。

4 区清坡区位于扎巧梁上游、高程 2640.00m 以上边坡，主要为若干松动岩体与第四系崩坡积、塌滑堆积体和浅表层危石危岩等，表 7-10 为 4 区边坡各部位变形破坏类型和处理措施。

表 7-10　4 区边坡各部位变形破坏类型和处理措施

分区	位置	不稳定块体类型	破坏方式	处理措施
4.1	4 区顶部	变形体	局部坍滑	清坡、防护网
4.2	4.1 下游侧	变形体及危岩体	崩塌、局部坍滑	清坡、防护网
4.3	4.4 区下游侧	危石、危岩、浮石	崩塌	清坡、防护网
4.4	4 区下部	坡积物、堆积物、危石	崩塌、局部坍滑	清坡、挡渣墙
4.5	4 区下游侧	松动岩体	崩塌、局部坍滑	清坡、防护网、削方

2. 左岸缆机平台

左岸缆机平台开挖高程 2530.00m，进料线平台开挖高程 2459.50m，卸料平台高程 2445.00m。缆机平台与进料线平台内侧设纵向排水沟，进料线平台宽度 15m，缆机平台宽度 12m，开挖坡比 1:4。左缆 0km+65.0m 之前开挖宽度为 19m，左缆 0km+65.0m～左缆 0km+286.0m 开挖宽度为 12m。缆机及进料线平台开挖坡比为 4:1，上游段覆盖层开挖坡比设计为 1.25:1(坡比可随开挖地质情况进行适当调整)。在左岸缆机平台区上游被滑坡堆积物覆盖，仅下游约 80m 范围内有基岩出露，表层松动岩体较多。上游 140m 段缆机平台高程以下岸坡为 70°陡壁，边坡发育有 HL_{10}、HL_{25} 等缓倾角裂隙。由于左岸缆机平台下覆岩体中存在倾向岸外的缓倾角裂隙，根据平台部位基本的工程地质条件及其可能存在的问题，开挖时每 15m 设一马道，覆盖层开挖坡比可根据实际开挖情况进行调整，在冬季开挖施工时，先对坡面进行临时支护(3cm 厚的喷砼)，待 2 月份气温回升后，再对坡面进行永久支护。开挖坡面采用系统锚杆及锚筋桩进行锚固，系统锚杆为 Φ22mm、长 4.1m、入岩深度 4m、间排距 4m × 4m；锚筋桩为 3 束 Φ25mm、长 12m、入岩深度 11.5m、间排距 4m × 4m；系统锚杆与锚筋桩梅花形间隔布置。在高程 2530.00m 的上部和下部布置 5 排 100T 级预应力锚索，入岩深度 30m、间距 4m。表 7-11 给出了左岸缆机平台及进料线平台支护锚固方案。

表 7-11　左岸缆机平台及进料线平台支护锚固方案

支护部位	支护高程/m	支护类型	长度/m	入岩深度/m	间距×排距/间距	喷砼厚/m	备注
卸料平台	2455.00	系统锚杆 Φ22mm	4.1	4	—	—	—
进料线平台	2459.00~2500.50	系统锚杆 Φ22mm	4.1	4	4m×4m	0.1	坡比 4：1
		Φ25mm 锚筋桩	12	11.5	4m×4m	0.1	坡比 4：1
缆机平台内侧边坡	2500.50~2518.00	预应力锚索 100T、锚固角 13°	—	30	间距 4m	0.1	坡比 4：1
	2530.00~2560.00	Φ25mm 锚筋桩	12	11.5	4m×4m	0.1	坡比 4：1
		预应力锚索 100T、锚固角 13°	—	30	间距 4m	0.1	坡比 4：1

3. Ⅱ#变形体

针对前面的 Ⅱ#变形体发育条件、变形破坏特征，治理措施见图 7-7。对 Ⅱ# 变形体顶部进行削坡减载，清除表面松动块体。为防止坡体顶部岩体倾倒变形破坏，在高程 2641.00m、2618.00m、2622.00m、2626.00m 布置了 45 根预应力锚索进行加固。同时，为防止 F_{29} 上盘边坡岩体下滑，在 Ⅱ#变形体前缘坡脚高程 2395.00m 处修建混凝土重力式挡墙，在坡脚混凝土挡墙及护坡上与高程 2418.00m、2415.00m、2408.00m、2405.00m 设置了 4 排 1500kN 预应力锚索，对变形体范围内的危岩用 3 束 Φ32mm 锚筋桩进行锚固。为防止泄洪水雾降水和降雨直接渗入变形体，保证入渗水能得到及时排泄，在变形体表部设置排水孔加强排水，着重加强后缘拉裂缝 LF_1 排水减压处理措施；高程 2500m 以上变形体表面危险地段挂设

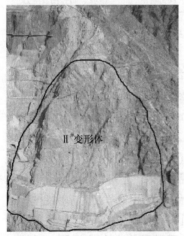

图 7-7　Ⅱ#变形体处理后全貌图

GPS1 主动防护网、大范围喷护 C20 混凝土；沿 Hf_4 布置断面为 5m × 8m 钢筋混凝土抗剪洞，以提高 Hf_4 断层面的抗剪能力。

4. Ⅲ#变形体

根据Ⅲ#变形体的变形特征及可能的失稳特征，对该结构体的治理方案是：全面清除结构体表面危石及松动、分离块体。然后，对结构体表面进行喷混凝土防护、适当锚固。最后，进行浅部卸荷拉裂带深度范围内的内部排水，可充分利用 PD_{45} 平洞及支洞，适当补充垂直岸坡的排水洞。

5. 缆机平台部位 F_{29} 断层上盘岩质边坡

缆机平台部位 F_{29} 上盘岩质边坡，由 F_{29} 上盘塌方区、LX_2 拉裂缝外侧边坡和 F_{29} 沟上部岩体组成。处理措施分别见图 7-8 和图 7-9。对 1 区的 LX_1 外侧岩体提出清除、LX_2 外侧岩体以锚筋桩加固为主；对 2 区外侧岩体提出以锚索和锚筋桩相结合的加固措施、辅以表部的防护处理；对 3 区外侧岩体提出清除后再锚固处理。对该边坡高程 2640.00m 以上结合清坡挂网、防护为主，重点考虑 2 区上部。

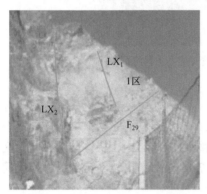
图 7-8　左岸缆机平台 1 区边坡支护

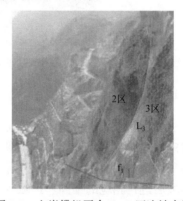
图 7-9　左岸缆机平台 2、3 区边坡支护

7.2.2　右岸边坡加固支护处理

坝址右岸高边坡包括上游的石门沟、青石梁、青草沟，缆机平台、出线平台及下游泄洪消能区附近。各部位边坡变形破坏类型、防治措施及开挖支护后特征见表 7-12、图 7-10。

表 7-12　拉西瓦水电站坝址右岸高边坡变形破坏类型、防治措施

位置	不稳定块体类型	破坏方式	防治措施
石门沟	危石	崩塌	削坡、清坡、设防护网
青石梁	危石	崩塌	整体挂网、局部支护

续表

位置	不稳定块体类型	破坏方式	防治措施
青草沟	危石、变形体	塌滑、崩塌	清坡、设防护网
缆机平台	危石、变形体	崩塌	锚筋桩
泄洪消能区	危石、变形体	崩塌	锚筋桩、系统锚杆
坝肩	危石	崩塌、塌滑	锚索、锚杆、锚筋桩

图 7-10　坝址右岸高边坡开挖支护后特征

1. 右岸出线平台附近

坝址右岸出线平台边坡开挖清除体积较大，主要是清除松散堆积体、危石以及稳定性差的危岩体、松动岩体等。清除后结合坡体结构、块体的规模、稳定性等再采取锚固、主动及被动防护措施等。图 7-11 是右岸出线平台内侧边坡经简易的清坡后进行相应的锚固、护坡等处理措施。

2. 石门沟附近

对石门沟堆积物的处理主要为上部清坡后挂设柔性防护网，沟床下增设挡墙。高程 2700.00m 以上采用挂网为主；高程 2700.00m 以下的石门沟主沟、青石梁及鸡冠梁松动块体、危石等以清坡为主(图 7-12)。

3. 进水口部位

进水口部位 6#机引渠底板前缘发育有石门沟崩坡积大块石、碎石土堆积，整体稳定性较差，边坡存在局部失稳的可能，威胁塔身及拦污栅的安全，提出将该部位松散堆积物清除，并对基岩岸坡松动岩体采取相应的加固、护坡处理(图 7-13)。

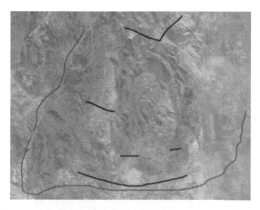

图 7-11　右岸出线平台高边坡二期处理措施

图 7-12　石门沟清坡挂网后

　　进水口 6#机～石门沟鼻梁部位，底部开挖面高程约 2387.00m，顺河向边坡坡度为 70°～80°，下游侧开挖边坡坡度约 70°(坡比 4:1)。监测资料揭示，高程 2412.00～2430.00m 发育的卸荷松动岩体内裂缝有变大趋势，存在块体坠落的可能，提出对鼻梁部位高程 2430.00m 以上边坡加强支护处理、边坡施工作业应自上而下分段进行(图 7-14)。

图 7-13　进水口部位 6#机引渠底板前缘
　　　　　清坡护坡处理

图 7-14　进水口 6#机～石门沟鼻梁部位支护处理

4. 青石梁部位

　　青石梁部位的边坡松动岩体较发育，对该部位开挖遵循"先锚后挖"的原则，同时实施锚固方案。结合该部位坡体结构、变形破坏特征，提出处理措施为：该部位坡体采用系统锚固、表面喷射砼，设置系统排水孔，处理变形体的同时也加强对缓倾角断层 Hf_{18} 和 Hf_{11} 部位坡体的加固措施；高程 2520.00m 以上设置主动防护网，在开口线至高程 2540.00m 布置施工监测点，见图 7-15、图 7-16。

图 7-15　青石梁变形体锚固

图 7-16　青石梁上部清坡挂网

5. 青草沟部位

结合青草沟部位潜在危险块体与工程的关系，提出主要处理措施是：对整个沟道两侧边坡进行清坡、挂柔性防护网；高程 2645.00～2800.00m 沟道为防止沟水冲刷，采用混凝土护坡，修筑挡渣墙；高程约 2542.35～2552.35m，沟底修筑钢筋笼挡渣墙，底宽 3.6m，顶部外侧宽 13.4m，内侧宽 12.6m，该部位沟底堆积体已全部挖除清理，墙基置于花岗岩基岩之上(图 7-17、图 7-18)。

图 7-17　青草沟沟床特征

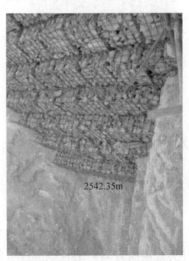

图 7-18　青草沟钢筋笼挡渣墙

参 考 文 献

安晓凡, 李宁, 2020. 岩质高边坡弯曲倾倒变形分析和破坏机理研究[J]. 水力发电学报, 39(6): 83-98.

陈昌富, 龚晓南, 王贻荪, 2003. 自适应蚁群算法及其在边坡工程中的应用[J]. 浙江大学学报(工学版), 37(5): 566-569.

陈平山, 李建林, 王乐华, 等, 2004. 修正的L-D准则在卸荷岩体力学中的应用[J]. 三峡大学学报(自然科学版), 26(2): 136-138.

陈孝兵, 李渝生, 赵小平, 2008. 底摩擦重力试验在倾倒变形岩体稳定性研究中的应用[J]. 地学前缘, 15(2): 300-304.

陈星, 李建林, 2010. Hoek-Brown准则在卸荷岩体中的应用探析[J]. 水能源科学, 28(1): 44-46.

陈祖煜, 2003. 土质边坡稳定分析原理·方法·程序[M]. 北京: 中国水利水电出版社.

陈祖煜, 弥宏亮, 汪小刚, 2001. 边坡稳定三维分析的极限平衡方法[J]. 岩土工程学报, 23(5): 525-529.

邓楚键, 何国杰, 郑颖人, 2006. 基于M-C准则的D-P系列准则在岩土工程中的应用研究[J]. 岩土工程学报, 28(6): 735-739.

邓华锋, 张恒宾, 李建林, 等, 2018. 水–岩作用对砂岩卸荷力学特性及微观结构的影响[J]. 岩土力学, 39(7): 1-9.

冯学敏, 陈胜宏, 文文纲, 2009. 岩石高边坡开挖卸荷松弛准则研究与工程应用[J]. 岩土力学, 30(S2): 452-456.

谷德振, 黄鼎成, 1979. 岩体结构的分类及其质量系数的确定[J]. 水文地质工程地质, 2(2): 8-13.

郭明伟, 李春光, 葛修润, 等, 2009. 基于矢量和分析方法的边坡滑面搜索[J]. 岩土力学, 30(6): 1775-1781.

哈秋舲, 1997. 岩石边坡工程与卸荷非线性岩石(体)力学[J]. 岩石力学与工程学报, 16(4): 386-391.

胡斌, 冯夏庭, 王国峰, 等, 2005. 龙滩水电站左岸高边坡泥板岩体蠕变参数的智能反演[J]. 岩石力学与工程学报, 24(17): 3064-3070.

胡德春, 2007. 混凝土喷锚技术在宝珠寺水电站边坡防护中的应用[J]. 大坝与安全, 21(1): 49-52.

黄润秋, 黄达, 2010. 高地应力条件下卸荷速率对锦屏大理岩力学特性影响规律试验研究[J]. 岩石力学与工程学报, 29(1): 21-33.

贾善坡, 陈卫忠, 杨建平, 等, 2010. 基于修正Mohr-Coulomb准则的弹塑性本构模型及其数值实施[J]. 岩土力学, 31(7): 2051-2058.

巨广宏, 石立, 2023. 高拱坝坝基开挖卸荷理论与实践[M]. 北京: 中国水利水电出版社.

李建贺, 盛谦, 朱泽奇, 等, 2017. 岩石卸荷力学特性及本构模型研究进展[J]. 长江科学院院报, 34(7): 87-93.

李建林, 孟庆义, 2001. 卸荷岩体的各向异性研究[J]. 岩石力学与工程学报, 20(3): 338-341.

李建林, 孙志宏, 1999. 卸荷岩体损伤断裂力学分析及其参数研究[J]. 武汉水利电力大学(宜昌)学报, 21(4): 277-282.

李建林, 王乐华, 2007. 节理岩体卸荷非线性力学特性研究[J]. 岩石力学与工程学报, 26(10): 1968-1975.

李建林, 王乐华, 2016. 卸荷岩体力学原理与应用[M]. 北京: 科学出版社.

李天斌, 王兰生, 徐进, 2000. 一种垂向卸荷型浅生时效构造的地质力学模拟[J]. 山地学报, 18(2): 171-176.

李维树, 黄志鹏, 谭新, 2010. 水电工程岩体变形模量与波速相关性研究及应用[J]. 岩石力学与工程学报, 29(S1): 2727-2733.

任光明, 夏敏, 李果, 等, 2009. 陡倾顺层岩质斜坡倾倒变形破坏特征研究[J]. 岩石力学与工程学报, 28(S1): 3193-3200.

史恒通, 王成华, 2000. 土坡有限元稳定分析若干问题探讨[J]. 岩土力学, 21(2): 152-155.

宋彦辉, 黄民奇, 孙苗, 2011. 节理网络有限元在倾倒斜坡稳定分析中的应用[J]. 岩土力学, 32(4): 1205-1210.

孙广忠, 黄运飞, 1988. 高边墙地下洞室洞壁围岩板裂化实例及其力学分析[J]. 岩石力学与工程学报, 7(1): 15-24.

孙玉科, 李建国, 1965. 岩质边坡稳定性的工程地质研究[J]. 地质科学, 6(4): 330-352.

孙玉科, 牟会宠, 姚宝魁, 等, 1988. 边坡岩体稳定性分析[M]. 北京: 科学出版社.

谭儒蛟, 杨旭朝, 胡瑞林, 2009. 反倾岩体边坡变形机制与稳定性评价研究综述[J]. 岩土力学, 30(S2): 479-484.

万宗礼, 聂德新, 杨天俊, 等, 2009. 高拱坝建基岩体研究与实践[M]. 北京: 中国水利水电出版社.

王成华, 夏绪勇, 李广信, 2003. 基于应力场的土坡临界滑动面的蚁群算法搜索技术[J]. 岩石力学与工程学报, 22(5): 813-819.

王成华, 夏绪勇, 李广信, 2004. 基于应力场的土坡临界滑动面的遗传算法搜索[J]. 清华大学学报(自然科学版), 44(3): 425-428.

王兰生, 李天斌, 赵其华, 1994. 浅生时效构造与人类工程活动[M]. 北京: 地质出版社.

王乐华, 柏俊磊, 孙旭曙, 等, 2015. 不同连通率节理岩体三轴加卸荷力学特性试验研究[J]. 岩石力学与工程学报, 34(12): 2500-2508.

王立伟, 谢谟文, 尹彦礼, 等, 2014. 反倾层状岩质边坡倾倒变形影响因素分析[J]. 人民黄河, 36(4): 132-134.

王思敬, 1984. 地下工程岩体稳定分析[M]. 北京: 科学出版社.

吴刚, 1997. 完整岩体卸荷破坏的模型试验研究[J]. 实验力学, 12(4): 549-555.

肖国强, 刘天佑, 王法刚, 等, 2008. 折射波法在边坡岩体卸荷风化分带中的应用[J]. 长江科学院院报, 25(5):191-194.

谢莉, 李渝生, 曹建军, 等, 2009. 澜沧江某水电站右坝肩岩体倾倒变形的数值模拟[J]. 中国地质, 36(4): 907-914.

徐干成, 郑颖人, 1990. 岩石工程中屈服准则应用的研究[J]. 岩土工程学报, 12(2): 93-99.

徐卫亚, 肖武, 2007. 基于强度折减和重度增加的边坡破坏判据研究[J]. 岩土力学, 28(3): 505-511.

徐卫亚, 杨松林, 2003. 裂隙岩体松弛模量分析[J]. 河海大学学报(自然科学版), 31(3): 295-298.

许锡昌, 葛修润, 2006. 基于最小势能原理的桩锚支护结构空间变形分析[J]. 岩土力学, 27(5): 705-710.

杨明成, 康亚明, 2009. 容重增加法在边坡稳定性分析中的应用[J]. 哈尔滨工业大学学报, 41(6): 187-190.

张海娜, 胡瑞奇, 常锦, 等, 2023. 反倾岩质边坡块状–弯曲复合倾倒破坏分析方法研究[J]. 岩石力学与工程学报, 42(6):1482-1496.

张均锋, 王思莹, 祈涛, 2005. 边坡稳定分析的三维 Spencer 法[J]. 岩石力学与工程学报, 24(19): 3434-3439.

张培文, 陈祖煜, 2006. 弹性模量和泊松比对边坡稳定安全系数的影响[J]. 岩土力学, 27(2): 299-303.

张强勇, 朱维申, 陈卫忠, 1998. 三峡船闸高边坡开挖卸荷弹塑性损伤分析[J]. 水利学报, 29(8): 19-22.

张倬元, 王士天, 王兰生, 1994. 工程地质分析原理[M]. 北京: 地质出版社.

郑宏, 刘德富, 2005. 弹塑性矩阵 Dep 的特性和有限元边坡稳定性分析中的极限状态标准[J]. 岩石力学与工程学报, 24(7): 1099-1105.

周洪福, 聂德新, 李树武, 2012. 澜沧江某水电工程大型倾倒变形体边坡成因机制[J]. 水利水电科技进展, 32(3): 48-52.

周健, 王家全, 曾远, 等, 2009. 颗粒流强度折减法和重力增加法的边坡安全系数研究[J]. 岩土力学, 30(6): 1549-1554.

周维垣, 杨若琼, 剡公瑞, 1997. 岩体边坡非连续非线性卸荷及流变分析[J]. 岩石力学与工程学报, 16(3): 210-216.

朱大勇, 李焯芬, 黄茂松, 等, 2005. 对3种著名边坡稳定性计算方法的改进[J]. 岩石力学与工程学报, 24(2): 183-194.

朱继良, 黄润秋, 阮文军, 等, 2009. 西南某大型水电站拱肩槽边坡开挖的变形响应研究[J]. 工程地质学报, 17(4): 469-475.

朱维申, 张玉军, 任伟中, 1996. 系统锚杆对三峡船闸高边坡岩体加固作用的块体相似模型试验研究[J]. 岩土力学, 17(2): 1-6.

左保成, 陈从新, 刘小巍, 等, 2005. 反倾岩质边坡破坏机理模型试验研究[J]. 岩石力学与工程学报, 24(19): 3505-3511.

ADHIKARY D P, DYSKIN A V, JEWELL R J, et al., 1997. A study of the mechanism of flexural toppling failure of rock slopes[J]. Rock Mechanics and Rock Engineering, 30(2): 75-93.

ADHIKARY D P, DYSKIN A V, JEWELL R J, 1996. Numerical modeling of the flexural deformation of foliated rock slopes[J]. International Journal of Rock Mechanics and Mining Science and Geomechanics Abstracts, 33(6): 595-606.

BISHOP A W, 1955. The use of the slip circle in the stability analysis of slopes[J]. Géotechnique, 5(1): 7-17.

CAINE N, 1982. Toppling failures from alpine cliffs on ben Lomond, Tasmania[J]. Earth Surface Process and Landforms, 7(2): 133-152.

CHEN G, HUANG R, XU Q, et al., 2013. Progressive modelling of the gravity-induced landslide using the local dynamic strength reduction method[J]. Journal of Mountain Science, 10(4): 532-540.

CHEN G, ZHENG S, ZHU J, et al., 2020. A quantitative display index that considers tensile failure to predict the full sliding surface of a landslide[J]. Landslides, 17(2): 471-482.

CHEN R H, JIANG B L, 1986. A limit equilibrium method for analyzing progressive failure in slopes[J]. Journal of the

Chinese Institute of Engineers, 9(4): 345-353.

CHEN X, TANG C, YU J, et al., 2018. Experimental investigation on deformation characteristics and permeability evolution of rock under confining pressure unloading conditions[J]. Journal of Central South University, 25(8): 1987-2001.

CLAUSEN J, DAMKILDE L, ANDERSON L, 2006. Efficient return algorithms for associated plasticity with multiple yield planes[J]. International Journal for Numerical Methods in Engineering, 66(6): 1036-1059.

DAWSON E M, ROTH W H, DRESCHER A, 1999. Slope stability analysis by strength reduction[J]. Géotechnique, 49(6): 835-840.

DUNCAN J M, 1996. State of the art: Limit equilibrium and finite-element analysis of slopes[J]. Journal of Geotechnical Engineering, 122(7): 577-596.

FELLENIU W, 1936. Calculation of the stability of earth slope[C]. Washington, D C: The 2nd Congress on Large Dams.

GILBERT R B, BYRNE R J, 1996. Strain-softening behavior of waste containment system interfaces[J]. Geosynthetics International, 3(2): 181-203.

GONG B, WANG S, SLOAN S W, et al., 2018. Modelling coastal cliff recession based on the GIM-DDD method[J]. Rock Mechanics and Rock Engineering, 51(4): 1077-1095.

GOODMAN R E, 1976. Methods of Geological Engineering in Discontinuous Rocks[M]. New York: West Publishing Company.

GOODMAN R E, BRAY J W, 1976. Toppling of rock slopes[C]. Proceedings of the Specialty Conference on Rock Engineering for Foundations and Slopes, Boulder: American Society of Civil Engineers.

GORICKI A, GOODMAN R E, 2003. Failure modes of rock slopes demonstrated with base friction and simple numerical models[J]. Felsbau, 21(2): 25-30.

GRIFFITHS D V, LANE P A, 1999. Slope stability analysis by finite elements[J]. Géotechnique, 49(3): 387-403.

HOEK E, BRAY J, 1981. Rock Slope Engineering[M]. London: The Institute of Mining and Metallurgy.

HOEK E, MARINOS P, 2000. Predicting tunnel squeezing problems in weak heterogeneous rock masses[J] . Tunnels and Tunnelling International, 32(11): 45-51.

HU C, YUAN Y, MEI Y, et al., 2019. Modification of the gravity increase method in slope stability analysis[J]. Bulletin of Engineering Geology and the Environment, 78(6): 4241-4252.

HUANG C C, 2013. Developing a new slice method for slope displacement analyses[J]. Engineering Geology, 157: 39-47.

HUANG C C, TSAI C C, CHEN Y H, 2002. Generalized method for three-dimensional slope stability analysis[J]. Journal of Geotechnical and Geoenvironmental Engineering, 128(10): 836-848.

HUANG S L, YAMASAKI K, 1993. Slope failure analysis using local minimum factor-of-safety approach[J]. Journal of Geotechnical Engineering, 119(12): 1974-1989.

HUNGR O, 1987. An extension of Bishop's simplified method of slope stability analysis to three dimensions[J]. Géotechnique, 37(1): 113-117.

JANBU N, 1955. Application of composite slip surfaces for stability analysis[J]. European Conferrence on Stability of Earth Slopes, 3: 43-49.

KIM J Y, LEE S R, 1997. An improved search strategy for the critical slip surface using finite element stress fields[J]. Computers and Geotechnics, 21(4): 295-313.

KULHAWY F H, 1969. Finite element analysis of the behavior of embankments[D]. Berkeley: University of California.

LAM L, FREDLUND D G, 1993. A general limit equilibrium model for three-dimensional slope stability analysis[J]. Canadian Geotechnical Journal, 30(6): 905-919.

LAW K T, LUMB P, 1978. A limit equilibrium analysis of progressive failure in the stability of slopes[J]. Canadian Geotechnical Journal, 15(1): 113-122.

LI L C, TANG C A, ZHU W C, et al., 2009. Numerical analysis of slope stability based on the gravity increase method[J]. Computers and Geotechnics, 36(7): 1246-1258.

LI X B, CAO W Z, TAO M, et al., 2016. Influence of unloading disturbance on adjacent tunnels[J]. International Journal of Rock Mechanics and Mining Sciences, 84: 10-24.

LIAN J J, LI Q, DENG X F, et al., 2018. A numerical study on toppling failure of a jointed rock slope by using the distinct lattice spring model[J]. Rock Mechanics and Rock Engineering, 51(2): 513-530.

LIU C N, 2009. Progressive failure mechanism in one-dimensional stability analysis of shallow slope failures[J]. Landslides, 6(2): 129-137.

LIU S Y, SHAO L T, LI H J, 2015. Slope stability analysis using the limit equilibrium method and two finite element methods[J]. Computers and Geotechnics, 63: 291-298.

MATSUI T, SAN K C, 1990. A hybrid slope stability analysis method with its application to reinforced slope cutting[J]. Soils and Foundations, 30(2): 79-88.

MENG Q, ZHANG M, ZHANG Z, et al., 2019. Research on non-linear characteristics of rock energy evolution under uniaxial cyclic loading and unloading conditions[J]. Environmental Earth Sciences, 78(23): 1-20.

MORGENSTERN N R, PRICE V E, 1965. The analysis of the stability of general slip surfaces[J]. Géotechnique, 15(1): 79-93.

OTTOSEN N S, RISTINMAA M, 2005. The Mechanics of Constitutive Modeling[M]. New York: Elsevier Science Incorporation.

PENG K, ZHOU J, ZOU Q, et al., 2019. Deformation characteristics of sandstones during cyclic loading and unloading with varying lower limits of stress under different confining pressures[J]. International Journal of Fatigue, 127: 82-100.

PODRIGUZE C, 1996. A modular neural network approach to fault siagonsis[J]. IEEE Transaction on Neural Networks, 7(2): 326-340.

REVILLA J, CASTILLO E, 1977. The calculus of variations applied to stability of slopes[J]. Géotechnique, 27(1): 1-11.

SARMA S K, 1973. Stability analysis of embankments and slopes[J]. Géotechnique, 23(3): 423-433.

SAYERS C M, 1990. Orientation of microcracks formed in rocks during strain relaxation[J].International Journal of Rock Mechanics and Mining Sciences and GeomechanicsAbstracts, 27(5): 437-439.

SPENCER E, 1967. A method of analysis of the stability of embankments assuming parallel inter-slice forces[J]. Géotechnique, 17(1): 11-26.

STERNIK K, 2013. Comparison of slope stability predictions by gravity increase and shear strength reduction methods[J]. Australian Journal of Physiotherapy, 110(1): 121-130.

SWAN C C, SEO Y K, 1999. Limit state analysis of earthen slopes using dual continuum/FEM approaches[J]. International Journal for Numerical and Analytical Methods in Geomechanics, 23(12): 1359-1371.

TU Y, LIU X, ZHONG Z, et al., 2016. New criteria for defining slope failure using the strength reduction method[J]. Engineering Geology, 212: 63-71.

WU F, TONG L, LIU J, et al., 2009. Excavation unloading destruction phenomena in rock dam foundations[J]. Bulletin of Engineering Geology and the Environment, 68: 257-262.

YANG G, ZHONG Z, FU X, et al., 2014. Slope analysis based on local strength reduction method and variable-modulus elasto-plastic model[J]. Journal of Central South University, 21(5): 2041-2050.

YANG X L, LI Z W, 2018. Comparison of factors of safety using a 3D failure mechanism with kinematic approach[J]. International Journal of Geomechanics, 18(9): 04018107.1-04018107.9.

YUAN W, BAI B, LI X, et al., 2013. A strength reduction method based on double reduction parameters and its application[J]. Journal of Central South University, 20(9): 2555-2562.

ZHANG H, LIU D F, LI C G, 2005. Slope stability analysis based on elasto-plastic finite element method[J]. International Journal for Numerical Methods in Engineering, 64(14): 1871-1888.

ZHANG K, CAO P, BAO R, 2013. Progressive failure analysis of slope with strain-softening behaviour based on strength reduction method[J]. Journal of Zhejiang University(Science A), 14(2): 101-109.

ZHANG X, 1988. Three-dimensional stability analysis of concave slopes in plan view[J]. Journal of Geotechnical

Engineering, 114(6): 658-671.

ZHENG H, THAM L G, LIU D, 2006. On two definitions of the factor of safety commonly used in the finite element slope stability analysis[J]. Computers and Geotechnics, 33(3): 188-195.

ZHENG Y, CHEN C X, LIU T G, et al., 2018. Study on the mechanisms of flexural toppling failure in anti-inclined rock slopes using numerical and limit equilibrium models[J]. Engineering Geology, 237: 116-128.

ZHOU X P, CHENG H, 2013. Analysis of stability of three-dimensional slopes using the rigorous limit equilibrium method[J]. Engineering Geology, 160: 21-33.

ZHOU X P, CHENG H, 2015. The long-term stability analysis of 3D creeping slopes using the displacement-based rigorous limit equilibrium method[J]. Engineering Geology, 195: 292-300.

ZIENKIEWICZ O C, HUMPHESON C, LEWIS R W, 1975. Associated and non-associated visco-plasticity and plasticity in soil mechanics[J]. Géotechnique, 25(4): 671-689.

ZOU J Z, WILLIAMS D J, XIONG W L, 1995. Search for critical slip surfaces based on finite element method[J]. Canadian Geotechnical Journal, 32(2): 233-246.